从电工菜鸟到大侠

变频器、伺服
与步进驱动技术
自学手册

蔡杏山◎主编

人民邮电出版社

北京

图书在版编目（CIP）数据

变频器、伺服与步进驱动技术自学手册 / 蔡杏山主
编. -- 北京 ： 人民邮电出版社，2020.1
ISBN 978-7-115-52181-1

Ⅰ．①变… Ⅱ．①蔡… Ⅲ．①变频器－技术手册②伺
服电动机－技术手册③步进电动机－技术手册 Ⅳ.
①TN773-62②TM383.4-62

中国版本图书馆CIP数据核字(2019)第229113号

内 容 提 要

本书是一本介绍变频器、伺服驱动器、步进驱动器和定位控制模块的图书，主要内容有变频调速与变
频器的基本结构原理，变频器的使用，变频器的典型控制功能及应用电路，变频器的选用、安装与维护，
PLC与变频器的综合应用，变频器的主电路原理与检修，变频器的电源、驱动电路原理与检修，变频器其
他电路原理与检修，交流伺服系统的组成与原理，三菱通用伺服驱动器的硬件系统，三菱伺服驱动器的显
示操作与参数设置，伺服驱动器三种工作模式的应用举例与标准接线，步进电机与步进驱动器的使用及应
用实例，三菱定位模块的使用。

本书具有起点低、由浅入深、语言通俗易懂等特点，并且内容结构安排符合学习认知规律。本书适合
作变频器、伺服与步进驱动技术自学图书，也适合作职业学校电类专业的变频器、伺服与步进驱动技术教
材。

◆ 主　编　蔡杏山
　　责任编辑　黄汉兵
　　责任印制　彭志环

◆ 人民邮电出版社出版发行　　北京市丰台区成寿寺路 11 号
　　邮编　100164　　电子邮件　315@ptpress.com.cn
　　网址　http://www.ptpress.com.cn
　　三河市君旺印务有限公司印刷

◆ 开本：787×1092　　1/16
　　印张：19　　　　　　　　2020 年 1 月第 1 版
　　字数：480 千字　　　　　2024 年 8 月河北第19次印刷

定价：79.00 元

读者服务热线：(010) 53913866　印装质量热线：(010) 81055316
反盗版热线：(010) 81055315
广告经营许可证：京东市监广登字 20170147 号

前　言

在当今社会，各领域的电气化程度越来越高，这使得电气及相关行业需要越来越多的电工技术人才。要想掌握电工技术并达到较高的层次，可以在培训机构培训，也可以在职业学校系统学习，还可以自学成才。不管是哪种情况，都需要一些合适的学习图书。选择一些好图书，不但可以让学习者轻松迈入电工技术大门，而且能让学习者的技术水平得到迅速提高，快速成为电工技术领域的行家里手。

为了让更多人能掌握电工技术，我们推出"从电工菜鸟到大侠"丛书，丛书分 6 册，分别为《电工基础自学手册》《电动机及控制线路自学手册》《电工识图自学手册》《家装水电工自学手册》《PLC 自学手册》《变频器、伺服与步进驱动技术自学手册》。

"从电工菜鸟到大侠"丛书主要有以下特点。

◆**基础起点低。** 读者只需具有初中文化程度即可阅读本套丛书。

◆**语言通俗易懂。** 书中少用专业化的术语，遇到较难理解的内容用形象比喻说明，尽量避免复杂的理论分析和烦琐的公式推导，阅读起来十分顺畅。

◆**内容解说详细。** 考虑到自学时一般无人指导，因此在编写过程中对书中的知识技能进行详细解说，让读者能轻松理解所学内容。

◆**采用图文并茂的表现方式。** 书中大量采用读者喜欢的直观形象的图表方式表现内容，使阅读变得非常轻松，不易产生阅读疲劳。

◆**内容安排符合认识规律。** 图书按照循序渐进、由浅入深的原则来确定各章节内容的先后顺序，读者只需从前往后阅读图书，便会水到渠成。

◆**突出显示知识要点。** 为了帮助读者掌握书中的知识要点，书中用阴影和文字加粗的方法突出显示知识要点，指示学习重点。

◆**网络免费辅导。** 读者在阅读时遇到难理解的问题，可登录易天电学网观看有关辅导材料或向老师提问，读者也可以在该网站了解本套丛书的新书信息。

本书在编写过程中得到了很多老师的支持，其中蔡玉山、詹春华、何慧、蔡理杰、黄晓玲、蔡春霞、邓艳姣、黄勇、刘凌云、邵永亮、蔡理忠、何彬、刘海峰、蔡理峰、李清荣、万四香、蔡任英、邵永明、蔡理刚、何丽、梁云、吴泽民、蔡华山和王娟等参与了部分章节的编写工作，在此表示感谢。由于我们水平有限，书中如有错误和疏漏之处，望广大读者和同仁予以批评指正。

编　者

2019 年 7 月

目　录

第1章　变频调速与变频器的基本结构原理

1.1　异步电动机的两种调速方式

当三相异步电动机定子绕组通入三相交流电后，定子绕组会产生旋转磁场，旋转磁场的转速 n_0 与交流电源的频率 f 和电动机的磁极对数 p 有如下关系：

$$n_0=60f/p$$

电动机转子的旋转速度 n（即电动机的转速）略低于旋转磁场的旋转速度 n_0（又称同步转速），两者的转速差称为转差 s，电动机的转速为：

$$n=(1-s)60f/p$$

由于转差 s 很小，一般为 0.01～0.05，为了计算方便，可将电动机的转速近似为：

$$n=60f/p$$

从上面的近似公式可以看出，三相异步电动机的转速 n 与交流电源的频率 f 和电动机的磁极对数 p 有关，当交流电源的频率 f 发生改变时，电动机的转速会发生变化。**通过改变交流电源的频率来调节电动机转速的方法称为变频调速；通过改变电动机的磁极对数 p 来调节电动机转速的方法称为变极调速。**

变极调速只适用于笼型异步电动机（不适用于绕线型转子异步电动机），它是通过改变电动机定子绕组的连接方式来改变电动机的磁极对数，从而实现变极调速。适合变极调速的电动机称为多速电动机，常见的多速电动机有双速电动机、三速电动机和四速电动机等。

变极调速方式只适用于结构特殊的多速电动机，而且由一种速度转变为另一种速度时，速度变化较大，采用变频调速则可解决这些问题。如果对异步电动机进行变频调速，需要用到专门的电气设备——变频器。变频器先将工频（50Hz 或 60Hz）交流电源转换成频率可变的交流电源并提供给电动机，只要改变输出交流电源的频率就能改变电动机的转速。由于变频器输出电源的频率可连接变化，故电动机的转速也可连续变化，从而实现电动机无级变速调节。图 1-1 列出了几种常见的变频器。

图 1-1　几种常见的变频器

1.2　变频器的基本结构及原理

变频器的功能是将工频（50Hz 或 60Hz）交流电源转换成频率可变的交流电源提供给电动机，通过改变交流电源的频率来对电动机进行调速控制。**变频器种类很多，主要可分为两类：交-直-交型变频器和交-交型变频器。**

1.2.1　交-直-交型变频器的结构与原理

交-直-交型变频器利用电路先将工频电源转换成直流电源，再将直流电源转换成频率可变的交流电源，然后提供给电动机，通过调节输出电源的频率来改变电动机的转速。交-直-交型变频器的典型结构如图 1-2 所示。

图 1-2　交-直-交型变频器的典型结构

下面对照图 1-2 所示结构说明交-直-交型变频器的工作原理。

三相或单相工频交流电源经整流电路转换成脉动的直流电，直流电再经中间电路进行滤波平滑，然后送到逆变电路，与此同时，控制系统会产生驱动脉冲，经驱动电路放大后送到逆变电路，在驱动脉冲的控制下，逆变电路将直流电转换成频率可变的交流电并送给电动机，驱动电动机运转。改变逆变电路输出交流电的频率，电动机转速就会发生相应的变化。

整流电路、中间电路和逆变电路构成变频器的主电路，用来完成交-直-交的转换。由于主电路工作在高电压、大电流状态，为了保护主电路，变频器通常设有主电路电压检测和输出电流检测电路，当主电路电压过高或过低时，电压检测电路则将该情况反映给控制电路；

当变频器输出电流过大（如电动机负荷大）时，电流取样元件或电路会产生过流信号，经电流检测电路处理后也送到控制电路。当主电路出现电压不正常或输出电流过大时，控制电路通过检测电路获得该情况后，会根据设定的程序进行相应的控制，如让变频器主电路停止工作，并发出相应的报警指示。

控制电路是变频器的控制中心，当它接收到输入调节装置或通信接口送来的指令信号后，会发出相应的控制信号去控制主电路，使主电路按设定的要求工作，同时控制电路还会将有关的设置和机器状态信号送到显示装置，以显示有关信息，便于用户操作或了解变频器的工作情况。

变频器的显示装置一般采用显示屏和指示灯；输入调节装置主要包括按钮、开关和旋钮等；通信接口用来与其他设备（如可编程序控制器 PLC）进行通信，接收它们发送过来的信号，同时还将变频器有关信息反馈给这些设备。

1.2.2　交-交型变频器的结构与原理

交-交型变频器利用电路直接将工频电源转换成频率可变的交流电源并提供给电动机，通过调节输出电源的频率来改变电动机的转速。交-交型变频器的结构如图 1-3 所示。从图 1-3 中可以看出，交-交型变频器与交-直-交型变频器的主电路不同，它通过交-交变频电路直接将工频电源转换成频率可调的交流电源的方式进行变频调速。

图 1-3　交-交型变频器的结构

交-交变频电路一般只能将输入交流电频率降低输出，而工频电源频率本来就低，所以交-交型变频器的调速范围很窄，另外这种变频器要采用大量的晶闸管等电力电子器件，导致装置体积大、成本高，故交-交型变频器的使用远没有交-直-交型变频器广泛，因此本书主要介绍交-直-交型变频器。

第 2 章　变频器的使用

变频器是一种电动机驱动控制设备，其功能是将工频电源转换成设定频率的电源来驱动电动机运行。变频器生产厂家很多，主要有三菱、西门子、富士、施耐德、ABB、安川和台达等，且每个厂家都会生产很多型号的变频器。虽然变频器的种类繁多，但基本功能是一致的，所以使用方法大同小异。本章以三菱 FR-A500 系列中的 FR-A540 型变频器为例来介绍变频器的使用。

2.1　外形与结构

2.1.1　外形与型号含义

1. 外形

三菱 FR-A540 型变频器的外形如图 2-1 所示。

图 2-1　三菱 FR-A540 型变频器的外形

2. 型号含义

三菱 FR-A540 型变频器的型号含义如下。

| A540 | 三相400V系列 | | 变频器容量 |
| A520 | 三相200V系列 | | 用 kW 表示 |

2.1.2　结构

三菱 FR-A540 型变频器 FR-DU04 操作面板如图 2-2 所示，其中图 2-2（a）为带面板的前视结构图，图 2-2（b）为拆下面板后的结构图。

（a）带面板的前视结构图　　　　（b）拆下面板后的结构图

图 2-2　三菱 FR-A540 型变频器结构说明

2.1.3　面板的拆卸

面板拆卸包括前盖板的拆卸和操作面板（FR-DU04）的拆卸（以 FR-A540-0.4K～7.5K 型号为例）。

1. 前盖板的拆卸

前盖板的拆卸如图 2-3 所示，具体过程如下。

① 用手握住前盖板上部两侧并向下推。

② 握着向下的前盖板向身前拉，就可将前盖板拆下。

图 2-3　前盖板的拆卸

2. 操作面板的拆卸

如果仅需拆卸操作面板，可按图 2-4 所示的方法进行操作，在拆卸时，按着操作面板上部的按钮，即可将面板拉出。

拆卸　　　安装

图 2-4　操作面板的拆卸

2.2　端子功能与接线

变频器的端子主要有主回路端子和控制回路端子。在使用变频器时，应根据实际需求正确地将有关端子与外部器件（如开关、继电器等）连接好。

2.2.1　总接线图及端子功能说明

1. 总接线图

三菱 FR-A540 型变频器总接线如图 2-5 所示。

2. 端子功能说明

变频器的端子可分为主回路端子和控制回路端子。

图 2-5　三菱 FR-A540 型变频器总接线

图 2-5　三菱 FR-A540 型变频器总接线（续）

（1）主回路端子

主回路端子说明见表 2-1。

表 2-1　　　　　　　　　　　　　　　　主回路端子说明

端子记号	端子名称	说明
R，S，T	交流电源输入	连接工频电源。当使用高功率因数转换器时，确保这些端子不连接（FR-HC）
U，V，W	变频器输出	接三相鼠笼电动机
R1，S1	控制回路电源	与交流电源端子 R，S 连接。在保持异常显示和异常输出时或当使用高功率因数转换器（FR-HC）时，请拆下 R-R1 和 S-S1 之间的短路片，并提供外部电源到此端子
P，PR	连接制动电阻器	拆开端子 PR-PX 之间的短路片，在 P-PR 之间连接选件制动电阻器（FR-ABR）
P，N	连接制动单元	连接选件 FR-BU 型制动单元或电源再生单元（FR-RC）或高功率因数转换器（FR-HC）
P，P1	连接改善功率因数 DC 电抗器	拆开端子 P-P1 间的短路片，连接选件改善功率因数用电抗器（FR-BEL）
PR，PX	连接内部制动回路	用短路片将 PX-PR 间短路时（出厂设定）内部制动回路便生效（7.5kW 以下装有）
⏚	接地	变频器外壳接地用，必须接大地

（2）控制回路端子

控制回路端子说明见表 2-2。

表 2-2 控制回路端子说明

类型		端子记号	端子名称	说明	
输入信号	启动接点·功能设定	STF	正转启动	STF 信号处于 ON 便正转，处于 OFF 便停止。程序运行模式时为程序运行开始信号（ON 开始，OFF 静止）	当 STF 和 STR 信号同时处于 ON 时，相当于给出停止指令
		STR	反转启动	STR 信号 ON 为逆转，OFF 为停止	
		STOP	启动自保持选择	使 STOP 信号处于 ON，可以选择启动信号自保持	
		RH，RM，RL	多段速度选择	用 RH，RM 和 RL 信号的组合可以选择多段速度	输入端子功能选择（Pr.180 到 Pr.186）用于改变端子功能
		JOG	点动模式选择	JOG 信号 ON 时选择点动运行（出厂设定），用启动信号（STF 和 STR）可以点动运行	
		RT	第 2 加减速时间选择	RT 信号处于 ON 时选择第 2 加减速时间。设定了[第 2 力矩提升][第 2V/f（基底频率）]时，也可以用 RT 信号处于 ON 时选择这些功能	
		MRS	输出停止	MRS 信号为 ON（20ms 以上）时，变频器输出停止。用电磁制动停止电动机时，用于断开变频器的输出	
		RES	复位	用于解除保护回路动作的保持状态。使端子 RES 信号处于 ON 在 0.1s 以上，然后断开	
		AU	电流输入选择	只在端子 AU 信号处于 ON 时，变频器才可用直流 4～20mA 作为频率设定信号	输入端子功能选择（Pr.180 到 Pr.186）用于改变端子功能
		CS	瞬停电再启动选择	CS 信号预先处于 ON，瞬时停电再恢复时，变频器便可自动启动。但用这种运行必须设定有关参数，因为出厂时设定为不能再启动	
		SD	公共输入端子（漏型）	接点输入端子和 FM 端子的公共端。直流 24V，0.1A（PC 端子）电源的输出公共端	
		PC	直流 24V 电源和外部晶体管公共端接点输入公共端（源型）	当连接晶体管输出（集电极开路输出），如可编程控制器时，将晶体管输出用的外部电源公共端接到这个端子时，可以防止因漏电引起的误动作，这端子可用于直流 24V，0.1A 电源输出。当选择源型时，这端子作为接点输入的公共端	
模拟	频率设定	10E	频率设定用电源	10V DC，容许负荷电流 10mA	按出厂设定状态连接频率设定电位器时，与端子 10 连接
		10		5V DC，容许负荷电流 10mA	当连接到 10E 时，请改变端子 2 的输入规格
		2	频率设定（电压）	输入 0～5V DC（或 0～10V DC）时，5V（10V DC）对应于最大输出频率。输入、输出成比例。用参数单元进行输入直流 0～5V（出厂设定）和 0～10V DC 的切换。输入阻抗 10kΩ，容许最大电压为直流 20V	
		4	频率设定（电流）	DC 4～20mA，20mA 为最大输出频率，输入、输出成比例。只在端子 AU 信号处于 ON 时，该输入信号有效，输入阻抗 250Ω，容许最大电流为 30mA	
		1	辅助频率设定	输入 0～±5V DC 或 0～±10V DC 时，端子 2 或 4 的频率设定信号与这个信号相加。用参数单元进行输入 0～±5V DC 或 0～±10V DC（出厂设定）的切换。输入阻抗 10kΩ，容许电压±20V DC	
		5	频率设定公共端	频率设定信号（端子 2、1 或 4）和模拟输出端子 AM 的公共端子。请不要接大地	
输出信号	接点	A，B，C	异常输出	指示变频器因保护功能动作而输出停止的转换接点。AC 200V，0.3A；DC 30V，0.3A。异常时：B-C 间不导通（A-C 间导通）；正常时：B-C 间导通（A-C 间不导通）	输出端子的功能选择（Pr.190 到 Pr.195）用于改变端子功能

续表

类型		端子记号	端子名称	说明	
输出信号	集电极开路	RUN	变频器正在运行	变频器输出频率为启动频率（出厂时为 0.5Hz，可变更）以上时为低电平，正在停止或正在直流制动时为高电平[*1]。容许负荷为 DC 24V，0.1A	
		SU	频率到达	输出频率达到设定频率的 ±10%（出厂设定，可变更）时为低电平，正在加/减速或停止时为高电平[*1]。容许负荷为 DC 24V，0.1A	
		OL	过负荷报警	当失速保护功能动作时为低电平，失速保护解除时为高电平[*1]。容许负荷为 DC 24V，0.1A	
		IPF	瞬时停电	瞬时停电，电压不足保护动作时为低电平[*1]，容许负荷为 DC 24V，0.1A	
		FU	频率检测	输出频率为任意设定的检测频率以上时为低电平，以下时为高电平[*1]，容许负荷为 DC 24V，0.1A	
		SE	集电极开路输出公共端	端子 RUN、SU、OL、IPF、FU 的公共端子	
	脉冲	FM	指示仪表用	可以从 16 种监示项目中选一种作为输出[*2]，如输出频率，输出信号与监示项目的大小成比例	出厂设定的输出项目：频率容许负荷电流 1mA 60Hz 时 1440 脉冲/s
	模拟	AM	模拟信号输出		出厂设定的输出项目：频率输出信号 0 到 DC 10V 容许负荷电流 1mA
通信	RS-485	——	PU 接口	通过操作面板的接口，进行 RS-485 通信 • 遵守标准：EIA RS-485 标准 • 通信方式：多任务通信 • 通信速率：19200bit/s（最大） • 最长距离：500m	

*1：低电平表示集电极开路输出用的晶体管处于 ON（导通状态），高电平为 OFF（不导通状态）。

*2：变频器复位中不被输出。

2.2.2 主回路接线

1. 主回路接线端子排

主回路接线端子排如图 2-6 所示。端子排上的 R、S、T 端子与三相工频电源连接，若与单相工频电源连接，必须接 R、S 端子；U、V、W 端子与电动机连接；P1、P 端子，RP、PX 端子，R、R1 端子和 S、S1 端子用短接片连接；接地端子用螺钉与接地线连接固定。

2. 主回路接线原理图

主回路接线原理图如图 2-7 所示。下面对照图 2-7 来说明各接线端子的功能与用途。

R、S、T 端子外接工频电源，内接变频器整流电路。

FR-A540-0.4K，0.75K，2.2K，3.7K-CH

R	S	T	U	V	W	N	P1	P	PR
R1	S1								PX

接地螺钉　　　短路片　　　电荷指示灯

图 2-6 主回路接线端子排

U、V、W 端子外接电动机，内接逆变电路。

P、P1 端子外接短路片（或提高功率因素的直流电抗器），将整流电路与逆变电路连接起来。

PX、PR 端子外接短路片，将内部制动电阻和制动控制器件连接起来。如果内部制动电阻制动效果不理想，可将 PX、PR 端子之间的短路片取下，再在 P、PR 端外接制动电阻。

P、N 端子分别为内部直流电压的正、负端，如果要增强减速时的制动能力，可将 PX、

PR 端子之间的短路片取下，再在 P、N 端外接专用制动单元（即制动电路）。

R1、S1 端子内接控制电路，外部通过短路片与 R、S 端子连接，R、S 端的电源通过短路片由 R1、S1 端子提供给控制电路作为电源。如果希望 R、S、T 端无工频电源输入时控制电路也能工作，可以取下 R、R1 和 S、S1 之间的短路片，将两相工频电源直接接到 R1、S1 端。

图 2-7　主回路接线原理图

3. 电源、电动机与变频器的连接

电源、电动机与变频器的连接如图 2-8 所示，**在连接时要注意电源线绝对不能接 U、V、W 端**，否则会损坏变频器内部电路。由于变频器工作时可能会漏电，为安全起见，应将接地端子与接地线连接好，以便泄放变频器漏电电流。

图 2-8　电源、电动机与变频器的连接

4. 选件的连接

变频器的选件较多，主要有外接制动电阻、FR-BU 制动单元、FR-HC 提高功率因数整流器、FR-RC 能量回馈单元和改善功率因数直流电抗器等。下面仅介绍常用的外接制动电阻和直流电抗器的连接，其他选件的连接可参见三菱 FR-A540 型变频器使用手册。

（1）外部制动电阻的连接

变频器的 **P、PX** 端子内部接有制动电阻，在高频度制动内置制动电阻时易发热，由于封闭散热能力不足，这时需要安装外接制动电阻来替代内置制动电阻。外接制动电阻的连接如图 2-9 所示，先将 PR、PX 端子间的短路片取下，然后用连接线将制动电阻与 PR、P 端子连接。

（2）直流电抗器的连接

为了提高变频器的电能利用率，可给变频器外接改善功率因数的直流电抗器（电感器）。直流功率因数电抗器的连接如图 2-10 所示，先将 P1、P 端子间的短路片取下，然后用连接线将直流电抗器与 P1、P 端子连接。

图 2-9　外部制动电阻的连接　　　　图 2-10　直流功率因数电抗器的连接

5. 控制回路外接电源接线

控制回路电源端子 R1、S1 默认与 R、S 端子连接。在工作时，如果变频器出现异常，可能会导致变频器电源输入端的断路器（或接触器）断开，变频器控制回路电源也随之断开，变频器无法输出异常显示信号。为了在需要时保持异常信号，可将控制回路的电源 R1、S1 端子与断路器输入侧的两相电源线连接，这样断路器断开后，控制回路仍有电源为其供电。

控制回路外接电源接线如图 2-11 所示。

图 2-11　控制回路外接电源接线

2.2.3 控制回路接线

1. 控制回路端子排

控制回路端子排如图 2-12 所示。

A	B	C	PC	AM	10E	10	2	5	4	1
	RL	RM	RH	RT	AU	STOP	MRS	RES	SD	FM
	SE	RUN	SU	IPF	OL	FU	SD	STF	STR	JOG	CS

图 2-12　控制回路端子排

2. 改变控制逻辑

（1）控制逻辑的设置

FR-A540 型变频器有漏型和源型两种控制逻辑，出厂时设置为漏型控制逻辑。若要将变频器的控制逻辑改为源型控制逻辑，可按图 2-13 进行操作，具体操作过程如下。

① 将变频器前盖板拆下。

② 松开控制回路端子排螺钉，取下端子排，如图 2-13（a）所示。

③ 在控制回路端子排的背面，将控制逻辑设置跳线上的短路片取下，再安装到旁边的另一个跳线上，如图 2-13（b）所示，这样就将变频器的控制逻辑由漏型控制逻辑改为源型控制逻辑。

（a）　　　　　　　　　　　　　　　　（b）

图 2-13　变频器控制逻辑的改变方法

（2）漏型控制逻辑

变频器工作在漏型控制逻辑时有以下特点。

① 信号输入端子外部接通时，电流从信号输入端子流出。

② 端子 **SD** 是触点输入信号的公共端，端子 **SE** 是集电极开路输出信号的公共端，要求电流从 **SE** 端子输出。

③ **PC**、**SD** 端子内接 24V 电源，**PC** 接电源正极，**SD** 接电源负极。

图 2-14 所示是变频器工作在漏型控制逻辑的典型接线图。正转按钮接在 STF 端子与 SD 端子之间，当按下正转按钮时，变频器内部电源产生电流从 STF 端子流出，经正转按钮从 SD 端子回到内部电源的负极，该电流的途径如图 2-14（a）所示。另外，当变频器内部三极管集电极开路输出端需要外接电路时，需要以 SE 端子作为公共端，外接电路的电流从相应端子（如 RUN 端子）流入，在内部经三极管，最后从 SE 端子流出，电流的途径如图 2-14（b）中箭头所示，虚线连接的二极管表示在漏型控制逻辑下不导通。

（a）从 STF 端子流出，SD 端子流入　　　　　（b）从 RUN 端子流入，SE 端子流出

图 2-14　变频器工作在漏型控制逻辑的典型接线图

（3）源型控制逻辑

变频器工作在源型控制逻辑时有以下特点。

① 信号输入端子外部接通时，电流流入信号输入端子。

② 端子 **PC** 是触点输入信号的公共端，端子 **SE** 是集电极开路输出信号的公共端，要求电流从 SE 端子输入。

③ **PC**、**SD** 端子内接 **24V** 电源，**PC** 接电源正极，**SD** 接电源负极。

图 2-15 所示是变频器工作在源型控制逻辑的典型接线图。正转按钮需接在 STF 端子与 PC 端子之间，当按下正转按钮时，变频器内部电源产生电流从 PC 端子流出，经正转按钮从 STF 端子流入，回到内部电源的负极，该电流的途径如图 2-15（a）所示。另外，当变频器内部三极管集电极开路输出端需要外接电路时，需要以 SE 端子作为公共端，并要求电流从 SE 端子流入，在内部流经三极管，最后从相应端子（如 RUN 端子）流出，电流的途径如图 2-15（b）中箭头所示，虚线连接的二极管表示在源型控制逻辑下不能导通。

（a）从 PC 端子流出，STF 端子流入　　　　　（b）从 SE 端子流出，RUN 端子流出

图 2-15　变频器工作在源型控制逻辑的典型接线图

3. STOP、CS 和 PC 端子的使用

（1）STOP 端子的使用

需要进行停止控制时使用该端子。图 2-16 所示是一个启动信号自保持（正转、逆转）的接线图（漏型控制逻辑）。

停止按钮是一个常闭按钮，当按下正转按钮时，STF 端子会流出电流，途径是：STF 端子流出→正转按钮→STOP 端子→停止按钮→SD 端子流入，STF 端子有电流输出，表示该端子有正

转指令输入，变频器输出正转电源给电动机，让电动机正转。松开正转按钮，STF 端子无电流输出，电动机停转。如果按下停止按钮，STOP、STF、STR 端子均无法输出电流，无法启动电动机。

（2）CS 端子的使用

在需要进行瞬时掉电再启动和工频电源与变频器切换时使用该端子。例如，在漏型控制逻辑下进行瞬时掉电再启动，先将端子 CS-SD 短接，如图 2-17 所示，再将参数 Pr.57 设定为除"9999"以外的"瞬时掉电再启动自由运行时间"（参数设置方法见后述内容）。

（3）PC 端子的使用

使用 PC、SD 端子可向外提供直流 24V 电源，PC 为电源正极，SD 为电源负极（公共端）。PC 端可向外提供 18～26V 直流电压，容许电流为 0.1A。

图 2-16 启动信号自保持的接线图

图 2-17 端子 CS-SD 短接

2.2.4 PU 接口的连接

变频器有一个 PU 接口，操作面板通过 PU 接口与变频器内部电路连接，拆下前盖板可以见到 PU 接口，如图 2-2（b）所示。如果要用计算机来控制变频器运行，可将操作面板的接线从 PU 接口取出，再将专用带电缆的接头插入 PU 接口，将变频器与计算机连接起来，在计算机上可以通过特定的用户程序对变频器进行运行、监视及参数的读/写操作。

1．PU 接口

PU 接口外形与计算机网卡 RJ-45 接口相同，但接口的引脚功能定义与网卡不同，PU 接口外形与各引脚定义如图 2-18 所示。

2．PU 接口与带有 RS-485 接口的计算机连接

（1）计算机与单台变频器连接

计算机与单台变频器 PU 接口的连接如图 2-19 所示。在连接时，计算机的 RS-485 接口和变频器的 PU 接口都使用 RJ-45 接头（俗称水晶头），中间的连接线使用 10BASE-T 电缆（计算机联网用的双绞线）。

图 2-18 PU 接口外形与各引脚定义

图 2-19 计算机与单台变频器 PU 接口的连接

PU 接口与 RS-485 接口的接线方法如图 2-20 所示。由于 PU 接口的引脚②和引脚⑧的功能是为操作面板提供电源，在与计算机进行 RS-485 通信时不需要用到。

（2）计算机与多台变频器连接

计算机与多台变频器连接如图 2-21 所示。分配器的功能是将一路信号分成多路信号，另外，由于传送速度、距离的原因，可能会出现信号反射造成通信障碍的现象，为此可给最后一台变频器的分配器安装终端阻抗电阻（100Ω）。

计算机与多台变频器接线方法如图 2-22 所示。

图 2-20　PU 接口与 RS-485 接口的接线方法

图 2-21　计算机与多台变频器连接

图 2-22　计算机与多台变频器接线方法

3. PU 接口与带有 RS-232C 接口的计算机连接

由于大多数计算机不带 RS-485 接口，而带 RS-232C 接口（串口，又称 COM 口）的计算机较多，为了使带 RS-232C 接口的计算机也能与 PU 接口连接，可使用 RS-232C 转 RS-485 接口转换器。PU 接口与带有 RS-232C 接口的计算机连接如图 2-23 所示。

图 2-23　PU 接口与带有 RS-232C 接口的计算机连接

2.3　操作面板的使用

变频器的主回路和控制回路接好后，就可以对变频器进行操作。变频器的操作方式较多，最常用的方式就是在面板上对变频器进行各种操作。

2.3.1　操作面板介绍

变频器安装有操作面板，面板上有按键、显示屏和指示灯，通过观察显示屏和指示灯来操作按键，可以对变频器进行各种控制和功能设置。三菱 FR-A540 型变频器 FR-DU04 的操作面板如图 2-24 所示。

图 2-24　三菱 FR-A540 型变频器 FR-DU04 的操作面板

操作面板按键和指示灯的功能说明见表 2-3。

表 2-3　　　　　　　　　　　　操作面板按键和指示灯的功能说明

按键	MODE 键	可用于选择操作模式或设定模式
	SET 键	用于确定频率和参数的设定

续表

按键	▲/▼ 键	• 用于连续增加或降低运行频率，按下这个键可改变频率。 • 在设定模式中按下此键，则可连续设定参数
	FWD 键	用于给出正转指令
	REV 键	用于给出反转指令
	STOP RESET 键	• 用于停止运行。 • 用于保护功能动作输出停止时复位变频器（用于主要故障）
指示灯	Hz	显示频率时点亮
	A	显示电流时点亮
	V	显示电压时点亮
	MON	监示显示模式时点亮
	PU	PU 操作模式时点亮
	EXT	外部操作模式时点亮
	FWD	正转时闪烁
	REV	反转时闪烁

2.3.2　操作面板的使用

1. 模式切换

要对变频器进行某项操作，须先在操作面板上切换到相应的模式。例如，要设置变频器的工作频率，须先切换到"频率设定模式"，再进行有关的频率设定操作。在操作面板可以进行 5 种模式的切换。

变频器接通电源后（又称上电），变频器自动进入"监示模式"，如图 2-25 所示，操作面板上的"MODE"键可以进行模式切换，第一次按"MODE"键进入"频率设定模式"，再按"MODE"键进入"参数设定模式"，反复按"MODE"键可以进行"监示、频率设定、参数设定、操作和帮助"5 种模式的切换。当切换到某一模式后，操作"SET"键或"▲""▼"键对该模式进行具体设置。

图 2-25　模式切换操作方法

2. 监示模式的设置

监示模式用来显示变频器的工作频率、电流大小、电压大小和报警信息，便于用户了解变频器的工作情况。

监示模式的设置方法是：先操作"MODE"键切换到"监示模式"（操作方法见模式切换），再按"SET"键就会进入频率监示状态，如图 2-26 所示，然后反复按"SET"键，可以让监示模式在"电流监示""电压监示""报警监示"和"频率监示"之间切换，若按"SET"键超过 1.5s，会自动切换到上电监示模式。

图 2-26　监示模式的设置方法

3. 频率设定模式的设置

频率设定模式用来设置变频器的工作频率，也就是设置变频器逆变电路输出电源的频率。

频率设定模式的设置方法是：先操作"MODE"键切换到"频率设定模式"，再按"▲"或"▼"键设置频率，如图 2-27 所示，设置好频率后，按"SET"键将频率存储下来（也称写入设定频率），显示屏交替显示频率值和频率符号 F。这时若按下"MODE"键，显示屏就会切换到频率监示状态，监示变频器的工作频率。

图 2-27　频率设定模式的设置方法

4. 参数设定模式的设置

参数设定模式用来设置变频器的各种工作参数。三菱 FR-A540 型变频器有近千种参数，每种参数又可以设置不同的值，如第 79 号参数用来设置操作模式，其可设置值为 0～8，若将第 79 号参数值设置为 1，意为将变频器设置为 PU 操作模式；若将参数值设置为 2，意为将变频器设置为外部操作模式。将第 79 号参数值设置为 1，通常记为 Pr.79=1。

参数设定模式的设置方法是：先操作"MODE"键切换到"参数设定模式"，再按"SET"键设置参数号的最高位，如图 2-28 所示，按"▲"或"▼"键设置最高位的数值，最高位设置好后，按"SET"键进入中间位的设置，按"▲"或"▼"键设置中间位的数值，再用同样的方法设置最低位，最低位设置好后，整个参数号设置结束，再按"SET"键设置参数值，按"▲"或"▼"键改变参数值的大小，参数值设置完成后，按住"SET"键保持 1.5s 以上，将参数号和参数值存储下来，显示屏会交替显示参数号和参数值。

5. 操作模式的设置

操作模式用来设置变频器的操作方式。在操作模式中可以设置外部操作、PU 操作和 PU 点动操作。**外部操作**是指控制信号由控制端子外接的开关（或继电器等）输入的操作方式；**PU 操作**是指控制信号由 PU 接口输入的操作方式，如面板操作、计算机通信操作；**PU 点动**

操作是指通过 PU 接口输入点动控制信号的操作方式。

图 2-28　参数设定模式的设置方法

操作模式的设置方法是：先操作 "MODE" 键切换到 "操作模式"，默认为外部操作方式，按 "▲" 键切换至 PU 操作方式，如图 2-29 所示，再按 "▲" 键切换至 PU 点动操作方式，按 "▼" 键可返回到上一种操作方式，按 "MODE" 键进入帮助模式。

　6. 帮助模式的设置

帮助模式主要用来查询和清除有关记录、参数等内容。

帮助模式的设置方法是：先操作 "MODE" 键切换到 "帮助模式"，按 "▲" 键显示报警记录，再按 "▲" 键清除报警记录，反复按 "▲" 键可以显示或清除不同内容，按 "▼" 键可返回到上一种操作方式，具体方法如图 2-30 所示。

图 2-29　操作模式的设置方法

图 2-30　帮助模式的设置方法

2.4　操作运行

在对变频器进行运行操作前，需要将变频器的主回路和控制回路按需求接好。**变频器的操作运行方式主要有外部操作、PU 操作、组合操作和通信操作。**

2.4.1　外部操作运行

外部操作运行是通过操作与控制回路端子板连接的部件（如开关、继电器等）来控制变频器的运行。

1. 外部操作接线

在进行外部操作时，除了要确保主回路端子已接好了电源和电动机外，还要给控制回路端子外接开关、电位器等部件。图 2-31 所示是一种较常见的外部操作接线方式，先将控制回路端子外接的正转（STF）或反转（STR）开关接通，然后调节频率电位器并同时观察频率表，就可以调节变频器输出电源的频率，驱动电动机以合适的转速运行。

2. 50Hz 运行的外部操作

以外部操作方式让变频器以 50Hz 运行的操作过程见表 2-4。

3. 点动控制的外部操作

外部操作接线方式进行点动控制的操作过程如下。

① 按"MODE"键切换至"参数设定模式"，设置参数 Pr.15（点动频率参数）和 Pr.16（点动加/减速时间参数）的值，设置方法见"2.5 常用控制功能与参数设置"。

② 按"MODE"键切换至"操作模式"，选择外部操作方式（EXT 灯亮）。

③ 保持启动信号（STF 或 STR）接通，进行点动运行。

运行时，保持启动开关（STF 或 STR）接通，断开则停止。

图 2-31　一种较常见的外部操作接线方式

表 2-4 　　　　　　　　　**50Hz 运行的外部操作方式的操作过程**

操作说明	示图
第一步：接通电源并设置为外部操作运行方式。 将断路器合闸，为变频器接通工频电源，再观察操作面板显示屏的 EXT 指示灯（外部操作指示灯）是否亮（默认亮），若未亮，可操作"MODE"键切换到"操作模式"，并按"▲"和"▼"键将操作运行方式设定为外部操作	合闸
第二步：启动。 将正转或反转开关拨至 ON，电动机开始启动运转，同时面板上指示运转的 STF 或 STR 指示灯亮。 注：在启动时，将正转和反转开关同时拨至 ON，电动机无法启动，在运行同时拨至 ON 会使电动机减速至停转	正转　反转
第三步：加速。 将频率设定电位器顺时针旋转，显示屏显示的频率值由小变大，同时电动机开始加速，当显示频率值达到 50.00Hz 时停止调节，电动机以较高的恒定转速运行	50.00
第四步：减速。 将频率设定电位器逆时针旋转，显示屏显示的频率值由大变小，同时电动机开始减速，当显示频率值减小到 0.00Hz 时，电动机停止运行	0.00

续表

操作说明	示图
第五步：停止。 将正转或反转开关断开	

2.4.2　PU 操作运行

PU 操作运行是将控制信号从 PU 接口输入来控制变频器的运行。面板操作、计算机通信操作都是 PU 操作，这里仅介绍面板（FR-DU04）操作。

1. 50Hz 运行的 PU 操作

50Hz 运行的 PU 操作过程见表 2-5。

表 2-5　　　　　　　　　　　　50Hz 运行的 PU 操作过程

操作说明	示图
第一步：接通电源并设置为 PU 操作运行方式。 将断路器合闸，为变频器接通工频电源，再观察操作面板显示屏的 PU 指示灯（外部操作指示灯）是否亮（默认亮），若未亮，可操作"MODE"键切换到"操作模式"，并按"▲"和"▼"键将操作运行方式设定为 PU 操作	
第二步：设定运行频率。 首先按"MODE"键切换到"频率设定模式"，然后按"▲"和"▼"键将频率改为 50.00Hz，按"SET"键存储设定的频率值	
第三步：启动。 按"FWD"或"REV"键，电动机启动，显示屏自动切换为"监示模式"，并显示变频器的输出频率	
第四步：停止。 按"STOP"或"RESET"键，电动机减速后停止	

2. 点动运行的 PU 操作

点动运行的 PU 操作过程如下。

① 按"MODE"键切换至"参数设定模式",设置参数 Pr.15(点动频率参数)和 Pr.16(点动加/减速时间参数)的值。

② 按"MODE"键切换至"操作模式",选择 PU 点动操作方式(PU 灯亮)。

③ 按"FWD"或"REV"键,电动机点动运行,松开即停止。若电动机不转,请检查 Pr.13(启动频率参数),当点动频率设定比启动频率低的值时,电动机不转。

2.4.3 组合操作运行

组合操作运行是使用外部信号和 PU 接口输入信号来控制变频器的运行。组合操作运行一般使用开关或继电器输入启动信号,而使用 PU 接口设定运行频率,在该运行方式下,除了外部输入的频率设定信号无效,PU 输入的正转、反转和停止信号也均无效。

组合操作运行的操作过程见表 2-6。

表 2-6   组合操作运行的操作过程

操作说明	示图
第一步:接通电源。 将断路器合闸,为变频器接通工频电源	合闸
第二步:设定操作运行方式为组合操作。 将 Pr.79(操作模式选择参数)的值设定为 3,将操作运行方式设置为组合操作,运行状态 EXT 和 PU 指示灯都亮	P.79 闪烁 3
第三步:启动。 将 STF 或 STR 启动开关拨至 ON 位置,电动机启动运行	正转 反转
第四步:设定运行频率。 用参数单元设定运行频率为 60Hz,运行状态显示 REV 或 FWD。 选择频率设定模式并进行单步设定。 注:单步设定是通过按"▲"和"▼"键连续改变频率	<单步设定>
第五步:停止。 将 STF 或 STR 开关拨至 OFF,电动机停止运行	

2.5 常用控制功能与参数设置

变频器的功能是将工频电源转换成需要频率的电源来驱动电动机。由于电动机负载种类繁多，为了让变频器在驱动不同电动机负载时具有良好的性能，应根据需求使用变频器相关的控制功能，并且对有关的参数进行设置。变频器的控制功能及相关参数有很多，下面主要介绍一些常用的控制功能与参数。

2.5.1 操作模式选择功能与参数

Pr.79 参数用来选择变频器的操作模式，这是一个非常重要的参数。Pr.79 参数不同的值对应的操作模式见表 2-7。

表 2-7 　　　　　　　　　　　　Pr.79 参数不同的值对应的操作模式

Pr.79 设定值	工作模式
0	电源接通时为外部操作模式，通过增、减键可以在外部和 PU 间切换
1	PU 操作模式（参数单元操作）
2	外部操作模式（控制端子接线控制运行）
3	组合操作模式 1，用参数单元设定运行频率，外部信号控制电动机启停
4	组合操作模式 2，外部输入运行频率，用参数单元控制电动机启停
5	程序运行

2.5.2 频率相关功能与参数

变频器常用频率名称有给定频率、输出频率、基本频率、最大频率、上限频率、下限频率和回避频率等。

1. 给定频率的设置

给定频率是指给变频器设定的运行频率，用 f_G 表示。给定频率可由操作面板给定，也可由外部方式给定，其中外部方式又分为电压给定和电流给定。

（1）操作面板给定频率

操作面板给定频率是指操作变频器面板上有关按键来设置给定频率，具体操作过程如下。

① 用"MODE"键切换到"频率设置模式"。

② 用"▼"和"▲"键设置给定频率值。

③ 用"SET"键存储给定频率。

（2）电压给定频率

电压给定频率是指给变频器有关端子输入电压来设置给定频率，输入电压越高，设置的给定频率越高。电压给定可分为电位器给定、直接电压给定（图 2-32）和辅助给定。

图 2-32（a）所示为电位器给定方式。给变频器的 10、2、5 引脚按图示方法接一个 1/2W 1kΩ 的电位器，通电后变频器 10 引脚会输出 5V 或 10V 电压，调节电位器会使 2 引脚电压在 0～5V 或 0～10V 范围内变化，给定频率就在 0～50Hz 范围内变化。

2 引脚的输入电压由 Pr.73 参数决定，当 Pr.73=1 时，2 引脚允许输入电压为 0～5V；当

Pr.73=0 时，2 引脚允许输入电压为 0～10V。

图 2-32（b）所示为直接电压给定方式。该方式是在 2、5 引脚之间直接输入 0～5V 或 0～10V 电压，给定频率就在 0～50Hz 范围内变化。

1 引脚为辅助频率给定端，该引脚输入信号与主给定引脚输入信号（2 或 4 引脚输入的信号）叠加进行频率设定。

（3）电流给定频率

电流给定频率是指给变频器有关引脚输入电流来设置给定频率，输入电流越大，设置的给定频率越高。电流给定频率方式如图 2-33 所示。要选择电流给定频率方式，需要将电流选择引脚 AU 与 SD 引脚接通，然后给变频器 4 引脚输入 4～20mA 的电流，给定频率就在 0～50Hz 范围内变化。

（a）电位器给定　　　　　　　（b）直接电压给定

图 2-32　电压给定频率方式

图 2-33　电流给定频率方式

2. 输出频率

变频器实际输出的频率称为输出频率，用 f_x 表示。在给变频器设置给定频率后，为了改善电动机的运行性能，变频器会根据一些参数自动对给定频率进行调整而得到输出频率，因此输出频率 f_x 不一定等于给定频率 f_G。

3. 基本频率和最大频率

变频器最大输出电压所对应的频率称为基本频率，用 f_B 表示，如图 2-34 所示。基本频率一般与电动机的额定频率相等。

最大频率是指变频器能设定的最大输出频率，用 f_{max} 表示。

4. 上限频率和下限频率

上限频率是指不允许超过的最高输出频率。下限频率是指不允许超过的最低输出频率。

Pr.1 参数用来设置输出频率的上限频率（最大频率），如果运行频率设定值高于该值，输出频率会钳在上限频率上。**Pr.2** 参数用来设置输出频率的下限频率（最小频率），如果运行频率设定值低于该值，输出频率会钳在下限频率上。这两个参数值设定完成后，输出频率只能在这两个频率之间变化，如图 2-35 所示。

在设置上限频率时，一般不要超过变频器的最大频率，若超出最大频率，自动会以最大

图 2-34　基本频率

频率作为上限频率。

5. 回避频率

回避避率又称跳变频率，是指变频器禁止输出的频率。

任何机械都有自己的固有频率（由机械结构、质量等因素决定），当机械运行的振动频率与固有频率相同时，将会引起机械共振，使机械振荡幅度增大，可能导致机械磨损和损坏。为了防止共振给机械带来的危害，可给变频器设置禁止输出的频率，避免这些频率在驱动电动机时引起机械共振。

回避频率设置参数有 **Pr.31、Pr.32、Pr.33、Pr.34、Pr.35、Pr.36**，这些参数可设置 **3** 个可跳变的频率区域，每两个参数设定一个跳变区域，如图 2-36 所示，变频器工作时不会输出跳变区内的频率，当给定频率在跳变区频率范围内时，变频器会输出低参数号设置的频率。例如，当设置 Pr.33=35Hz、Pr.34=30Hz 时，变频器不会输出 30～35Hz 范围内的频率，若给定的频率在这个范围内，变频器会输出低参数号 Pr.33 设置的频率（35Hz）。

图 2-35　上限频率与下限频率参数功能

图 2-36　回避频率参数功能

2.5.3　启动、加/减速控制功能与参数

与启动、加减速控制有关的参数主要有启动频率、加/减速时间、加/减速方式。

1. 启动频率

启动频率是指电动机启动时的频率，用 f_s 表示。启动频率可以从 0Hz 开始，但对于惯性较大或摩擦力较大的负载，为容易启动，可设置合适的启动频率以增大启动转矩。

Pr.13 参数用来设置电动机启动时的频率。如果启动频率较给定频率高，电动机将无法启动。Pr.13 参数功能如图 2-37 所示。

2. 加/减速时间

加速时间是指输出频率从 0Hz 上升到基准频率所需的时间。加速时间越长，启动电流越小，启动越平缓，对于频繁启动的设备，加速时间要求短些，对于惯性较大的设备，加速时间要求长些。**Pr.7** 参数用于设置电动机加速时间，**Pr.7** 的值越大，加速时间越长。

图 2-37　Pr.13 参数功能

减速时间是指从输出频率由基准频率下降到 0Hz 所需的时间。Pr.8 参数用于设置电动机减速时间，**Pr.8** 的值越大，减速时间越长。

　　Pr.20 参数用于设置加/减速基准频率。**Pr.7** 设置的时间是指从 **0Hz** 变化到 **Pr.20** 设定的频率所需的时间，如图 2-38 所示，**Pr.8** 设置的时间是指从 **Pr.20** 设定的频率变化到 **0Hz** 所需的时间。

图 2-38　加/减速基准频率参数功能

　　3．加/减速方式

　　为了适应不同机械的启动/停止要求，可给变频器设置不同的加/减速方式。加/减速方式主要有三种，由 **Pr.29** 参数设定。

　　（1）直线加/减速方式（Pr.29=0）

　　这种方式的加/减速时间与输出频率变化成正比关系，如图 2-39（a）所示，大多数负载采用这种方式，出厂设定为该方式。

　　（2）S 形加/减速 A 方式（Pr.29=1）

　　这种方式是开始和结束阶段，升速和降速比较缓慢，如图 2-39（b）所示，电梯、传送带等设备常采用该方式。

　　（3）S 形加/减速 B 方式（Pr.29=2）

　　这种方式是在两个频率之间提供一个 S 形加/减速 A 方式，如图 2-39（c）所示，该方式具有缓和振动的效果。

（a）Pr.29=0　　　　　（b）Pr.29=1　　　　　（c）Pr.29=3

图 2-39　加/减速参数功能

图 2-40　点动控制参数功能

2.5.4　点动控制功能与参数

　　点动控制参数包括点动运行频率参数（Pr.15）和点动加/减速时间参数（Pr.16）。

　　Pr.15 参数用于设置点动状态下的运行频率。当变频器在外部操作模式时，用输入引脚选择点动功能（接通 JOG 和 SD 引脚即可）；当点动信号为 ON 时，用启动信号（STF 或 STR）进行点动运行；在 PU 操作模式时用操作面板上的"FED"或"REV"键进行点动操作。

　　Pr.16 参数用于设置点动状态下的加/减速时间，如图 2-40 所示。

2.5.5　转矩提升功能与参数

　　转矩提升功能是用来设置电动机启动时的转矩大小。通过设置该功能参数，可以补偿电动机绕组上的电压降，从而改善电动机低速运行时的转矩性能。

Pr.0 为转矩提升设置参数。假定基本频率对应的电压为 100%，**Pr.0** 用百分数设置 0Hz 时的电压，如图 2-41 所示，设置过大会导致电动机过热，设置过小会使启动力矩不够，通常最大设置为 10%。

图 2-41　转矩提升参数功能

2.5.6　制动控制功能与参数

电动机停止有两种方式：一种方式是变频器根据设置的减速时间和方式逐渐降低输出频率，让电动机慢慢减速，直至停止；另一种方式是变频器停止输出电压，电动机失电惯性运转至停止。不管哪种方式，电动机停止都需要一定的时间，有些设备要求电动机能够迅速停止，这种情况下就需要对电动机进行制动。

1. 再生制动和直流制动

在减速时，变频器输出频率下降，由于惯性原因电动机转子转速会高于输出频率在定子绕组产生的旋转磁场转速，此时电动机处于再生发电状态，定子绕组会产生电动势反送给变频器，若在变频器内部给该电动势提供回路（通过制动电阻），那么该电动势产生的电流流回定子绕组时会产生对转子制动的磁场，从而使转子迅速停转，电流越大，转子制动速度越快，这种制动方式称为再生制动，又称能耗制动。再生制动的效果与变频器的制动电阻有关，若内部制动电阻达不到预计的效果，可在 P、PR 引脚之间外接制动电阻。

直流制动是指当变频器输出频率接近 0，电动机转速降到一定值时，变频器改向电动机定子绕组提供直流电压，让直流电流通过定子绕组产生制动磁场对转子进行制动。

普通的负载一般采用再生制动即可，对于大惯性的负载，仅再生制动往往无法使电动机停止，还需要进行直流制动。

2. 直流制动参数的设置

直流制动参数主要有直流制动动作频率、直流制动电压和直流制动时间。

（1）直流制动动作频率 f_{DB}（**Pr.10**）

在使用直流制动时，一般先降低输出频率依靠再生制动方式对电动机进行制动，当输出频率下降到某一频率时，变频器马上输出直流制动电压对电动机进行制动，这个直流制动电压对应的频率称为直流制动动作频率，用 f_{DB} 表示。f_{DB} 越高，制动所需的时间越短。**f_{DB} 由参数 Pr.10**

设置，如图 2-42 所示。

（2）直流制动电压 U_{DB}（Pr.12）

直流制动电压是指直流制动时加到定子绕组两端的直流电压，用 U_{DB} 表示。U_{DB} 用与电源电压的百分比表示，一般在 30%以内，U_{DB} 越高，制动强度越大，制动时间越短。U_{DB} 由参数 **Pr.12** 设置，如图 2-42 所示。

图 2-42　直流制动参数功能

（3）直流制动时间 t_{DB}（Pr.11）

直流制动时间是指直流制动时施加直流电压的时间，用 t_{DB} 表示。对于惯性大的负载，要求 t_{DB} 长些，以保持直流制动电压撤掉后电动机完全停转。t_{DB} 由参数 **Pr.11** 设置。

2.5.7　瞬时停电再启动功能与参数

该功能的作用是当电动机由工频切换到变频供电或瞬时停电再恢复供电时，保持一段自由运行时间，然后变频器再自动启动进入运行状态，从而避免重新复位再启动操作，保证系统连续运行。

当需要启用瞬时停电再启动功能时，须将 CS 引脚与 SD 引脚短接。设定好瞬时停电再启动功能后，变频器的 IPF 引脚在发生瞬时停电时不动作。

瞬时停电再启动功能参数见表 2-8。

表 2-8　　　　　　　　　　　　　　　　瞬时停电再启动功能参数

参数	功能	出厂设定	设置范围	说明
Pr.57	再启动自由运行时间	9999	0	0.5s（0.4kW 到 1.5kW），1.0s（2.2kW 到 7.5kW），3.0s（11kW 以上）
			0.1～5s	瞬时停电再恢复后变频器再启动前的等待时间。根据负荷的转动惯量和转矩，该时间可设定在 0.1～5s
			9999	无法启动

参数	功能	出厂设定	设置范围	说明
Pr.58	再启动上升时间	1.0s	0～60s	通常可用出厂设定运行，也可根据负荷（转动惯量、转矩）调整这些值
Pr.162	瞬停再启动动作选择	0	0	频率搜索开始。检测到瞬时掉电后开始频率搜索
			1	没有频率搜索。电动机以自由速度独立运行，输出电压逐渐升高，而频率保持为预测值
Pr.163	再启动第一缓冲时间	0	0～20s	通常可用出厂设定运行，也可根据负荷（转动惯量，转矩）调整这些值
Pr.164	再启动第一缓冲电压	0%	0～100%	
Pr.165	再启动失速防止动作水平	150%	0～200%	

2.5.8　控制方式功能与参数

变频器常用的控制方式有 V/f 控制（压/频控制）和矢量控制。一般情况下使用 V/f 控制方式，矢量控制方式适用于负荷变化大的场合，能提供大的启动转矩和充足的低速转矩。

控制方式参数说明见表 2-9。

表 2-9　　　　　　　　　控制方式参数说明

参数	设定范围	说明		
Pr.80	0.4～55kW，9999	9999	V/f 控制	
		0.4～55kW	设定使用的电动机容量	先进磁通矢量控制
Pr.81	2，4，6，12，14，16，9999	9999	V/f 控制	
		2，4，6	设定电动机极数	先进磁通矢量控制
		12，14，16	当 X18（磁通矢量控制-V/f 控制切换）信号接通时，选择为 V/f 控制方式。（运行时不能进行选择）用 Pr.180 至 Pr.186 中任何一个，安排端子用于 X18 信号的输入。12：对于 2 极电动机 14：对于 4 极电动机 16：对于 6 极电动机	

在选择矢量控制方式时，要注意以下事项。

① 在采用矢量控制方式时，只能一台变频器控制一台电动机，若一台变频器控制多台电动机则矢量控制无效。

② 电动机容量与变频器所要求的容量相当，最多不能超过一个等级。

③ 矢量控制方式只适用于三相笼式异步电动机，不适合其他特殊电动机。

④ 电动机最好是 2、4、6 极。

2.5.9　电子过流保护功能与参数（Pr.9）

Pr.9 参数用于设置电子过流保护的电流值，可防止电动机过热，让电动机得到最优性能的保护。在设置电子过流保护参数时要注意以下几点。

① 当参数值设定为 0 时，电子过电流保护（电动机保护功能）无效，但变频器输出晶体管保护功能有效。

② 当变频器连接两台或三台电动机时，电子过流保护功能不起作用，请给每台电动机安装外部热继电器。

③ 当变频器和电动机容量相差过大或设定过小时，电子过流保护特性将恶化，在此情况下，请安装外部热继电器。

④ 特殊电动机不能用电子过流保护，请安装外部热继电器。

⑤ 当变频器连接一台电动机时，该参数一般设定为电动机额定电流的 1～1.2 倍。

2.5.10　负载类型选择功能与参数

当变频器配接不同负载时，要选择与负载相匹配的输出特性（V/f 特性）。**Pr.14** 参数用于设置适合负载的类型。

当 **Pr.14=0** 时，变频器输出特性适用于恒转矩负载，如图 2-43（a）所示。

当 **Pr.14=1** 时，变频器输出特性适用于变转矩负载（二次方律负载），如图 2-43（b）所示。

当 **Pr.14=2** 时，变频器输出特性适用于提升类负载（势能负载），正转时按 **Pr.0** 设定值提升转矩，反转时不提升转矩，如图 2-43（c）所示。

当 **Pr.14=3** 时，变频器输出特性适用于提升类负载（势能负载），反转时按 **Pr.0** 设定值提升转矩，正转时不提升转矩，如图 2-43（d）所示。

图 2-43　负载类型选择参数功能

2.5.11　MRS 端子输入选择功能与参数

Pr.17 参数用于选择 **MRS** 引脚的逻辑。对于漏型控制逻辑，当 Pr.17=0 时，MRS 引脚外接常开触点闭合后变频器停止输出；当 Pr.17=1 时，MRS 引脚外接常闭触点断开后变频器停止输出。Pr.17 的参数功能如图 2-44 所示。

（a）常开触点闭合后变频器停止输出　　（b）常闭触点断开后变频器停止输出

图 2-44　Pr.17 的参数功能

2.5.12　禁止写入和逆转防止功能与参数

Pr.77 参数用于设置参数写入允许或禁止，可以防止参数被意外改写。**Pr.78** 参数用于设置禁止电动机反转，如泵类设备。Pr.77 和 Pr.78 参数的设定值及功能见表 2-10。

表 2-10　　　　　　　　　　　　　**Pr.77 和 Pr.78 参数的设定值及功能**

参数	设定值	功能
Pr.77	0	在"PU"模式下，仅限于停止可以写入（出厂设定）
	1	不可写入参数，但 Pr.75、Pr.77、Pr.79 参数可以写入
	2	即使运行时也可以写入
Pr.78	0	正转和反转均可（出厂设定值）
	1	不可反转
	2	不可正转

2.6　三菱 FR-700 系列变频器介绍

三菱变频器主要有 FR-500 和 FR-700 两个系列，**FR-700** 系列是从 **FR-500** 系列升级而来的，故 **FR-700** 与 **FR-500** 系列变频器的接线端子功能及参数功能大多数都是相同的，因此掌握 FR-500 系列变频器的使用后，只要稍加学习 FR-700 系列变频器的不同点，就能很快学会使用 FR-700 系列变频器。

2.6.1　三菱 FR-700 系列变频器的特点说明

三菱 FR-700 系列变频器又可分为 FR-A700、FR-F700、FR-E700 和 FR-D700 系列，分别对应于三菱 FR-500 系列变频器的 FR-A500、FR-F500、FR-E500 和 FR-S500 系列。三菱 FR-700 系列变频器的特点说明见表 2-11。

表 2-11　　　　　　　　　　　　三菱 FR-700 系列变频器的特点说明

系列	外形	说明
FR-A700		A700 产品适用于各类对负载要求较高的设备，如起重、电梯、印包、印染、材料卷取及其他通用场合。 　A700 产品具有高水准的驱动性能，如下所示。 　● 具有独特的无传感器矢量控制模式，在不需要采用编码器的情况下可以使各式各样的机械设备在超低速区域进行高精度的运转。 　● 带转矩控制模式，并且在速度控制模式下可以使用转矩限制功能。 　● 具有矢量控制功能（带编码器），变频器可以实现位置控制和快响应、高精度的速度控制（零速控制、伺服锁定等）及转矩控制
FR-F700		F700 产品除了应用在很多通用场合外，特别适用于风机、水泵、空调等行业。 　A700 产品具有先进丰富的功能，如下所示。 　● 除了具备与其他变频器相同的常规 PID 控制功能外，还扩充了多泵控制功能。 　A700 产品具有良好的节能效果，如下所示。 　● 具有最佳励磁控制功能，除恒速时可以使用之外，在加/减速时也可以起作用，进一步优化节能效果。 　● 新开发的节能监视功能，可以通过操作面板、输出端子（端子 CA、AM）和通信来确认节能效果，节能效果一目了然
FR-E700		E700 产品为可实现高驱动性能的经济型产品，其价格相对较低。 E700 产品具有良好的驱动性能，如下所示。 　● 具有多种磁通矢量控制方式：在 0.5Hz 情况下，使用先进的磁通矢量控制方式可以使转矩提高到 200（3.7kW 以下）。 　● 短时超载增加到 200 时允许持续时间为 3s，误报警将更少发生。经过改进的限转矩及限电流功能可以为机械提供必要的保护
FR-D700		D700 产品为多功能、紧凑型产品。 　● 具有通用磁通矢量控制方式：在 1Hz 情况下，可以使转矩提高到 150%扩充浮辊控制和三角波功能。 　● 带安全停止功能，实现紧急停止有两种方法：通过控制 MC 接触器来切断输入电源或对变频器内部逆变模块驱动回路进行直接切断，以符合欧洲标准的安全功能，节约设备投入

2.6.2　三菱 A700、F700、E700 和 D700 系列变频器的比较

三菱 A700、F700、E700 和 D700 系列变频器的比较见表 2-12 。

表 2-12　　　　　　　　　　三菱 **A700**、**F700**、**E700** 和 **D700** 系列变频器的比较

项目		FR-A700	FR-F700	FR-E700	FR-D700
容量范围	三相 200V	0.4～90kW	0.75～110kW	0.1～15kW	0.1～15kW
	三相 400V	0.4～500kW	0.75～S630kW	0.4～15kW	0.4～15kW
	单相 200V	—	—	0.1～2.2kW	0.1～2.2kW
控制方式		V/f 控制、先进磁通矢量控制、无传感器矢量控制、矢量控制（需选件 FR-A7AP）	V/f 控制、最佳励磁控制、简易磁通矢量控制	V/f 控制、先进磁通矢量控制、通用磁通矢量控制、最佳励磁控制	V/f 控制、通用磁通矢量控制、最佳励磁控制
转矩限制		○	×	○	×
内置制动晶体管		0.4～22kW	—	0.4～15kW	0.4～7.5kW
内置制动电阻		0.4～7.5kW	—	—	—
瞬时停电	再启动功能	有频率搜索方式	有频率搜索方式	有频率搜索方式	有频率搜索方式
	停电时继续	○	○	○	○
	停电时减速	○	○	○	○
运行特性	多段速	15 速	15 速	15 速	15 速
	极性可逆	○	○	×	×
	PID 控制	○	○	○	○
	工频运行切换功能	○	○	×	×
	制动序列功能	○	×	×	×
	高速频率控制	○	×	×	×
	挡块定位控制	○	×	×	×
	输出电流检测	○	○	○	○
	冷却风扇 ON-OFF 控制	○	○	○	○
	异常时再试功能	○	○	○	○
	再生回避功能	○	×	○	×
	零电流检测	○	○	○	○
	机械分析器	○	×	×	×
	其他功能	最短加/减速、最佳加/减速、升/降机模式、节电模式	节电模式、最佳励磁控制	最短加/减速、节电模式、最佳励磁控制	节电模式、最佳励磁控制
操作面板、参数单元	标准配置	FR-DU07	FR-DU07	操作面板固定	操作面板固定
	拷贝功能	○	○	×	×
	FR-PU04	△（参数不能拷贝）	△（参数不能拷贝）	△（参数不能拷贝）	△（参数不能拷贝）
	FR-DU04	△（参数不能拷贝）	△（参数不能拷贝）	△（参数不能拷贝）	△（参数不能拷贝）

续表

项目		FR-A700	FR-F700	FR-E700	FR-D700
操作面板、参数单元	FR-PU07	○（可保存三台变频器参数）	○（可保存三台变频器参数）	○（可保存三台变频器参数）	○（可保存三台变频器参数）
	FR-DU07	○（参数能拷贝）	○（参数能拷贝）	×	×
	FR-PA07	△（有些功能不能使用）	△（有些功能不能使用）	○	○
通信	RS-485	○标准 2 个	○标准 2 个	○标准 1 个	○标准 1 个
	Modbus-RTU	○	○	○	○
	CC-Link	○（选件 FR-A7NC）	○（选件 FR-A7NC）	○（选件 FR-A7NC E kit）	—
	PROFIBUS-DP	○（选件 FR-A7NP）	○（选件 FR-A7NP）	○（选件 FR-A7NP E kit）	—
	Device Net	○（选件 FR-A7ND）	○（选件 FR-A7ND）	○（选件 FR-A7ND E kit）	—
	LONWORKS	○（选件 FR-A7NL）	○（选件 FR-A7NL）	○（选件 FR-A7NL E kit）	—
	USB	○	—	—	—
构造	控制电路端子	螺丝式端子	螺丝式端子	螺丝式端子	压接式端子
	主电路端子	螺丝式端子	螺丝式端子	螺丝式端子	螺丝式端子
	控制电路电源与主电路分开	○	○	×	×
	冷却风扇更换方式	○（风扇位于变频器上部）	○（风扇位于变频器上部）	○（风扇位于变频器上部）	○（风扇位于变频器上部）
	可脱卸端子排	○	○	○	×
内置 EMC 滤波器		○	△（55kW 以下不带）	—	—
内置选件		可插 3 个不同性能的选件卡	可插 1 个选件卡	可插 1 个选件卡	—
设置软件		FR Configurator （FR-SW3、FR-SW2）	FR Configurator （FR-SW3、FR-SW2）	FR Configurator （FR-SW3）	FR Configurator （FR-SW3）
高次谐波对策	交流电抗器	○（选件）	○（选件）	○（选件）	○（选件）
	直流电抗器	○（选件，75kW 以上标准配备）	○（选件，75kW 以上标准配备）	○（选件）	○（选件）
	高功率因数变流器	○（选件）	○（选件）	○（选件）	○（选件）

2.6.3　三菱 FR-A700 系列变频器的接线图及端子功能说明

三菱 FR-700 系列变频器的各端子功能与接线大同小异，图 2-45 所示为最有代表性的三菱 FR-A700 系列变频器的接线图，各端子功能说明见表 2-13。

图 2-45　三菱 FR-A700 系列变频器的接线图

表 2-13　　　　　　　　　　　三菱 FR-A700 系列变频器的各端子功能说明

种类		端子记号	端子名称	内容说明	
主回路		R, S, T	交流电源输入	连接工频电源	
		U, V, W	变频器输出	接三相鼠笼电动机	
		R1, S1	控制回路电源	与交流电源端子 R/L1、S/L2 连接。需要在主回路不通电时，连接控制回路电源，请拆下短路片，并提供外部电源到此端子	
		P, PR	连接制动电阻器	拆开端子 PR-PX 之间的短路片，在 P-PR 之间连接选件制动电阻（7.5kW 以下），22kW 以下有 PR 端子	
		P, N	连接制动单元	连接选件 FR-BU 型制动单元或共直流母线变流器（FR-CV）或高功率因数变流器（FR-HC）	
		P, P1	连接改善功率因数 DC 电抗器	拆开端子 P-P1 间的短路片，连接选件改善功率因数用电抗器（FR-BEL）（S75K 以上中则连接随机附带的直流电抗器）	
		PR, PX		PR-PX 短路片连接时，内置制动电阻有效。7.5kW 及以下的变频器有 PX 端子	
		⏚	接地	变频器外壳接地用，必须接大地	
控制回路·输入信号	启动接点·功能设定	STF	正转	STF 信号处于 ON 便正转，处于 OFF 便停止。程序运行模式时为程序运行开始信号（ON 开始，OFF 停止）	当 STF 和 STR 信号同时处于 ON 时，相当于给出停止指令
		STR	反转	STR 信号 ON 为反转，OFF 为停止	
		STOP	启动自保持选择	使 STOP 信号处于 ON，可以选择启动信号自保持	
		RH, RM, RL	多段速度选择	用 RH、RM 和 RL 信号的组合可以选择多段速度	
		JOG	点动模式选择	JOG 信号 ON 时选择点动运行（出厂设定）。用启动信号（STF 和 STR）可以点动运行	输入端子的功能选择通过（Pr.178 到 Pr.189）改变端子功能
			脉冲串输入	通过改变 Pr291 参数设置，JOG 端子可用作脉冲输入端子。（最大输入脉冲频率：100kHz/s）	
		RT	第 2 功能选择	RT 信号处于 ON 时选择第 2 加减速时间。设定了（第 2 转矩提升）［第 2V/f（基底频率）］时，也可以用 RT 信号处于 ON 时选择这些功能	
		MRS	输出停止	MRS 信号为 ON（20ms 以上）时，变频器输出停止。用电磁制动停止电机时，用于断开变频器的输出	
		RES	复位	用于解除保护功能动作时进行复位。使端子 RES 信号处于 ON 在 0.1s 以上，然后断开	
		AU	电流输入选择	只在端子 AU 信号处于 ON 时，变频器才用直流 4~20mA 作为频率设定信号	输入端子的功能选择通过（Pr.178 到 Pr.189）改变端子功能
			PTC 输入	AU 端子也可以作为 PTC 输入端子使用（保护电机的温度）。用作 PTC 输入端子时要把 AU/PTC 切换开关切换到 PTC 侧	
		CS	瞬间停电再启动选择	CS 信号预先处于 ON，瞬时停电再恢复时变频器便可自动启动。但用这种运行必须再重新设定参数，因为出厂时设定不能再启动	
		SD	公共输入端（漏型）	接点输入端子和 FM 端子的公共端。直流 24V，0.1A（PC 端子）电源的输出公共端	
		PC	直流 24V 电源和外部晶体管公共端 接点输入公共端（源型）	当连接晶体管输出（集电极开路输出），例如可编程控制器时，将晶体管输出用的外部电源公共端接到这个端子时，可以防止因漏电引起误动使用，这端子可用于直流 24V，0.1A 电源输出。当选择源型时，这端子作为接点输入的公共端	
模拟信号	频率设定	10E	频率设定用电源	10V DC，容许负荷电流 10mA	按出厂设定状态连接频率设定电位器时，与端子 10 连接。当连接到 10E 时，请改变端子 2 的输入规格
		10		5V DC，容许负荷电流 10mA	

续表

种类		端子记号	端子名称	内容说明	
模拟信号	频率设定	2	频率设定（电压）	输入 0～5V DC（或 0～10V，0～20mA）时，5V（10V，20mA）对应为最大输出频率。输入、输出成比例。0～5V（出厂设定），0～10V DC 和 0～20mA 的切换用 Pr.73 进行控制。输入阻抗 10kΩ，容许最大电压为直流 20V	
		4	频率设定（电流）	DC 4～20mA（或 0～5V，0～10V），20mA 为最大输出频率，输入，输出成比例。只在端子 AU 信号处于 ON 时，该输入信号有效（端子 2 的输入将无效）。4～20mA（出厂值），DC 0～5V，DC 0～10V 的输入切换用 Pr.267 进行控制	
		1	辅助频率设定	输入 0～±5V DC 或 0～±10V DC 时，端子 2 或 4 的频率设定信号与这个信号相加。用参数单元 Pr.73 进行输入 0～±5V DC 或 0～±10V DC（出厂设定）的切换。输入阻抗 10kΩ，容许电压±20V DC	
		5	频率设定公共端	频率设定信号（端子 2，1 或 4）和模拟输出端子 AM 的公共端子。请不要接大地	
控制回路·输出信号	结点	A1，B1，C1	继电器输出 1（异常输出）	指示变频器因保护功能动作时输出停止的转换接点。故障时：B-C 间不导通（A-C 间导通）；正常时：B-C 间导通（A-C 间不导通）	输出端子的功能选择通过（Pr.190 到 Pr.196）改变端子功能
		A2，B2，C2	继电器输出 2	1 个继电器输出（常开/常闭）	
	集电极开路	RUN	变频器正在运行	变频器输出频率为启动频率（初始值 0.5Hz）以上时为低电平，正在停止或直流制动时为高电平	
		SU	频率到达	输出频率达到设定频率的±10%（出厂设定，可变更）时为低电平，正在加/减速或停止时为高电平，容许负荷为 DC 24V，0.1A	
		OL	过负荷报警	当失速保护功能动作时为低电平，容许负荷为 DC 24V，0.1A	
		IPF	瞬时停电	瞬间停电，电压不足保护动作时为低电水平，容许负荷为 DC 24V，0.1A	
		FU	频率检测	输出频率为任意设定的检测频率以上时为低电平，以下时为高电平，容许负荷为 DC 24，0.1A	
		SE	集电极开路输出公共端	端子 RUN、SU、OL、IPF、FU 的公共端子	
	模拟	CA	模拟电流输出	可以从多种监示项目中选一种作为输出。输出信号与监示项目的大小成比例	输出信号 DC 0～20mA，容许负载阻抗 200～450Ω
		AM	模拟电压输出		输出信号 DC 0～10V，容许负载电流 1mA（负载阻抗 10kΩ 以上），分辨率为 8 位
通信	RS-485	—	PU 接口	通过 PU 接口，进行 RS-485 通信。（仅 1 对 1 连接） *遵守标准：EIA RS-485 标准 *通信方式：多站通信 *通信速率：4800～38400bit/s *最长距离：500m	
		RS-485 端子	TXD+ TXD	变频器数据发送端子	通过 RS-485 端子，进行 RS-485 通信。 *遵守标准：EIA RS-485 标准 *通信方式：多站通信 *通信速率：300～38400bit/s *最长距离：500m	
			RXD+ RXD	变频器数据接收端子		
			SG	接地		
		—	USB 接口	通过 USB 接口与电脑连接后，就可以使用 FR-Configurator 设置软件。 *界面：适合 USB1.1 *连接口：USB 系列 B 型连接口 *传输速率：FS 传输（12Mbit/s）	

2.6.4　三菱 FR-500 与 FR-700 系列变频器的比较

三菱 FR-700 系列是以 FR-500 系列为基础升级而来的，因此两个系列有很多共同点，下面对三菱 FR-A500 与 FR-A700 系列变频器进行比较。

1. 总体比较

三菱 FR-500 与 FR-700 系列变频器的总体比较见表 2-14。

表 2-14　　　　　　　　　　　**三菱 FR-500 与 FR-700 系列变频器的总体比较**

项目	FR-A500	FR-A700
控制系统	V/f 控制方式，先进磁通矢量控制	V/f 控制方式，先进磁通矢量控制，无传感器矢量控制
变更、删除功能	A700 系列对一些参数进行了变更：22、60、70、72、73、76、79、117～124、133、160、171、173、174、240、244、900～905、991	
	A700 系列删除了一些参数的功能：175、176、199、200、201～210、211～220、221～230、231	
	A700 系列增加了一些参数的功能：178、179、187～189、196、241～243、245～247、255～260、267～269、989 和 288～899 中的一些参数	
端子排	拆卸式端子排	拆卸式端子排，向下兼容（可以安装 A500 端子排）
PU	FR-PU04-CH，DU04	FR-PU07，DU07，不可使用 DU04（使用 FR-PU04-CH 时有部分制约）
内置选件	专用内置选件（无法兼容）	
	计算机连接，继电器输出选件 FR-A5NR	变频器主机内置（RS-485 端子，继电器输出 2 点）
安装尺寸	FR-A740-0.4K～7.5K，18.5K～55K，110K，160K 可以和同容量 FR-A540 安装尺寸互换，对于 FR-A740-11K，15K，需选用安装互换附件（FR-AAT）	

2. 端子比较

三菱 FR-A500 与 FR-A700 系列变频器的端子比较见表 2-15，从表 2-15 中可以看出，两个系列变频器的端子绝大多数相同（阴影部分为不同）。

表 2-15　　　　　　　　　　**三菱 FR-A500 与 FR-A700 系列变频器的端子比较**

种类		A500（L）端子名称	A700 对应端子名称
主回路		R，S，T	R，S，T
		U，V，W	U，V，W
		R1，S1	R1，S1
		P/+，PR	P/+，PR
		P/+，N/−	P/+，N/−
		P/+，P1	P/+，P1
		PR，PX	PR，PX
		⏚	⏚
控制回路与输入信号	接点	STF	STF
		STR	STR
		STOP	STOP
		RH	RH
		RM	RM

续表

种类		A500（L）端子名称	A700 对应端子名称
控制回路与输入信号	接点	RL	RL
		JOG	JOG
		RT	RT
		AU	AU
		CS	CS
		MRS	MRS
		RES	RES
		SD	SD
		PC	PC
模拟量输入	频率设定	10E	10E
		10	10
		2	2
		4	4
		1	1
		5	5
控制回路输出信号	接点	A，B，C	A1，B1，C1，A2，B2，C2
	集电极开路	RUN	RUN
		SU	SU
		OL	OL
		IPF	IPF
		FU	FU
		SE	SE
	脉冲	FM	CA
	模拟	AM	AM
通信	RS-485	PU 接口	PU 接口
		—	RS-485 端子 TXD+，TXD−，RXD+，RXD−，SG
制动单元控制信号		CN8（75kW 以上装备）	CN8（75kW 以上装备）

3. 参数比较

三菱 FR-A500、FR-A700 系列变频器的大多数常用参数是相同的，在 FR-A500 系列参数的基础上，FR-A700 系列变更、增加和删除了一些参数，具体如下。

① 变更的参数有：22、60、70、72、73、76、79、117～124、133、160、171、173、174、240、244、900～905、991。

② 增加的参数有：178、179、187～189、196、241～243、245～247、255～260、267～269、989 和 288～899 中的一些参数。

③ 删除的参数有：175、176、199、200、201～210、211～220、221～230、231。

第3章 变频器的典型控制功能及应用电路

3.1 电动机正转控制功能及电路

电动机正转控制是变频器最基本的功能。正转控制既可采用开关控制方式，也可采用继电器控制方式。在控制电动机正转时需要给变频器设置一些基本参数，具体见表 3-1。

表 3-1 变频器控制电动机正转时的参数及设置值

参数名称	参数号	设置值
加速时间	Pr.7	5s
减速时间	Pr.8	3s
加减速基准频率	Pr.20	50Hz
基底频率	Pr.3	50Hz
上限频率	Pr.1	50Hz
下限频率	Pr.2	0Hz
运行模式	Pr.79	2

3.1.1 开关控制式正转控制电路

开关控制式正转控制电路如图 3-1 所示，它是依靠手动操作变频器 STF 端子外接开关 SA，来对电动机进行正转控制。

电路工作原理说明如下。

① 启动准备。按下按钮 SB₂→接触器 KM 线圈得电→KM 常开辅助触点和主触点均闭合→KM 常开辅助触点闭合锁定 KM 线圈得电（自锁），KM 主触点闭合为变频器接通主电源。

② 正转控制。按下变频器 STF 端子外接开关 SA，STF、SD 端子接通，相当于 STF 端子输入正转控制信号，变频器 U、V、W 端子输出正转电源电压，驱动电动机正向运转。调

节端子 10、2、5 外接电位器 RP，变频器输出电源频率会发生改变，电动机转速也随之变化。

图 3-1　开关控制式正转控制电路

③ 变频器异常保护。若变频器运行期间出现异常或故障，变频器 B、C 端子间内部等效的常闭开关断开，接触器 KM 线圈失电，KM 主触点断开，切断变频器输入电源，对变频器进行保护。

④ 停转控制。在变频器正常工作时，将开关 SA 断开，STF、SD 端子断开，变频器停止输出电源，电动机停转。

若要切断变频器输入主电源，可按下按钮 SB₁，接触器 KM 线圈失电，KM 主触点断开，变频器输入电源被切断。

3.1.2　继电器控制式正转控制电路

继电器控制式正转控制电路如图 3-2 所示。

图 3-2　继电器控制式正转控制电路

电路工作原理说明如下。

① 启动准备。按下按钮 SB₂→接触器 KM 线圈得电→KM 主触点和两个常开辅助触点均

闭合→KM 主触点闭合为变频器接通主电源，一个 KM 常开辅助触点闭合锁定 KM 线圈得电，另一个 KM 常开辅助触点闭合为中间继电器 KA 线圈得电做准备。

②　正转控制。按下按钮 SB₄→继电器 KA 线圈得电→3 个 KA 常开触点均闭合，一个常开触点闭合锁定 KA 线圈得电，一个常开触点闭合将按钮 SB₁ 短接，还有一个常开触点闭合将 STF、SD 端子接通，相当于 STF 端子输入正转控制信号，变频器 U、V、W 端子输出正转电源电压，驱动电动机正向运转。调节端子 10、2、5 外接电位器 RP，变频器输出电源频率会发生改变，电动机转速也随之变化。

③　变频器异常保护。若变频器运行期间出现异常或故障，变频器 B、C 端子间内部等效的常闭开关断开，接触器 KM 线圈失电，KM 主触点断开，切断变频器输入电源，对变频器进行保护。同时继电器 KA 线圈也失电，3 个 KA 常开触点均断开。

④　停转控制。在变频器正常工作时，按下按钮 SB₃，KA 线圈失电，KA 3 个常开触点均断开，其中一个 KA 常开触点断开使 STF、SD 端子连接切断，变频器停止输出电源，电动机停转。

在变频器运行时，若要切断变频器输入主电源，必须先对变频器进行停转控制，再按下按钮 SB₁，接触器 KM 线圈失电，KM 主触点断开，变频器输入电源被切断。如果没有对变频器进行停转控制，而直接按下按钮 SB₁，是无法切断变频器输入主电源的，这是因为变频器正常工作时 KA 常开触点已将 SB₁ 短接，断开 SB₁ 无效，这样做可以防止在变频器工作时误操作 SB₁ 切断主电源。

3.2　电动机正、反转控制功能及电路

变频器不但轻易就能实现电动机正转控制，而且控制电动机反转也很方便。正、反转控制也有开关控制方式和继电器控制方式。在控制电动机正、反转时也要给变频器设置一些基本参数，具体见表 3-2。

表 3-2　变频器控制电动机正、反转时的参数及设置值

参数名称	参数号	设置值
加速时间	Pr.7	5s
减速时间	Pr.8	3s
加减速基准频率	Pr.20	50Hz
基底频率	Pr.3	50Hz
上限频率	Pr.1	50Hz
下限频率	Pr.2	0Hz
运行模式	Pr.79	2

3.2.1　开关控制式正、反转控制电路

开关控制式正、反转控制电路如图 3-3 所示，它采用了一个三位开关 SA，SA 有"正转""停止（开关处于悬空时）"和"反转"3 个位置。

图 3-3　开关控制式正、反转控制电路

电路工作原理说明如下。

① 启动准备。按下按钮 SB_2→接触器 KM 线圈得电→KM 常开辅助触点和主触点均闭合→KM 常开辅助触点闭合锁定 KM 线圈得电（自锁），KM 主触点闭合为变频器接通主电源。

② 正转控制。将开关 SA 拨至"正转"位置，STF、SD 端子接通，相当于 STF 端子输入正转控制信号，变频器 U、V、W 端子输出正转电源电压，驱动电动机正向运转。调节端子 10、2、5 外接电位器 RP，变频器输出电源频率会发生改变，电动机转速也随之变化。

③ 停转控制。将开关 SA 拨至"停止"位置（悬空位置），STF、SD 端子连接切断，变频器停止输出电源，电动机停转。

④ 反转控制。将开关 SA 拨至"反转"位置，STR、SD 端子接通，相当于 STR 端子输入反转控制信号，变频器 U、V、W 端子输出反转电源电压，驱动电动机反向运转。调节电位器 RP，变频器输出电源频率会发生改变，电动机转速也随之变化。

⑤ 变频器异常保护。若变频器运行期间出现异常或故障，变频器 B、C 端子间内部等效的常闭开关断开，接触器 KM 线圈失电，KM 主触点断开，切断变频器输入电源，对变频器进行保护。

若要切断变频器输入主电源，须先将开关 SA 拨至"停止"位置，让变频器停止工作，再按下按钮 SB_1，接触器 KM 线圈失电，KM 主触点断开，变频器输入电源被切断。该电路结构简单，缺点是在变频器正常工作时操作 SB_1 可切断输入主电源，这样易损坏变频器。

3.2.2　继电器控制式正、反转控制电路

继电器控制式正、反转控制电路如图 3-4 所示，该电路采用了 KA_1、KA_2 继电器分别进行正转和反转控制。

电路工作原理说明如下。

① 启动准备。按下按钮 SB_2→接触器 KM 线圈得电→KM 主触点和两个常开辅助触点均闭合→KM 主触点闭合为变频器接通主电源，一个 KM 常开辅助触点闭合锁定 KM 线圈得电，另一个 KM 常开辅助触点闭合为中间继电器 KA_1、KA_2 线圈得电做准备。

② 正转控制。按下按钮 SB_4→继电器 KA_1 线圈得电→KA_1 的 1 个常闭触点断开，3 个常开触点闭合→KA_1 的常闭触点断开使 KA_2 线圈无法得电，KA_1 的 3 个常开触点闭合分别锁定

KA₁ 线圈得电、短接按钮 SB₁ 和接通 STF、SD 端子→STF、SD 端子接通，相当于 STF 端子输入正转控制信号，变频器 U、V、W 端子输出正转电源电压，驱动电动机正向运转。调节端子 10、2、5 外接电位器 RP，变频器输出电源频率会发生改变，电动机转速也随之变化。

图 3-4　继电器控制式正、反转控制电路

③ 停转控制。按下按钮 SB₃→继电器 KA₁ 线圈失电→3 个 KA 常开触点均断开，其中 1 个常开触点断开切断 STF、SD 端子的连接，变频器 U、V、W 端子停止输出电源电压，电动机停转。

④ 反转控制。按下按钮 SB₆→继电器 KA₂ 线圈得电→KA₂ 的 1 个常闭触点断开，3 个常开触点闭合→KA₂ 的常闭触点断开使 KA₁ 线圈无法得电，KA₂ 的 3 个常开触点闭合分别锁定 KA₂ 线圈得电、短接按钮 SB₁ 和接通 STR、SD 端子→STR、SD 端子接通，相当于 STR 端子输入反转控制信号，变频器 U、V、W 端子输出反转电源电压，驱动电动机反向运转。

⑤ 变频器异常保护。若变频器运行期间出现异常或故障，变频器 B、C 端子间内部等效的常闭开关断开，接触器 KM 线圈失电，KM 主触点断开，切断变频器输入电源，对变频器进行保护。

若要切断变频器输入主电源，可在变频器停止工作时按下按钮 SB₁，接触器 KM 线圈失电，KM 主触点断开，变频器输入电源被切断。由于在变频器正常工作期间（正转或反转），KA₁ 或 KA₂ 常开触点闭合将 SB₁ 短接，断开 SB₁ 无效，这样做可以避免在变频器工作时切断主电源。

3.3　工频与变频切换功能及电路

在变频调速系统运行过程中，如果变频器突然出现故障，这时若让负载停止工作可能会造成很大损失。为了解决这个问题，可给变频调速系统增设工频与变频切换功能，在变频器出现故障时自动将工频电源切换给电动机，以便让系统继续工作。

3.3.1 变频器跳闸保护电路

变频器跳闸保护是指在变频器工作出现异常时切断电源，保护变频器不被损坏。图 3-5 所示是一种常见的变频器跳闸保护电路。变频器 A、B、C 端子为异常输出端，A、C 之间相当于一个常开开关，B、C 之间相当一个常闭开关，在变频器工作出现异常时，A、C 接通，B、C 断开。

图 3-5　一种常见的变频器跳闸保护电路

电路工作过程说明如下。

（1）供电控制

按下按钮 SB$_1$，接触器 KM 线圈得电，KM 主触点闭合，工频电源经 KM 主触点为变频器提供电源，同时 KM 常开辅助触点闭合，锁定 KM 线圈供电。按下按钮 SB$_2$，接触器 KM 线圈失电，KM 主触点断开，切断变频器电源。

（2）异常跳闸保护

若变频器在运行过程中出现异常，A、C 之间闭合，B、C 之间断开。B、C 之间断开使接触器 KM 线圈失电，KM 主触点断开，切断变频器供电；A、C 之间闭合使继电器 KA 线圈得电，KA 触点闭合，振铃 HB 和报警灯 HL 得电，发出变频器工作异常声光报警。

按下按钮 SB$_3$，继电器 KA 线圈失电，KA 常开触点断开，HB、HL 失电，声光报警停止。

3.3.2 工频与变频的切换电路

1. 电路

图 3-6 所示是一个典型的工频与变频切换控制电路。该电路在工作前需要先对一些参数进行设置。

电路的工作过程说明如下。

（1）变频运行控制

① 启动准备。将开关 SA$_2$ 闭合，接通 MRS 端子，允许进行工频-变频切换。由于已设置 Pr.135=1 使切换有效，IPF、FU 端子输出低电平，中间继电器 KA$_1$、KA$_3$ 线圈得电。KA$_3$ 线

圈得电→KA₃ 常开触点闭合→接触器 KM₃ 线圈得电→KM₃ 主触点闭合，KM₃ 常闭辅助触点断开→KM₃ 主触点闭合将电动机与变频器输出端连接；KM₃ 常闭辅助触点断开使 KM₂ 线圈无法得电，实现 KM₂、KM₃ 之间的互锁（KM₂、KM₃ 线圈不能同时得电），电动机无法由变频和工频同时供电。KA₁ 线圈得电→KA₁ 常开触点闭合，为 KM₁ 线圈得电做准备→按下按钮 SB₁→KM₁ 线圈得电→KM₁ 主触点、常开辅助触点均闭合→KM₁ 主触点闭合，为变频器供电；KM₁ 常开辅助触点闭合，锁定 KM₁ 线圈得电。

图 3-6　一个典型的工频与变频切换控制电路

②　启动运行。将开关 SA₁ 闭合，STF 端子输入信号（STF 端子经 SA₁、SA₂ 与 SD 端子接通），变频器正转启动，调节电位器 RP 可以对电动机进行调速控制。

（2）变频-工频切换控制

当变频器运行中出现异常，异常输出端子 A、C 接通，中间继电器 KA₀ 线圈得电，KA₀ 常开触点闭合，振铃 HA 和报警灯 HL 得电，发出声光报警。与此同时，IPF、FU 端子变为高电平，OL 端子变为低电平，KA₁、KA₃ 线圈失电，KA₂ 线圈得电。KA₁、KA₃ 线圈失电→KA₁、KA₃ 常开触点断开→KM₁、KM₃ 线圈失电→KM₁、KM₃ 主触点断开→变频器与电源、电动机断开。KA₂ 线圈得电→KA₂ 常开触点闭合→KM₂ 线圈得电→KM₂ 主触点闭合→工频电源直接提供给电动机。（注：KA₁、KA₃ 线圈失电与 KA₂ 线圈得电并不是同时进行的，有一定的切换时间，它与 Pr.136、Pr.137 的设置有关）

按下按钮 SB₃ 可以解除声光报警，按下按钮 SB₄ 可以解除变频器的保护输出状态。若电动机在运行时出现过载现象，与电动机串接的热继电器 FR 发热元件动作，使 FR 常闭触点断开，切断 OH 端子输入，变频器停止输出，对电动机进行保护。

2. 参数设置

参数设置内容包括以下两个。

①　工频与变频切换功能设置。工频与变频切换的有关参数功能及设置值见表 3-3。

表 3-3 工频与变频切换的有关参数功能及设置值

参数与设置值	功能	设置值范围	说明
Pr.135 （Pr.135=1）	工频-变频切换选择	0	切换功能无效。Pr.136、Pr.137、Pr.138 和 Pr.139 参数设置无效
		1	切换功能有效
Pr.136 （Pr.136=0.3）	继电器切换互锁时间	0～100.0s	设定 KA₂ 和 KA₃ 动作的互锁时间
Pr.137 （Pr.137=0.5）	启动等待时间	0～100.0s	设定时间应较信号输入到变频器直至 KA₃ 实际接通的时间略长（为 0.3～0.5s）
Pr.138 （Pr.138=1）	报警时的工频-变频切换选择	0	切换无效。当变频器发生故障时，变频器停止输出（KA₂ 和 KA₃ 断开）
		1	切换有效。当变频器发生故障时，变频器停止运行并自动切换到工频电源运行（KA₂：ON；KA₃：OFF）
Pr.139 （Pr.139=9999）	自动变频-工频电源切换选择	0～60.0Hz	当变频器输出频率达到或超过设定频率时，会自动切换到工频电源运行
		9999	不能自动切换

② 部分输入/输出端子的功能设置。部分输入/输出端子的功能设置见表 3-4。

表 3-4 部分输入/输出端子的功能设置

参数与设置值	功能说明
Pr.185=7	将 JOG 端子功能设置成 OH 端子，用作过热保护输入端
Pr.186=6	将 CS 端子设置成自动再启动控制端子
Pr.192=17	将 IPF 端子设置成 KA₁ 控制端子
Pr.193=18	将 OL 端子设置成 KA₂ 控制端子
Pr.194=19	将 FU 端子设置成 KA₃ 控制端子

3.4　多挡转速控制功能及电路

变频器可以对电动机进行多挡转速驱动。在进行多挡转速控制时，需要对变频器的有关参数进行设置，再操作相应端子外接开关。

3.4.1　多挡转速控制端子

变频器的 **RH、RM、RL** 为多挡转速控制端，**RH** 为高速挡，**RM** 为中速挡，**RL** 为低速挡。**RH、RM、RL** 3 个端子组合可以进行 7 挡转速控制。多挡转速控制说明如图 3-7 所示，其中图 3-7（a）为多速控制电路图，图 3-7（b）为转速与多速控制端子通断关系。

当开关 SA₁ 闭合时，RH 端与 SD 端接通，相当于给 RH 端输入高速运转指令信号，变频器马上输出频率很高的电源去驱动电动机，电动机迅速启动并高速运转（1 速）。

当开关 SA₂ 闭合时（SA₁ 需断开），RM 端与 SD 端接通，变频器输出频率降低，电动机由高速转为中速运转（2 速）。

当开关 SA₃ 闭合时（SA₁、SA₂ 需断开），RL 端与 SD 端接通，变频器输出频率进一步降低，电动机由中速转为低速运转（3 速）。

（a）电路图　　　　　　　　　　（b）转速与多速控制端子通断关系

图 3-7　多挡转速控制说明

当 SA_1、SA_2、SA_3 均断开时，变频器输出频率变为 0Hz，电动机由低速转为停转。

SA_2、SA_3 闭合，电动机 4 速运转；SA_1、SA_3 闭合，电动机 5 速运转；SA_1、SA_2 闭合，电动机 6 速运转；SA_1、SA_2、SA_3 闭合，电动机 7 速运转。

图 3-7（b）曲线中的斜线表示变频器输出频率由一种频率转变到另一种频率需经历一段时间，在此期间，电动机转速也由一种转速变化到另一种转速；水平线表示输出频率稳定，电动机转速稳定。

3.4.2　多挡控制参数的设置

多挡控制参数包括多挡转速端子选择参数和多挡运行频率参数。

（1）多挡转速端子选择参数

在使用 RH、RM、RL 端子进行多速控制时，先要通过设置有关参数使这些端子控制有效。多挡转速端子参数设置如下。

Pr.180=0，RL 端子控制有效。

Pr.181=1，RM 端子控制有效。

Pr.182=2，RH 端子控制有效。

以上某参数若设为 9999，则将该端设为控制无效。

（2）多挡运行频率参数

RH、RM、RL 3 个端子组合可以进行 7 挡转速控制，各挡的具体运行频率需要用相应参数设置。多挡运行频率参数设置见表 3-5。

表 3-5　　　　　　　　　　　　　　　多挡运行频率参数设置

参数	速度	出厂设定	设定范围	备注
Pr.4	高速	60Hz	0～400Hz	
Pr.5	中速	30Hz	0～400Hz	
Pr.6	低速	10Hz	0～400Hz	
Pr.24	速度四	9999	0～400Hz，9999	9999：无效

参数	速度	出厂设定	设定范围	备注
Pr.25	速度五	9999	0～400Hz，9999	9999：无效
Pr.26	速度六	9999	0～400Hz，9999	9999：无效
Pr.27	速度七	9999	0～400Hz，9999	9999：无效

3.4.3　多挡转速控制电路

图 3-8 所示是一个典型的多挡转速控制电路。它由主回路和控制回路两部分组成。该电路采用了 KA_0～KA_3 4 个中间继电器，其常开触点接在变频器的多挡转速控制输入端，电路还用了 SQ_1～SQ_3 3 个行程开关来检测运动部件的位置并进行转速切换控制。图 3-8 所示电路在运行前需要进行多挡控制参数的设置。

（a）主回路　　　　　　　　　　　　（b）控制回路

图 3-8　一个典型的多挡转速控制电路

电路工作过程说明如下。

① 启动并高速运转。按下启动按钮 SB_1→中间继电器 KA_0 线圈得电→KA_0 3 个常开触点均闭合，一个触点锁定 KA_0 线圈得电，一个触点闭合使 STF 端与 SD 端接通（即 STF 端输入正转指令信号），还有一个触点闭合使 KA_1 线圈得电→KA_1 两个常闭触点断开，一个常开触点闭合→KA_1 两个常闭触点断开使 KA_2、KA_3 线圈无法得电，KA_1 常开触点闭合将 RH 端与 SD 端接通（即 RH 端输入高速指令信号）→STF、RH 端子外接触点均闭合，变频器输出频率很高的电源，驱动电动机高速运转。

② 高速转为中速运转。高速运转的电动机带动运动部件运行到一定位置时，行程开关 SQ_1 动作→SQ_1 常闭触点断开，常开触点闭合→SQ_1 常闭触点断开使 KA_1 线圈失电，RH 端子外接 KA_1 触点断开，SQ_1 常开触点闭合使继电器 KA_2 线圈得电→KA_2 两个常闭触点断开，两个常开触点闭合→KA_2 两个常闭触点断开分别使 KA_1、KA_3 线圈无法得电；KA_2 两个常开触点闭合，一个触点闭合锁定 KA_2 线圈得电，另一个触点闭合使 RM 端与 SD 端接通（即 RM 端输入中速指令信号）→变频器输出频率由高变低，电动机由高速转为中速运转。

③ 中速转为低速运转。中速运转的电动机带动运动部件运行到一定位置时，行程开关

SQ₂ 动作→SQ₂ 常闭触点断开，常开触点闭合→SQ₂ 常闭触点断开使 KA₂ 线圈失电，RM 端子外接 KA₂ 触点断开，SQ₂ 常开触点闭合使继电器 KA₃ 线圈得电→KA₃ 两个常闭触点断开，两个常开触点闭合→KA₃ 两个常闭触点断开分别使 KA₁、KA₂ 线圈无法得电；KA₃ 两个常开触点闭合，一个触点闭合锁定 KA₃ 线圈得电，另一个触点闭合使 RL 端与 SD 端接通（即 RL 端输入低速指令信号）→变频器输出频率进一步降低，电动机由中速转为低速运转。

④ 低速转为停转。低速运转的电动机带动运动部件运行到一定位置时，行程开关 SQ₃ 动作→继电器 KA₃ 线圈失电→RL 端与 SD 端之间的 KA₃ 常开触点断开→变频器输出频率降为 0Hz，电动机由低速转为停止。按下按钮 SB₂→KA₀ 线圈失电→STF 端子外接 KA₀ 常开触点断开，切断 STF 端子的输入。

图 3-8 所示电路中变频器的输出频率变化曲线如图 3-9 所示，可以看出，在行程开关动作时输出频率开始转变。

图 3-9　变频器输出频率变化曲线

3.5　程序控制功能及应用

程序控制又称简易 PLC 控制，它是通过设置参数的方式给变频器编制电动机转向、运行频率和时间的程序段，然后用相应输入端子控制某程序段的运行，让变频器按程序输出相应频率的电源，驱动电动机按设置方式运行。三菱 FR-A500 系列变频器具有程序控制功能，而三菱 FR-A700 系列变频器删除了该功能。

3.5.1　程序控制参数设置

（1）程序控制模式参数（Pr.79）

变频器只有工作在程序控制模式下才能进行程序运行控制。Pr.79 为变频器操作模式参数，当 Pr.79=5 时，变频器就工作在程序控制模式。

（2）程序设置参数

程序设置参数包括程序内容设置参数和时间单位设置参数。

① 程序内容设置参数（Pr.201～Pr.230）。程序内容设置参数用来设置电动机的转向、运行频率和运行时间。程序内容设置参数为 Pr.201～Pr.230，每个参数都可以设置电动机的转向、运行频率和运行时间，通常将 10 个参数编成 1 个组，共分成 3 个组。

1 组：Pr.201～Pr.210。

2 组：Pr.211～Pr.220。

3 组：Pr.221～Pr.230。

参数设置的格式（以 Pr.201 为例）：

Pr.201=（转向：0 停止，1 正转，2 反转），（运行频率：0～400Hz），（运行时间：0～99.59s）

如 Pr.201=1，30，4.30。

② 时间单位设置参数（Pr.200）。时间单位设置参数用来设置程序运行的时间单位。时间单位设置参数为 Pr.200。

Pr.200=1 单位：min，s

Pr.200=0 单位：h，min

（3）Pr.201~Pr.230 参数的设置过程

由于 Pr.201~Pr.230 每个参数都需要设置 3 个内容，故较一般参数设置复杂，下面以 Pr.201 参数设置为例进行说明。Pr.201 参数设置的步骤如下。

① 选择参数号。操作"MODE"键切换到"参数设定模式"，再按"SET"键选择参数号的最高位，按"▲"或"▼"键选择最高位的数值为"2"，该过程可参见图 2-28，最高位设置好后，按"SET"键进入中间位的设置，按"▲"或"▼"键选择中间位的数值为"0"，再用同样的方法选择最低位的数值为"1"，这样就选择了"201"号参数。

② 设置参数值。按"▲"或"▼"键设置第 1 个参数值为"1"（正转），然后按"SET"键设置第 2 个参数值，用"▲"或"▼"键将第 2 个参数值设为"30"（30Hz），再按"SET"键设置第 3 个参数值，用"▲"或"▼"键将第 3 个参数值设为"4.30"（4：30）。这样就将 Pr.201 参数设为 Pr.201=1，30，4.30。按"▲"键可移到下一个参数 Pr.202，再用同样的方法设置该参数值。

在参数设置的过程中，若要停止设置，可在设置转向和频率中写入"0"；若无设定，则设置为"9999"（参数无效）。如果设置时输入 4.80，将会出现错误（80 超过了 59min 或者 59s）。

3.5.2 程序运行控制端子

变频器程序控制参数设置完成后，需要使用相应端子控制程序运行。程序运行控制端子的控制对象或控制功能如下。

RH 端子：1 组；

RM 端子：2 组；

RL 端子：3 组；

STF 端子：程序运行启动；

STR 端子：复位（时间清零）。

例如，当 STF、RH 端子外接开关闭合后，变频器自动运行 1 组（Pr.201~Pr.210）程序，输出相应的频率，让电动机按设定转向、频率和时间运行。

3.5.3 程序控制应用举例

图 3-10 所示是一个常见的变频器程序控制运行电路，图 3-11 所示为程序运行参数图。在进行程序运行控制前，需要先进行参数设置，再用相应端子外接开关控制程序运行。

图 3-10 一个常见的变频器程序控制运行电路

图 3-11　程序运行参数图

（1）程序参数设置

程序参数设置如下。

① 设置 Pr.79=5，让变频器工作在程序控制模式。

② 设置 Pr.200=1，将程序运行时间单位设为时/分。

③ 设置 Pr.201～Pr.206，具体设定值及功能见表 3-6。

表 3-6　　　　　　　　　　参数 Pr.201～Pr.206 具体设定值及功能

参数设定值	设定功能
Pr.201=1，20，1:00	正转，20Hz，1 点整
Pr.202=0，0，　3:00	停止，3 点整
Pr.203=2，30，4:00	反转，30Hz，4 点整
Pr.204=1，10，6:00	正转，10Hz，6 点整
Pr.205=1，35，7:30	正转，35Hz，7 点 30 分
Pr.206=0，0，　9:00	停止，9 点整

（2）程序运行控制

将 RH 端子外接开关闭合，选择运行第 1 程序组（Pr.201～Pr.210 设定的参数），再将 STF 端子外接开关闭合，变频器内部定时器开始从 0 计时，按图 3-11 所示的程序运行参数曲线工作。当计时到 1∶00 时，变频器执行 Pr.201 参数值，输出正转、20Hz 的电源驱动电动机运转，这样运转到 3∶00 时（连续运转 2h），变频器执行 Pr.202 参数值，停止输出电源，当到达 4∶00 时，变频器执行 Pr.203 参数值，输出反转、30Hz 电源驱动电动机运转，变频器后续的工作情况如图 3-11 所示。

当变频器执行完一个程序组后会从 SU 端输出一个信号，该信号送入 STR 端，对变频器的定时器进行复位，然后变频器又重新开始执行程序组，按图 3-11 所示的曲线工作。若要停止程序运行，可断开 STF 端子外接开关。变频器在执行程序过程中，如果瞬间断电又恢复，定时器会自动复位，但不会自动执行程序，需要重新断开再闭合 STF 端子外接开关。

3.6　PID 控制功能及应用

3.6.1　PID 控制原理

PID 控制又称比例微积分控制，是一种闭环控制。下面以图 3-12 所示的恒压供水系统为例来说明 PID 控制原理。

图 3-12 恒压供水系统

电动机驱动水泵将水抽入水池，水池中的水除了经出水口提供用水外，还经阀门送到压力传感器，传感器将水压大小转换成相应的反馈信号 X_f，X_f 反馈到比较器与给定信号 X_i 进行比较，得到偏差信号 ΔX（$\Delta X = X_i - X_f$）。

若 $\Delta X > 0$，表明水压小于给定值，偏差信号经 PID 处理得到控制信号，控制变频器驱动回路，使之输出频率上升，电动机转速加快，水泵抽水量增多，水压增大。

若 $\Delta X < 0$，表明水压大于给定值，偏差信号经 PID 处理得到控制信号，控制变频器驱动回路，使之输出频率下降，电动机转速变慢，水泵抽水量减少，水压下降。

若 $\Delta X = 0$，表明水压等于给定值，偏差信号经 PID 处理得到控制信号，控制变频器驱动回路，使之输出频率不变，电动机转速不变，水泵抽水量不变，水压不变。

控制回路的滞后性，会使水压值总是与给定值有偏差。例如，当用水量增多水压下降时，电路需要对有关信号进行处理，再控制电动机转速变快，提高水泵抽水量，从压力传感器检测到水压下降到控制电动机转速加快，提高抽水量，恢复水压需要一定时间。通过提高电动机转速恢复水压后，系统又要将电动机转速调回正常值，这也要一定时间，在这段回调时间内水泵抽水量会偏多，导致水压又增大，又需要进行反调。这样的结果使水池水压会在给定值附近上下波动（振荡），即水压不稳定。

采用 PID 处理可以有效减小控制环路滞后和过调问题（无法彻底消除）。PID 处理包括 P 处理、I 处理和 D 处理。P（比例）处理是将偏差信号 ΔX 按比例放大，提高控制的灵敏度；I（积分）处理是对偏差信号进行积分处理，缓解 P 处理比例放大量过大引起的超调和振荡；D（微分）处理是对偏差信号进行微分处理，提高控制的快速性。

3.6.2 PID 控制参数设置

为了让 PID 控制达到理想效果，需要对 PID 控制参数进行设置。PID 控制参数说明见表 3-7。

表 3-7   **PID 控制参数说明**

参数	名称	设定值	说明		
Pr.128	选择 PID 控制	10	对于加热、压力等控制	偏差量信号输入（端子 1）	PID 负作用
		11	对于冷却等控制		PID 正作用
		20	对于加热、压力等控制	检测值输入（端子 4）	PID 负作用
		21	对于冷却等控制		PID 正作用
Pr.129	PID 比例范围常数	0.1～10	如果比例范围较窄（参数设定值较小），反馈量的微小变化会引起执行量的很大改变。因此，随着比例范围变窄，响应的灵敏性（增益）得到改善，但稳定性变差，如发生振荡 增益 $K = 1/$比例范围		
		9999	无比例控制		

续表

参数	名称	设定值	说明
Pr.130	PID 积分时间常数	0.1～3600s	这个时间是指由积分（I）作用时达到与比例（P）作用时相同的执行量所需要的时间，随着积分时间的减少，到达设定值就越快，但也容易发生振荡
		9999	无积分控制
Pr.131	上限值	0～100%	设定上限，如果检测值超过此设定，就输出 FUP 信号（检测值的 4mA 等于 0，20mA 等于 100%）
		9999	功能无效
Pr.132	下限值	0～100%	设定下限，如果检测值超出设定范围，则输出一个报警（同样，检测值的 4mA 等于 0，20mA 等于 100%）
		9999	功能无效
Pr.133	用 PU 设定的 PID 控制设定值	0～100%	仅在 PU 操作或 PU/外部组合模式下对于 PU 指令有效 对于外部操作，设定值由 2-5 端子间的电压决定 （Pr.902 值等于 0 和 Pr.903 值等于 100%）
Pr.134	PID 微分时间常数	0.01～10.00s	时间值仅要求向微分作用提供一个与比例作用相同的检测值。随着时间的增加，偏差改变会有较大的响应
		9999	无微分控制

3.6.3　PID 控制应用举例

图 3-13 所示是一种典型的 PID 控制应用电路。在进行 PID 控制时，首先要接好线路，然后设置 PID 控制参数，再设置端子功能参数，最后操作运行。

图 3-13　一种典型的 PID 控制应用电路

（1）PID 控制参数设置

图 3-13 所示电路的 PID 控制参数设置见表 3-8。

表 3-8   **PID 控制参数设置**

参数及设置值	说明
Pr.128=20	将端子 4 设为 PID 控制的压力检测输入端
Pr.129=30	将 PID 比例调节设为 30%
Pr.130=10	将积分时间常数设为 10s
Pr.131=100%	设定上限值范围为 100%
Pr.132=0	设定下限值范围为 0
Pr.133=50%	设定 PU 操作时的 PID 控制设定值（外部操作时，设定值由 2-5 端子间的电压决定）
Pr.134=3s	将积分时间常数设为 3s

（2）端子功能参数设置

PID 控制时需要通过设置有关参数定义某些端子功能。端子功能参数设置见表 3-9。

表 3-9   **端子功能参数设置**

参数及设置值	说明
Pr.183＝14	将 RT 端子设为 PID 控制端，用于启动 PID 控制
Pr.192＝16	设置 IPF 端子输出正反转信号
Pr.193＝14	设置 OL 端子输出下限信号
Pr.194＝15	设置 FU 端子输出上限信号

（3）操作运行

① 设置外部操作模式。设定 Pr.79=2，面板"EXT"指示灯亮，指示当前为外部操作模式。

② 启动 PID 控制。将 AU 端子外接开关闭合，选择端子 4 电流输入有效；将 RT 端子外接开关闭合，启动 PID 控制；将 STF 端子外接开关闭合，启动电动机正转。

③ 改变给定值。调节设定电位器，2-5 端子间的电压变化，PID 控制的给定值随之变化，电动机转速会发生变化。例如，给定值大，正向偏差（$\Delta X > 0$）增大，相当于反馈值减小，PID 控制使电动机转速变快，水压增大，端子 4 的反馈值增大，偏差慢慢减小，当偏差接近 0 时，电动机转速保持稳定。

④ 改变反馈值。调节阀门，改变水压大小来调节端子 4 输入的电流（反馈值），PID 控制的反馈值变化，电动机转速就会发生变化。例如，阀门调大，水压增大，反馈值大，负向偏差（$\Delta X < 0$）增大，相当于给定值减小，PID 控制使电动机转速变慢，水压减小，端子 4 的反馈值减小，偏差慢慢减小，当偏差接近 0 时，电动机转速保持稳定。

⑤ PU 操作模式下的 PID 控制。设定 Pr.79=1，面板"PU"指示灯亮，指示当前为 PU 操作模式。按"FWD"或"REV"键，启动 PID 控制，运行在 Pr.133 设定值上，按"STOP"键停止 PID 运行。

第4章　变频器的选用、安装与维护

在使用变频器组成变频调速系统时，需要根据实际情况选择合适的变频器及外围设备，设备选择好后要正确进行安装，安装结束后，在正式投入运行前要进行调试，投入运行后需要定期对系统进行维护和保养。

4.1　变频器的种类

变频器是一种电能变换设备，其功能是将工频电源转换成频率和电压可调的电源，驱动电动机运转并实现调速控制。变频器种类很多，具体见表 4-1。

表 4-1　　　　　　　　　　　　　　　　　变频器种类

分类方式	种类	说明
按变换方式	交-直-交变频器	交-直-交变频器是先将工频交流电源转换成直流电源，然后再将直流电源转换成频率和电压可调的交流电源。由于这种变频器的交-直-交转换过程容易控制，并且对电动机有很好的调速性能，所以大多数变频器采用交-直-交变换方式
	交-交变频器	交-交变频器是将工频交流电源直接转换成另一种频率和电压可调的交流电源。由于这种变频器省去了中间环节，故转换效率较高，但其频率变换范围很窄（一般为额定频率的 1/2 以下），主要用在大容量低速调速控制系统中
按输入电源的相数	单相变频器	单相变频器的输入电源为单相交流电，经单相整流后转换成直流电源，再经逆变电路转换成三相交流电源去驱动电动机。单相变频器的容量较小，适用于只有单相交流电源的场合（如家用电器）
	三相变频器	三相变频器的输入电源是三相工频电源，大多数变频器属于三相变频器，有些三相变频器可当成单相变频器使用
按输出电压调制方式	脉幅调制变频器（PAM）	脉幅调制变频器是通过调节输出脉冲的幅度来改变输出电压。这种变频器一般采用整流电路调压，逆变电路变频，早期的变频器多采用这种方式
	脉宽调制变频器（PWM）	脉宽调制变频器是通过调节输出脉冲的宽度来改变输出电压。这种变频器多采用逆变电路同时调压变频，目前的变频器多采用这种方式
按滤波方式	电压型变频器	电压型变频器的整流电路后面采用大电容作为滤波元件，在电容上可获得大小稳定的电压提供给逆变电路。这种变频器可在容量不超过额定值的情况下同时驱动多台电动机并联运行

分类方式	种类	说明
按滤波方式	电流型变频器	电流型变频器的整流电路后面采用大电感作为滤波元件，它可以为逆变电路提供大小稳定的电流。这种变频器适用于频繁加减速的大容量电动机
按电压等级	低压变频器	低压变频器又称中小容量变频器，其电压等级在 1kV 以下，单相为 220～380V，三相为 220～460V，容量为 0.2～500kV·A
	高中压变频器	高中压变频器电压等级在 1kV 以上，容量多在 500kV·A 以上
按用途分类	通用型变频器	通用型变频器具有通用性，可以配接多种特性不同的电动机，其频率调节范围宽，输出力矩大，动态性能好
	专用型变频器	专用型变频器用来驱动特定的某些设备，如注塑机专用变频器

4.2　变频器的选用与容量计算

在选用变频器时，除了要求变频器的容量适合负载外，还要求选用的变频器的控制方式适合负载的特性。

4.2.1　额定值

变频器额定值主要有输入侧额定值和输出侧额定值。

1. 输入侧额定值

变频器输入侧额定值包括输入电源的相数、电压和频率。中小容量变频器的输入侧额定值主要有三种：三相/380V/50Hz，单相/220V/50Hz 和三相/220V/50Hz。

2. 输出侧额定值

变频器输出侧额定值主要有额定输出电压 U_{CN}、额定输出电流 I_{CN} 和额定输出容量 S_{CN}。

（1）额定输出电压 U_{CN}

变频器在工作时除了要改变输出频率外，还要改变输出电压。**额定输出电压 U_{CN} 是指最大输出电压值**，也就是变频器输出频率等于电动机额定频率时的输出电压。

（2）额定输出电流 I_{CN}

额定输出电流 I_{CN} 是指变频器长时间使用允许输出的最大电流。额定输出电流 I_{CN} 主要反映变频器内部电力电子器件的过载能力。

（3）额定输出容量 S_{CN}

额定输出容量 S_{CN} 一般采用下面式子计算：

$$S_{CN} = \sqrt{3}\, U_{CN} I_{CN}$$

S_{CN} 单位：kV·A。

4.2.2　选用

在选用变频器时，一般根据负载的性质及负荷大小来确定变频器的容量和控制方式。

1. 容量选择

变频器的过载容量为 125%/60s 或 150%/60s，若超出该数值，必须选用更大容量的变频器。当过载容量为 200%时，可按 $I_{CN} \geq （1.05～1.2）I_N$ 来计算额定电流，再乘以 1.33 倍来选取变频器容量，I_N 为电动机额定电流。

2. 控制方式的选择

（1）对于恒定转矩负载

恒转矩负载是指转矩大小只取决于负载的轻重，而与负载转速大小无关的负载。 例如，挤压机、搅拌机、桥式起重机、提升机和带式输送机等都属于恒转矩类型负载。

对于恒定转矩负载，若调速范围不大，并对机械特性要求不高的场合，可选用 *V*/*f* 控制方式或无反馈矢量控制方式的变频器。

若负载转矩波动较大，应考虑采用高性能的矢量控制变频器，对要求有高动态响应的负载，应选用有反馈的矢量控制变频器。

（2）对于恒功率负载

恒功率负载是指转矩大小与转速成反比，而功率基本不变的负载。 卷取类机械一般属于恒功率负载，如薄膜卷取机、造纸机械等。

对于恒功率负载，可选用通用性 *V*/*f* 控制变频器。对于动态性能和精确度要求高的卷取机械，必须采用有矢量控制功能的变频器。

（3）对于二次方律负载

二次方律负载是指转矩与转速的二次方成正比的负载。 如风扇、离心风机和水泵等都属于二次方律负载。

对于二次方律负载，一般选用风机、水泵专用变频器。风机、水泵专用变频器具有以下特点。

① 由于风机和水泵通常不容易过载，低速时转矩较小，故这类变频器的过载能力低，一般为 120%/60s（通用变频器为 150%/60s），在功能设置时要注意这一点。由于负载的转矩与转速平方成正比，当工作频率高于额定频率时，负载的转矩有可能大大超过电动机转矩而使变频器过载，因此在功能设置时最高频率不能高于额定频率。

② 具有多泵切换和换泵控制的转换功能。

③ 配置一些专用控制功能，如睡眠唤醒、水位控制、定时开关机和消防控制等。

4.2.3 容量计算

在采用变频器驱动电动机时，先根据机械特点选用合适的异步电动机，再选用合适的变频器配接电动机。在选用变频器时，通常先根据异步电动机的额定电流（或电动机运行中的最大电流）来选择变频器，再确定变频器容量和输出电流是否满足电动机运行条件。

1. 连续运转条件下的变频器容量计算

由于变频器供给电动机的是脉动电流，其脉动值比工频供电时的电流要大，在选用变频器时，容量应留有适当的余量。此时选用变频器应同时满足以下三个条件。

$$P_{CN} \geqslant \frac{KP_M}{\eta \cos\varphi}(kV \cdot A)$$

$$I_{CN} \geqslant KI_M(A)$$

$$P_{CN} \geqslant K\sqrt{3}U_M I_M \times 10^{-3}(kV \cdot A)$$

式中　P_M——电动机输出功率；

η——电动机的效率，约取 0.85；

$\cos\varphi$——电动机的功率因数，取 0.75；

U_M——电动机的电压，V；

I_M——电动机额定电流，A；

K——电流波形的修正系数，PWM 方式取 $1.05\sim1.1$；

P_{CN}——变频器的额定容量，$kV\cdot A$；

I_{CN}——变频器的额定电流，A。

式中的 I_M 如果按电动机实际运行中的最大电流来选择变频器时，变频器的容量可以适当缩小。

2. 加/减速条件下的变频器容量计算

变频器的最大输出转矩由最大输出电流决定。通常对于短时的加/减速而言，变频器允许达到额定输出电流的 $130\%\sim150\%$，故在短时加/减速时的输出转矩也可以增大；反之，若只需要较小的加/减速转矩时，也可降低选择变频器的容量。由于电流的脉动原因，此时应将变频器的最大输出电流降低 10% 后再进行选定。

3. 频繁加/减速条件下的变频器容量计算

对于频繁加/减速的电动机，如果按图 4-1 所示曲线特性运行，那么根据加速、恒速、减速等各种运行状态下的电流值，可按下式确定变频器额定值：

$$I_{CN} = \frac{I_1 t_1 + I_2 t_2 + \dots I_5 t_5}{t_1 + t_2 + \dots t_5} K_0$$

图 4-1　频繁加/减速的电动机运行曲线

式中　I_{CN}——变频器额定输出电流，A；

I_1、I_2、…I_5——各运行状态平均电流，A；

t_1、t_2、…t_5——各运行状态下的时间；

K_0——安全系数，运行频繁时取 1.2，其他条件下取 1.1。

4. 在驱动多台并联运行电动机条件下的变频器容量计算

当用一台变频器驱动多台电动机并联运行时，在一些电动机启动后，若再让其他电动机启动，由于此时变频器的电压、频率已经上升，追加投入的电动机将产生大的启动电流，因此与同时启动时相比，变频器容量需要大些。

以短时过载能力为 150%/60s 的变频器为例，若电动机加速时间在 60s 内，应满足以下条件：

$$P_{CN} \geqslant \frac{2}{3} P_{CN1} \left[1 + \frac{n_S}{n_T}(K_S - 1) \right]$$

$$I_{CN} \geqslant \frac{2}{3} n_T I_M \left[1 + \frac{n_S}{n_T}(K_S - 1) \right]$$

若电动机加速时间在 60s 以上，则应满足下面的条件：

$$P_{CN} \geq P_{CN1}\left[1+\frac{n_S}{n_T}(K_S-1)\right]$$

$$I_{CN} \geq n_T I_M\left[1+\frac{n_S}{n_T}(K_S-1)\right]$$

式中　n_T——并联电动机的台数；

　　　n_S——同时启动的台数；

　　P_{CN1}——连续容量，kV·A，$P_{CN1}=KP_{Mn_T}/\eta\cos\varphi$；

　　　P_M——电动机输出功率；

　　　η——电动机的效率，约取 0.85；

　　$\cos\varphi$——电动机的功率因数，取 0.75；

　　　K_S——电动机启动电流/电动机额定电流；

　　　I_M——电动机额定电流；

　　　K——电流波形的修正系数，PWM 方式取 1.05～1.10；

　　P_{CN}——变频器的额定容量，kV·A；

　　I_{CN}——变频器的额定电流，A。

在变频器驱动多台电动机时，若其中可能有一台电动机随时挂接到变频器或随时退出运行。此时变频器的额定输出电流可按下式计算：

$$I_{ICN} \geq K\sum_{i=1}^{J}I_{MN}+0.9I_{MQ}$$

式中　I_{ICN}——变频器额定输出电流，A；

　　I_{MN}——电动机额定输入电流，A；

　　I_{MQ}——最大一台电动机的启动电流，A；

　　　K——安全系数，一般取 1.05～1.10；

　　　J——余下的电动机台数。

5. 在电动机直接启动条件下变频器容量的计算

一般情况下，三相异步电动机直接用工频启动时，启动电流为其额定电流的 5～7 倍。对于电动机功率小于 10kW 的电动机直接启动时，可按下面式子计算变频器容量：

$$I_{CN} \geq I_K/K_g$$

式中　I_K——在额定电压、额定频率下电动机启动时的堵转电流，A；

　　K_g——变频器的允许过载倍数，K_g=1.3～1.5。

在运行中，若电动机电流变化不规则，不易获得运行特性曲线，这时可将电动机在输出最大转矩时的电流限制在变频器的额定输出电流内进行选定。

6. 在大惯性负载启动条件下的变频器容量计算

变频器过载容量通常为 125%/60s 或 150%/60s，如果超过此值，必须增大变频器的容量。在这种情况下，可按下面的式子计算变频器的容量：

$$P_{CN} \geq \frac{Kn_M}{9550\eta\cos\varphi}\left(T_L+\frac{GD^2}{375}\cdot\frac{n_M}{t_A}\right)$$

式中　GD^2——换算到电动机轴上的转动惯量值，N·m²；

　　　T_L——负载转矩，N·m；

η, $\cos\varphi$, n_M——分别为电动机的效率，取 0.85；功率因数，取 0.75；额定转速（r/min）；

t_A——电动机加速时间，s，由负载要求确定；

K——电流波形的修正系数，PWM 方式取 1.05～1.10；

P_{CN}——变频器的额定容量，kV·A。

7. 轻载条件下的变频器容量计算

如果电动机的实际负载比电动机的额定负载轻，要按照实际负载来选择变频器容量。但对于通用变频器，应按电动机的额定功率来选择变频器容量。

4.3 变频器外围设备的选用

在组建变频调速系统时，先要根据负载选择变频器，再给变频器选择相关的外围设备。为了让变频调速系统正常可靠地工作，正确选用变频器外围设备是非常重要的。

4.3.1 主电路外围设备的接线

变频器主电路设备直接接触高电压大电流，主电路外围设备选用不当，轻则变频器不能正常工作，重则会损坏变频器。变频器主电路的外围设备和接线如图 4-2 所示，这是一个较齐全的主电路接线图，在实际中有些设备可不采用。

图 4-2 变频器主电路的外围设备和接线

从图 4-2 中可以看出，变频器主电路的外围设备有熔断器、断路器、交流接触器（主触点）、交流电抗器、噪声滤波器、制动电阻、直流电抗器和热继电器（发热元件）。为了降低成本，在要求不高的情况下，主电路外围设备大多数可省掉，如仅保留断路器。

4.3.2　熔断器的选用

熔断器用来对变频器进行过流保护。熔断器的额定电流 I_{UN} 可根据下式选择：

$$I_{UN} > （1.1～2.0）I_{MN}$$

式中　I_{UN}——熔断器的额定电流；

　　　I_{MN}——电动机的额定电流。

4.3.3　断路器的选用

断路器又称自动空气开关，断路器的功能主要有：接通和切断变频器电源；对变频器进行过流欠压保护。

由于断路器具有过流自动掉闸保护功能，为了防止产生误动作，正确选择断路器的额定电流非常重要。断路器的额定电流 I_{QN} 选择分下面两种情况。

① 一般情况下，I_{QN} 可根据下式选择：

$$I_{QN} > （1.3～1.4）I_{CN}$$

式中　I_{CN}——变频器的额定电流，A。

② 在工频和变频切换电路中，I_{QN} 可根据下式选择：

$$I_{QN} > 2.5I_{MN}$$

式中　I_{MN}——电动机的额定电流，A。

4.3.4　交流接触器的选用

根据安装位置的不同，交流接触器可分为输入侧交流接触器和输出侧交流接触器。

1.　输入侧交流接触器

输入侧交流接触器安装在变频器的输入端。它既可以远距离接通和分断三相交流电源，在变频器出现故障时还可以及时切断输入电源。

输入侧交流接触器的主触点接在变频器输入侧，主触点额定电流 I_{KN} 可根据下式选择：

$$I_{KN} \geqslant I_{CN}$$

式中　I_{CN}——变频器的额定电流，A。

2.　输出侧交流接触器

当变频器用于工频/变频切换时，变频器输出端需要接输出侧交流接触器。

由于变频器输出电流中含有较多的谐波成分，其电流有效值略大于工频运行的有效值，故输出侧交流接触器的主触点额定电流应选大些。输出侧交流接触器的主触点额定电流 I_{KN} 可根据下式选择：

$$I_{KN} > 1.1I_{MN}$$

式中　I_{MN}——电动机的额定电流，A。

4.3.5　交流电抗器的选用

（1）作用

交流电抗器实际上是一个带铁芯的三相电感器，如图 4-3 所示。

交流电抗器的作用如下。

① 抑制谐波电流，提高变频器的电能利用效率（可将功率因数提高至 0.85 以上）。

② 由于电抗器对突变电流有一定的阻碍作用，故在接通变频器瞬间，可降低浪涌电流大小，减小电流对变频器的冲击。

③ 可减小三相电源不平衡的影响。

（2）应用场合

交流电抗器不是变频器必用外围设备，可根据实际情况考虑使用。当遇到下面的情况之一时，可考虑给变频器安装交流电抗器。

① 电源的容量很大，达到变频器容量 10 倍以上，应安装交流电抗器。

② 若在同一供电电源中接有晶闸管整流器，或者电源中接有补偿电容（提高功率因数），应安装交流电抗器。

③ 三相供电电源不平衡超过 3% 时，应安装交流电抗器。

④ 变频器功率大于 30kW 时，应安装交流电抗器。

⑤ 变频器供电电源中含有较多高次谐波成分时，应考虑安装交流电抗器。

图 4-3　交流电抗器

在选用交流电抗器时，为了减小电抗器对电能的损耗，要求电抗器的电感量与变频器的容量相适应。一些常用交流电抗器的规格见表 4-2。

表 4-2　　　　　　　　　　　　　　一些常用交流电抗器的规格

电动机容量/kW	30	37	45	55	75	90	110	160
变频器容量/kW	30	37	45	55	75	90	110	160
电感量/mH	0.32	0.26	0.21	0.18	0.13	0.11	0.09	0.06

4.3.6　直流电抗器的选用

直流电抗器如图 4-4 所示，它接在变频器 P1、P（或+）端子之间，接线可参见图 2-7。**直流电抗器的作用是削弱变频器开机瞬间电容充电形成的浪涌电流，同时提高功率因数**。与交流电抗器相比，直流电抗器不但体积小，而且结构简单，提高功率因数更为有效，若两者同时使用，可使功率因数达到 0.95，大大提高变频器的电能利用率。

常用直流电抗器的规格见表 4-3。

图 4-4　直流电抗器

表 4-3　　　　　　　　　　　　　　常用直流电抗器的规格

电动机容量/kW	30	37～55	75～90	110～132	160～200	230	280
允许电流/A	75	150	220	280	370	560	740
电感量/mH	600	300	200	140	110	70	55

4.3.7　制动电阻

制动电阻的作用是在电动机减速或制动时消耗惯性运转产生的电能，使电动机能迅速减速或制动。制动电阻如图 4-5 所示。为了使制动达到理想效果且避免制动电阻烧坏，选用制动电阻时需要计算其具体阻值和功率。

（1）阻值的计算

精确计算制动电阻的阻值要涉及很多参数，且计算复杂，一般情况下可按下式粗略估算：

$$R_B = \frac{2U_{DB}}{I_{MN}} \sim \frac{U_{DB}}{I_{MN}}$$

图 4-5　制动电阻

式中　R_B——制动电阻的阻值，Ω；

　　　U_{DB}——直流回路允许的上限电压值，V，我国规定 $U_{DB}=600V$；

　　　I_{MN}——电动机的额定电流，A。

（2）功率的计算

制动电阻的功率可按下面式子计算：

$$P_B = \alpha_B \frac{U_{DH}^2}{R_B}$$

式中　P_B——制动电阻的功率，W；

　　　U_{DB}——直流回路允许的上限电压值，V，我国规定 $U_{DB}=600V$；

　　　R_B——制动电阻的阻值，Ω；

　　　α_B——修正系数。

α_B 可按下面规律取值。

在不反复制动时，若制动时间小于 10s，取 $\alpha_B=7$；若制动时间超过 100s，取 $\alpha_B=1$；若制动时间在 10～100s 时，α_B 可按比例选取 1～7 范围内的值。

在反复制动时，若 $\frac{t_B}{t_C}<0.01$（t_B 为每次制动所需的时间，t_C 为每次制动周期所需的时间），取 $\alpha_B=7$；若 $\frac{t_B}{t_C}>0.15$，取 $\alpha_B=1$；若 $0.01<\frac{t_B}{t_C}<0.15$，$\alpha_B$ 可按比例选取 1～7 范围内的值。

制动电阻的选取也可通过查表获得，不同容量电动机与制动电阻的阻值和功率对应关系见表 4-4。

表 4-4　　　　　　　　　　不同容量电动机与制动电阻的阻值和功率对应关系

电动机容量/kW	电阻值/Ω	电阻功率/kW	电动机容量/kW	电阻值/Ω	电阻功率/kW
0.40	1000	0.14	37	20.0	8
0.75	750	0.18	45	16.0	12
1.50	350	0.40	55	13.6	12
2.20	250	0.55	75	10.0	20
3.70	150	0.90	90	10.0	20
5.50	110	1.30	110	7.0	27
7.50	75	1.80	132	7.0	27
11.0	60	2.50	160	5.0	33
15.0	50	4.00	200	4.0	40
18.5	40	4.00	220	3.5	45
22.0	30	5.00	280	2.7	64
30.0	24	8.00	315	2.7	64

4.3.8 热继电器的选用

热继电器在电动机长时间过载运行时起保护作用。热继电器的发热元件额定电流 I_{RN} 可按下式选择：

$$I_{RN} \geqslant (0.95 \sim 1.15) I_{MN}$$

式中 I_{MN}——电动机的额定电流，A。

4.3.9 噪声滤波器

变频器在工作时会产生高次谐波干扰信号，在变频器输入侧安装噪声滤波器可以防止高次谐波干扰信号窜入电网，干扰电网中其他的设备，也可阻止电网中的干扰信号窜入变频器。在变频器输出侧的噪声滤波器可以防止干扰信号窜入电动机，影响电动机正常工作。一般情况下，变频器可不安装噪声滤波器，若需安装，建议安装变频器专用的噪声滤波器。

变频器专用噪声滤波器的外形和结构如图 4-6 所示。

| （a）外形 | 输入侧滤波器 | （b）结构 | 输出侧滤波器 |

图 4-6 噪声滤波器

4.4 变频器的安装、调试与维护

4.4.1 安装与接线

1. 注意事项

在安装变频器时，要注意以下事项。

① 由于变频器使用了塑料零件，为了不造成破损，在使用时，不要用太大的力。

② 应安装在不易受振动的地方。

③ 避免安装在高温、多湿的场所，安装场所周围温度不能超过允许温度（-10~+50℃）。

④ 安装在不可燃的物体表面上。变频器工作时温度最高可达 150℃，为安全起见，应安装在不可燃的物体表面上，同时为了使热量易于散发，应在其周围留有足够的空间。

⑤ 避免安装在具有油雾、易燃性气体、棉尘和尘埃等漂浮的场所。若一定要在这种环境下使用，可将变频器安装在可阻挡任何悬浮物质的封闭型屏板内。

2. 安装

变频器可安装在开放的控制板上，也可以安装在控制柜内。

（1）安装在控制板上

当变频器安装在控制板上时，要注意变频器与周围物体有一定的空隙，便于散热，如图 4-7 所示。

（2）安装在控制柜内

当变频器安装在有通风扇的控制柜内时，要注意安装位置，让对流的空气能通过变频器，以带走工作时散发的热量，如图 4-8 所示。

如果需要在一个控制柜内同时安装多台变频器时，要注意水平并排安装，如图 4-9 所示，若垂直安装在一起，下方变频器散发的热量会烘烤上方变频器。

在安装变频器时，应将变频器垂直安装，不要卧式、侧式安装，如图 4-10 所示。

图 4-7　变频器安装在控制板上

图 4-8　变频器安装在控制柜中　　　图 4-9　多台变频器应水平并排安装

图 4-10　变频器应垂直安装

3. 接线

变频器通过接线与外围设备连接，接线分为主电路接线和控制电路接线。主电路连接导线的选择较为简单，由于主电路电压高、电流大，所以选择主电路连接导线时应该遵循"线径宜粗不宜细"原则，具体可按普通电动机选择导线的方法来选用。

控制电路的连接导线种类较多，接线时要符合其相应的特点。下面介绍各种控制接线及接线方法。

（1）模拟量接线

模拟量接线主要包括：输入侧的给定信号线和反馈线；输出侧的频率信号线和电流信号线。由于模拟量信号易受干扰，因此需要采用屏蔽线作为模拟量接线。模拟量接线如图 4-11 所示，屏蔽线靠近变频器的屏蔽层应接公共端（COM），而不要接 E 端（接地端）的一端，屏蔽层的另一端要悬空。

在进行模拟量接线时还要注意：① 模拟量导线应远离主电路 100mm 以上；② 模拟量导线尽量不要和主电路交叉，若必须交叉，应采用垂直交叉方式。

图 4-11 模拟量接线

（2）开关量接线

开关量接线主要包括启动、点动和多挡转速等接线。一般情况下，模拟量接线原则同样适用于开关量接线，不过由于开关量信号抗干扰能力强，所以在距离不远时，开关量接线可不采用屏蔽线，而使用普通的导线，但同一信号的两根线必须互相绞在一起。

如果开关量控制操作台距离变频器很远，应先用电路将控制信号转换成能远距离转送的信号，当信号传送到变频器一端时，要将该信号还原变频器所要求的信号。

（3）变频器的接地

为了防止漏电和干扰信号侵入或向外辐射，要求变频器必须接地。在接地时，应采用较粗的短导线将变频器的接地端子（通常为 E 端）与地连接。当变频器和多台设备一起使用时，**每台设备都应分别接地**，如图 4-12 所示，不允许将一台设备的接地端接到另一台设备的接地端再接地。

图 4-12 变频器和多台设备一起使用时的接地方法

（4）线圈反峰电压吸收电路接线

接触器、继电器或电磁铁线圈在断电的瞬间会产生很高的反峰电压，易损坏电路中的元件或使电路产生误动作，在线圈两端接吸收电路可以有效地抑制反峰电压。对于交流电源供电的控制电路，可在线圈两端接 R、C 元件来吸收反峰电压，如图 4-13（a）所示，当线圈瞬间断电时会产生很高的反峰电压，该电压会对电容 C 充电而迅速降低。对于直流电源供电的控制电路，可在线圈两端接二极管来吸收反峰电压，如图 4-13（b）所示，图中线圈断电后会产生很高的左负右正反峰电压，二极管 VD 马上导通从而使反峰电压降低，为了抑制反峰电压，二极管正极应对接电源的负极。

（a）交流供电　　　　　　　　　　（b）直流供电

图 4-13 线圈反峰电压吸收电路接线

4.4.2　调试

变频器安装和接线后需要进行调试，调试时要先对系统进行检查，然后按照"先空载，再轻载，后重载"的原则进行调试。

1. 检查

在变频调速系统试车前，要先对系统进行检查。检查分断电检查和通电检查。

（1）断电检查

断电检查内容主要有如下几个。

① 外观、结构的检查。主要检查变频器的型号、安装环境是否符合要求，装置有无损坏和脱落，电缆线径和种类是否合适，电气接线有无松动、错误，接地是否可靠等。

② 绝缘电阻的检查。在测量变频器主电路的绝缘电阻时，要将 R、S、T 端子（输入端子）和 U、V、W 端子（输出端子）都连接起来，再用 500V 的兆欧表测量这些端子与接地端之间的绝缘电阻，正常绝缘电阻应在 10MΩ 以上。在测量控制电路的绝缘电阻时，应采用万用表 R×10kΩ 挡测量各端子与地之间的绝缘电阻，不能使用兆欧表或其他高电压仪表测量，以免损坏控制电路。

③ 供电电压的检查。检查主电路的电源电压是否在允许的范围之内，避免变频调速系统在允许的电压范围之外工作。

（2）通电检查

通电检查内容主要有如下几个。

① 检查显示是否正常。通电后，变频器显示屏会有显示，不同变频器通电后显示内容会有所不同，应对照变频器操作说明书观察显示内容是否正常。

② 检查变频器内部风机能否正常运行。通电后，变频器内部风机会开始运转（有些变频器必须达到一定温度风机才能运行，可查看变频器说明书），用手在出风口感觉风量是否正常。

2. 熟悉变频器的操作面板

不同品牌的变频器操作面板会有差异，在调试变频调速系统时，先要熟悉变频器的操作面板。在操作时，可对照操作说明书对变频器进行一些基本的操作，如测试面板各按键的功能、设置变频器一些参数等。

3. 空载试验

在进行空载试验时，先脱开电动机的负载，再将变频器输出端与电动机连接，然后进行通电试验。试验步骤如下。

① 启动试验。先将频率设为 0Hz，然后慢慢调高频率至 50Hz，观察电动机的升速情况。

② 电动机参数检测。带有矢量控制功能的变频器需要通过电动机空载运行来自动检测电动机的参数，其中有电动机的静态参数，如电阻、电抗，还有动态参数，如空载电流等。

③ 基本操作。对变频器进行一些基本操作，如启动、点动、升速和降速等。

④ 停车试验。让变频器在设定的频率下运行 10min，然后将频率迅速调到 0Hz，观察电动机的制动情况，如果正常，空载试验结束。

4. 带载试验

空载试验通过后，再接上电动机负载进行试验。带载试验主要有启动试验、停车试验和带载能力试验。

（1）启动试验

启动试验主要内容有如下几个。

① 将变频器的工作频率由 0Hz 开始慢慢调高，观察系统的启动情况，同时观察电动机负载运行是否正常。记下系统开始启动的频率，若在频率较低的情况下电动机不能随频率上升而运转起来，说明启动困难，应进行转矩补偿设置。

② 将显示屏切换至电流显示，再将频率调到最大值，让电动机按设定的升速时间上升到最高转速，在此期间观察电流变化，若在升速过程中变频器出现过流保护而跳闸，说明升速时间不够，应延长升速时间。

③ 观察系统启动升速过程是否平稳，对于大惯性负载，按预先设定的频率变化率升速或降速时，有可能会出现加速转矩不够，导致电动机转速与变频器输出频率不协调，这时应考虑在低速时设置暂停升速功能。

④ 对于风机类负载，应观察停机后风叶是否因自然风而反转，若有反转现象，应设置启动前的直流制动功能。

（2）停车试验

停车试验内容主要有如下几个。

① 将变频器的工作频率调到最高频率，然后按下停机键，观察系统是否出现过电流或过电压而跳闸现象，若有此现象出现，应延长减速时间。

② 当频率降到 0Hz 时，观察电动机是否出现"爬行"现象（电动机停不住），若有此现象出现，应考虑设置直流制动。

（3）带载能力试验

带载能力试验内容主要有如下几个。

① 在负载要求的最低转速时，给电动机带额定负载长时间运行，观察电动机发热情况，若发热严重，应对电动机进行散热。

② 在负载要求的最高转速时，变频器工作频率高于额定频率，观察电动机是否能驱动这个转速下的负载。

4.4.3 维护

为了延长变频器的使用寿命，在使用过程中需要对变频器进行定期维护和保养。

1. 维护内容

变频器维护内容主要有如下几个。

① 清扫冷却系统的积尘脏物。

② 对紧固件重新紧固。

③ 检测绝缘电阻是否在允许的范围内。

④ 检查导体、绝缘体是否有破损和腐蚀。

⑤ 定期检查更换变频器的一些元器件，具体见表 4-5。

表 4-5 变频器需定期检查更换的元器件

元件名称	更换时间（供参考）	更换方法
滤波电容	5 年	更换为新品
冷却风扇	2～3 年	更换为新品

续表

元件名称	更换时间（供参考）	更换方法
熔断器	10 年	更换为新品
电路板上的电解电容	5 年	更换为新品（检查后决定）
定时器	—	检查动作时间后决定

2. 维护时注意事项

在对变频器进行维护时，要注意以下事项。

① 操作前必须切断电源，并且在主电路滤波电容放电完毕，电源指示灯熄灭后进行维护，以保证操作安全。

② 在出厂前，变频器都进行了初始设定，一般不需要改变这些设定，若改变了设定又需要恢复出厂设定时，可对变频器进行初始化操作。

③ 变频器的控制电路采用了很多 CMOS 芯片，应避免用手接触这些芯片，防止手上所带的静电损坏芯片，若必须接触，应先释放手上的静电（如用手接触金属自来水龙头）。

④ 严禁带电改变接线和插拔连接件。

⑤ 当变频器出现故障时，不要轻易通电，以免扩大故障范围，这种情况下可断电再用电阻法对变频器电路进检测。

4.4.4　常见故障及原因

变频器常见故障及原因见表 4-6。

表 4-6　　　　　　　　　　　　　　变频器常见故障及原因

故障	原因
过电流	过电流故障分以下情况。 ① 重新启动时，若只要升速变频器就会跳闸，表明过电流很严重，一般是负载短路、机械部件卡死、逆变模块损坏或电动机转矩过小等原因引起的。 ② 通电后即跳闸，这种现象通常不能复位，主要原因是驱动电路损坏、电流检测电路损坏等。 ③ 重新启动时并不马上跳闸，而是加速时跳闸，主要原因可能是加速时间设置太短、电流上限值太小或转矩补偿设定过大等
过电压	过电压报警通常出现在停机的时候，主要原因可能是减速时间太短或制动电阻及制动单元有问题
欠电压	欠电压是主电路电压太低，主要原因可能是电源缺相、整流电路一个桥臂开路、内部限流切换电路损坏（正常工作时无法短路限流电阻，电阻上产生很大压降，导致送到逆变电路电压偏低），另外电压检测电路损坏也会出现欠压问题
过热	过热是变频器一种常见的故障，主要原因可能是周围环境温度高、散热风扇停转、温度传感器不良或电动机过热等
输出电压不平衡	输出电压不平衡一般表现为电动机转速不稳、有抖动，主要原因可能是驱动电路损坏或电抗器损坏
过载	过载是一种常见的故障，出现过载时要先分析是电动机过载还是变频器过载。一般情况下，由于电动机过载能力强，只要变频器参数设置得当，电动机就不易出现过载现象；对于变频器过载报警，应检查变频器输出电压是否正常

第 5 章　PLC 与变频器的综合应用

在不外接控制器（如 PLC）的情况下，直接操作变频器有三种方式：①操作面板上的按键；②操作接线端子连接的部件（如按钮和电位器）；③复合操作（如操作面板设置频率，操作接线端子连接的按钮进行启/停控制）。

为了操作方便和充分利用变频器，常常采用 PLC 来控制变频器。PLC 控制变频器有三种基本方式：①以开关量方式控制；②以模拟量方式控制；③以 RS-485 通信方式控制。

5.1　PLC 以开关量方式控制变频器的硬件连接与实例

5.1.1　PLC 以开关量方式控制变频器的硬件连接

变频器有很多开关量端子，如正转、反转和多挡转速控制端子等，不使用 PLC 时，只要给这些端子接上开关就能对变频器进行正转、反转和多挡转速控制。当使用 PLC 控制变频器时，若 PLC 是以开关量方式对变频进行控制，需要将 PLC 的开关量输出端子与变频器的开关量输入端子连接起来，为了检测变频器的某些状态，同时可以将变频器的开关量输出端子与 PLC 的开关量输入端子连接起来。

PLC 以开关量方式控制变频器的硬件连接如图 5-1 所示。当 PLC 内部程序运行使 Y001端子内部硬触点闭合时，相当于变频器的 STF 端子外部开关闭合，STF 端子输入为 ON，变频器启动电动机正转，调节 10、2、5 端子所接电位器可以改变端子 2 的输入电压，从而改变变频器输出电源的频率，进而改变电动机的转速。如果变频器内部出现异常时，A、C 端子之间的内部触点闭合，相当于 PLC 的 X001 端子外部开关闭合，X001 端子输入为ON。

图 5-1　PLC 以开关量方式控制变频器的硬件连接

5.1.2　PLC 以开关量方式控制变频器实例一——电动机正、反转控制

1. 控制线路图

PLC 以开关量方式控制变频器驱动电动机正、反转的线路图如图 5-2 所示。

图 5-2　PLC 以开关量方式控制变频器驱动电动机正、反转的线路图

2. 参数设置

在使用 PLC 控制变频器时，需要对变频器有关参数进行设置，具体见表 5-1。

表 5-1 变频器的有关参数及设置值

参数名称	参数号	设置值
加速时间	Pr.7	5s
减速时间	Pr.8	3s
加/减速基准频率	Pr.20	50Hz
基底频率	Pr.3	50Hz
上限频率	Pr.1	50Hz
下限频率	Pr.2	0Hz
运行模式	Pr.79	2

3. 编写程序

变频器有关参数设置好后，还要用编程软件编写相应的 PLC 控制程序并下载给 PLC。PLC 控制变频器驱动电动机正、反转的 PLC 程序如图 5-3 所示。

图 5-3 PLC 控制变频器驱动电动机正、反转的 PLC 程序

下面对照图 5-2 线路图和图 5-3 程序来说明 PLC 以开关量方式控制变频器驱动电动机正、反转的工作原理。

① 通电控制。当按下通电按钮 SB$_1$ 时，PLC 的 X000 端子输入为 ON，它使程序中的 [0]X000 常开触点闭合，"SET Y000" 指令执行，线圈 Y000 被置 1，Y000 端子内部的硬触点闭合，接触器 KM 线圈得电，KM 主触点闭合，将 380V 的三相交流电源送到变频器的 R、S、T 端，Y000 线圈置 1 还会使[7]Y000 常开触点闭合，Y001 线圈得电，Y001 端子内部的硬触点闭合，HL$_1$ 灯通电点亮，指示 PLC 做出通电控制。

② 正转控制。将三挡开关 SA 置于"正转"位置时，PLC 的 X002 端子输入为 ON，它使程序中的[9]X002 常开触点闭合，Y010、Y002 线圈均得电，Y010 线圈得电使 Y010 端子内部硬触点闭合，将变频器的 STF、SD 端子接通，即 STF 端子输入为 ON，变频器输出电源使电动机正转，Y002 线圈得电后使 Y002 端子内部硬触点闭合，HL$_2$ 灯通电点亮，指示 PLC 进行正转控制。

③ 反转控制。将三挡开关 SA 置于"反转"位置时，PLC 的 X003 端子输入为 ON，它使程序中的[12]X003 常开触点闭合，Y011、Y003 线圈均得电，Y011 线圈得电使 Y011 端子内部硬触点闭合，将变频器的 STR、SD 端子接通，即 STR 端子输入为 ON，变频器输出电源使电动机反转，Y003 线圈得电后使 Y003 端子内部硬触点闭合，HL$_3$ 灯通电点亮，指示 PLC 进行反转控制。

④ 停转控制。在电动机处于正转或反转时，若将 SA 开关置于"停止"位置，X002 或 X003 端子输入为 OFF，程序中的 X002 或 X003 常开触点断开，Y010、Y002 或 Y011、Y003 线圈失电，Y010、Y002 或 Y011、Y003 端子内部硬触点断开，变频器的 STF 或 STR 端子输入为 OFF，变频器停止输出电源，电动机停转，同时 HL$_2$ 或 HL$_3$ 指示灯熄灭。

⑤ 断电控制。当 SA 置于"停止"位置使电动机停转时，若按下断电按钮 SB$_2$，PLC 的 X001 端子输入为 ON，它使程序中的[2]X001 常开触点闭合，执行"RST Y000"指令，Y000 线圈被复位失电，Y000 端子内部的硬触点断开，接触器 KM 线圈失电，KM 主触点断开，切断变频器的输入电源，Y000 线圈失电还会使[7]Y000 常开触点断开，Y001 线圈失电，Y001 端子内部的硬触点断开，HL$_1$ 灯熄灭。如果 SA 处于"正转"或"反转"位置时，[2]X002 或 X003 常闭触点断开，无法执行"RST Y000"指令，即电动机在正转或反转时，操作 SB$_2$ 按钮是不能断开变频器输入电源的。

⑥ 故障保护。如果变频器内部保护功能动作，A、C 端子间的内部触点闭合，PLC 的 X004 端子输入为 ON，程序中的[2]X004 常开触点闭合，执行"RST Y000"指令，Y000 端子内部的硬触点断开，接触器 KM 线圈失电，KM 主触点断开，切断变频器的输入电源，保护变频器。另外，[15]X004 常开触点闭合，Y004 线圈得电，Y004 端子内部硬触点闭合，HL$_4$ 灯通电点亮，指示变频器有故障。

5.1.3 PLC 以开关量方式控制变频器实例二——电动机多挡转速控制

变频器可以连续调速，也可以分挡调速，FR-500 系列变频器有 RH（高速）、RM（中速）和 RL（低速）三个控制端子，通过这三个端子的组合输入，可以实现 7 挡转速控制。如果将 PLC 的输出端子与变频器的这些端子连接，就可以用 PLC 控制变频器来驱动电动机以多挡转速方式运行。

1. 控制线路图

PLC 以开关量方式控制变频器驱动电动机进行多挡转速运行的线路图如图 5-4 所示。

2. 参数设置

在用 PLC 对变频器进行多挡转速控制时，需要对变频器有关参数进行设置，参数可分为基本运行参数和多挡转速参数，具体见表 5-2。

图 5-4 PLC 以开关量方式控制变频器驱动电动机以多挡转速方式运行的线路图

表 5-2   变频器的有关参数及设置值

分类	参数名称	参数号	设定值
基本运行参数	转矩提升	Pr.0	5%
	上限频率	Pr.1	50Hz
	下限频率	Pr.2	5Hz
	基底频率	Pr.3	50Hz
	加速时间	Pr.7	5s
	减速时间	Pr.8	4s
	加减速基准频率	Pr.20	50Hz
	操作模式	Pr.79	2
多挡转速参数	转速一（RH 为 ON 时）	Pr.4	15Hz
	转速二（RM 为 ON 时）	Pr.5	20Hz
	转速三（RL 为 ON 时）	Pr.6	50Hz
	转速四（RM、RL 均为 ON 时）	Pr.24	40Hz
	转速五（RH、RL 均为 ON 时 L）	Pr.25	30Hz
	转速六（RH、RM 为 ON 时）	Pr.26	25Hz
	转速七（RH、RM、RL 均为 ON 时）	Pr.27	10Hz

3. 编写程序

　　PLC 以开关量方式控制变频器驱动电动机以多挡转速方式运行的 PLC 程序如图 5-5 所示。

图 5-5　PLC 以开关量方式控制变频器驱动电动机以多挡转速方式运行的 PLC 程序

```
 37   X007                                    [SET    M3 ]  开始转速三
      ─┤├─
 39   X005                                    [RST    M3 ]  停止转速三
      ─┤├──┬──
      X006 │
      ─┤├──┤
      X010 │
      ─┤├──┤
      X011 │
      ─┤├──┤
      X012 │
      ─┤├──┤
      X013 │
      ─┤├──┘

 46   X010                                    [SET    M4 ]  开始转速四
      ─┤├─
 48   X005                                    [RST    M4 ]  停止转速四
      ─┤├──┬──
      X006 │
      ─┤├──┤
      X007 │
      ─┤├──┤
      X011 │
      ─┤├──┤
      X012 │
      ─┤├──┤
      X013 │
      ─┤├──┘

 55   X011                                    [SET    M5 ]  开始转速五
      ─┤├─
 57   X005                                    [RST    M5 ]  停止转速五
      ─┤├──┬──
      X006 │
      ─┤├──┤
      X007 │
      ─┤├──┤
      X010 │
      ─┤├──┤
      X012 │
      ─┤├──┤
      X013 │
      ─┤├──┘

 64   X012                                    [SET    M6 ]  开始转速六
      ─┤├─
 66   X005                                    [RST    M6 ]  停止转速六
      ─┤├──┬──
      X006 │
      ─┤├──┤
      X007 │
      ─┤├──┤
      X010 │
      ─┤├──┤
      X011 │
      ─┤├──┤
      X013 │
      ─┤├──┘
```

图 5-5　PLC 以开关量方式控制变频器驱动电动机以多挡转速方式运行的 PLC 程序（续）

```
        X013
73  ├──┤ ├──────────────────────────[SET    M7 ]  开始转速七

        X005
75  ├──┤ ├──────────────────────────[RST    M7 ]  停止转速七
        │
        │ X006
        ├──┤ ├──┤
        │ X007
        ├──┤ ├──┤
        │ X010
        ├──┤ ├──┤
        │ X011
        ├──┤ ├──┤
        │ X012
        └──┤ ├──┘

        M1
82  ├──┤ ├──────────────────────────────────( Y003 )  让 RH 端为 ON
        │ M5
        ├──┤ ├──┤
        │ M6
        ├──┤ ├──┤
        │ M7
        └──┤ ├──┘

        M2
87  ├──┤ ├──────────────────────────────────( Y002 )  让 RM 端为 ON
        │ M4
        ├──┤ ├──┤
        │ M6
        ├──┤ ├──┤
        │ M7
        └──┤ ├──┘

        M3
92  ├──┤ ├──────────────────────────────────( Y001 )  让 RL 端为 ON
        │ M4
        ├──┤ ├──┤
        │ M6
        ├──┤ ├──┤
        │ M7
        └──┤ ├──┘

97  ├──────────────────────────────────────[END ]  结束程序
```

图 5-5　PLC 以开关量方式控制变频器驱动电动机以多挡转速方式运行的 PLC 程序（续）

　　下面对照图 5-4 线路图和图 5-5 程序来说明 PLC 以开关量方式控制变频器驱动电动机进行多挡转速运行的工作原理。

　　① 通电控制。当按下通电按钮 SB_{10} 时，PLC 的 X000 端子输入为 ON，它使程序中的 [0]X000 常开触点闭合，"SET Y010" 指令执行，线圈 Y010 被置 1，Y010 端子内部的硬触点闭合，接触器 KM 线圈得电，KM 主触点闭合，将 380V 的三相交流电源送到变频器的 R、S、T 端。

　　② 断电控制。当按下断电按钮 SB_{11} 时，PLC 的 X001 端子输入为 ON，它使程序中的 [3]X001 常开触点闭合，"RST Y010" 指令执行，线圈 Y010 被复位失电，Y010 端子内部的硬触点断开，接触器 KM 线圈失电，KM 主触点断开，切断变频器 R、S、T 端的输入电源。

③ 启动变频器运行。当按下运行按钮 SB$_{12}$ 时，PLC 的 X002 端子输入为 ON，它使程序中的[7]X002 常开触点闭合，由于 Y010 线圈已得电，它使 Y010 常开触点处于闭合状态，"SET Y004"指令执行，Y004 线圈被置 1 而得电，Y004 端子内部硬触点闭合，将变频器的 STF、SD 端子接通，即 STF 端子输入为 ON，变频器输出电源启动电动机正向运转。

④ 停止变频器运行。当按下停止按钮 SB$_{13}$ 时，PLC 的 X003 端子输入为 ON，它使程序中的[10]X003 常开触点闭合，"RST Y004"指令执行，Y004 线圈被复位而失电，Y004 端子内部硬触点断开，将变频器的 STF、SD 端子断开，即 STF 端子输入为 OFF，变频器停止输出电源，电动机停转。

⑤ 故障报警及复位。如果变频器内部出现异常而导致保护电路动作时，A、C 端子间的内部触点闭合，PLC 的 X014 端子输入为 ON，程序中的[14]X014 常开触点闭合，Y011、Y012 线圈得电，Y011、Y012 端子内部硬触点闭合，报警铃和报警灯均得电而发出声光报警，同时[3]X014 常开触点闭合，"RST Y010"指令执行，线圈 Y010 被复位失电，Y010 端子内部的硬触点断开，接触器 KM 线圈失电，KM 主触点断开，切断变频器 R、S、T 端的输入电源。变频器故障排除后，当按下故障按钮 SB$_{14}$ 时，PLC 的 X004 端子输入为 ON，它使程序中的[12]X004 常开触点闭合，Y000 线圈得电，变频器的 RES 端输入为 ON，解除保护电路的保护状态。

⑥ 转速一控制。变频器启动运行后，按下按钮 SB$_1$（转速一），PLC 的 X005 端子输入为 ON，它使程序中的[19]X005 常开触点闭合，"SET M1"指令执行，线圈 M1 被置 1，[82]M1 常开触点闭合，Y003 线圈得电，Y003 端子内部的硬触点闭合，变频器的 RH 端输入为 ON，让变频器输出转速一设定频率的电源驱动电动机运转。按下 SB$_2$～SB$_7$ 中的某个按钮，会使 X006～X013 中的某个常开触点闭合，"RST M1"指令执行，线圈 M1 被复位失电，[82]M1 常开触点断开，Y003 线圈失电，Y003 端子内部的硬触点断开，变频器的 RH 端输入为 OFF，停止按转速一运行。

⑦ 转速四控制。按下按钮 SB$_4$（转速四），PLC 的 X010 端子输入为 ON，它使程序中的[46]X010 常开触点闭合，"SET M4"指令执行，线圈 M4 被置 1，[87]、[92]M4 常开触点均闭合，Y002、Y001 线圈均得电，Y002、Y001 端子内部的硬触点均闭合，变频器的 RM、RL 端输入均为 ON，让变频器输出转速四设定频率的电源驱动电动机运转。按下 SB$_1$～SB$_3$ 或 SB$_5$～SB$_7$ 中的某个按钮，会使 X005～X007 或 X011～X013 中的某个常开触点闭合，"RST M4"指令执行，线圈 M4 被复位失电，[87]、[92]M4 常开触点均断开，Y002、Y001 线圈均失电，Y002、Y001 端子内部的硬触点均断开，变频器的 RM、RL 端输入均为 OFF，停止按转速四运行。

其他转速控制与上述转速控制过程类似，这里不再叙述。RH、RM、RL 端输入状态与对应的速度关系如图 5-6 所示。

图 5-6　变频器 RH、RM、RL 端输入状态与对应的电动机转速关系

5.2　PLC 以模拟量方式控制变频器的硬件连接与实例

5.2.1　PLC 以模拟量方式控制变频器的硬件连接

变频器有一些电压和电流模拟量输入端子，改变这些端子的电压或电流输入值就可以改变电动机的转速，如果将这些端子与 PLC 的模拟量输出端子连接，就可以利用 PLC 控制变频器来调节电动机的转速。模拟量是一种连续变化的量，利用模拟量控制功能可以使电动机的转速连续变化（无级变速）。

PLC 以模拟量方式控制变频器的硬件连接如图 5-7 所示，由于三菱 FX$_{2N}$-32MR 型 PLC 无模拟量输出功能，需要给它连接模拟量输出模块（如 FX$_{2N}$-4DA），再将模拟量输出模块的输出端子与变频器的模拟量输入端子连接。当变频器的 STF 端子外部开关闭合时，该端子输入为 ON，变频器启动电动机正转，PLC 内部程序运行时产生的数字量数据通过连接电缆送到模拟量输出模块（D/A 模块），由其转换成 0～5V 或 0～10V 范围内的电压（模拟量）送到变频器 2、5 端子，控制变频器输出电源的频率，进而控制电动机的转速，如果 D/A 模块输出到变频器 2、5 端子的电压发生变化，变频器输出电源频率也会变化，电动机转速就会变化。

PLC 在以模拟量方式控制变频器的模拟量输入端子时，也可同时用开关量方式控制变频器的开关量输入端子。

图 5-7　PLC 以模拟量方式控制变频器的硬件连接

5.2.2　PLC 以模拟量方式控制变频器的实例——中央空调冷却水流量控制

1. 中央空调系统的组成与工作原理

中央空调系统的组成如图 5-8 所示。

中央空调系统由三个循环系统组成，分别是制冷剂循环系统、冷却水循环系统和冷冻水循环系统。

图 5-8　中央空调系统的组成

制冷剂循环系统工作原理：压缩机从进气口吸入制冷剂（如氟利昂），在内部压缩后排出高温高压的气态制冷剂进入冷凝器（由散热良好的金属管做成），冷凝器浸在冷却水中，冷凝器中的制冷剂被冷却后，得到低温高压的液态制冷剂，然后经膨胀阀（用于控制制冷剂的流量大小）进入蒸发器（由散热良好的金属管做成），由于蒸发器管道空间大，液态制冷剂压力减小，马上汽化成气态制冷剂，制冷剂在由液态变成气态时会吸收大量的热量，蒸发器管道因被吸热而温度降低，由于蒸发器浸在水中，水的温度也因此而下降，蒸发器出来的低温低压的气态制冷剂被压缩机吸入，压缩成高温高压的气态制冷剂又进入冷凝器，开始下一次循环过程。

冷却水循环系统工作原理：冷却塔内的水流入制冷机组的冷却室，高温冷凝器往冷却水散热，使冷却水温度上升（如 37℃），升温的冷却水被冷却泵抽吸并排往冷却塔，水被冷却（如冷却到 32℃）后流进冷却塔，然后又流入冷却室，开始下一次冷却水循环。冷却室的出水温度要高于进水温度，两者存在温差，出进水温差大小反映冷凝器产生的热量多少，冷凝器产生的热量越多，出水温度越高，出进水温差越大，为了能带走冷凝器更多的热量来提高制冷机组的制冷效率，当出进水温差较大（出水温度高）时 ，应提高冷却泵电机的转速，加快冷却室内水的流速来降低水温，使出进水温差减小。实际运行表明，出进水温差控制在 3～5℃范围内较为合适。

冷冻水循环系统工作原理：制冷区域的热交换盘管中的水进入制冷机组的冷冻室，经蒸发器冷却后水温降低（如 7℃），低温水被冷冻泵抽吸并排往制冷区域的各个热交换盘管，在风机作用下，空气通过低温盘管（内有低温水通过）时温度下降，使制冷区域的室内空气温度下降，热交换盘管内的水温则会升高（如升高到 12℃），从盘管中流出的升温水汇集后又流进冷冻室，被低温蒸发器冷却后，再经冷冻泵抽吸并排往制冷区域的各个热交换盘管，开始下一次冷冻水循环。

2．中央空调冷却水流量控制的 PLC 与变频器线路图

中央空调冷却水流量控制的 PLC 与变频器线路图如图 5-9 所示。

图 5-9　中央空调冷却水流量控制的 PLC 与变频器线路图

3．PLC 程序

中央空调冷却水流量控制的 PLC 程序由 D/A 转换程序、温差检测与自动调速程序、手动调速程序、变频器启/停/报警及电机选择程序组成。

（1）D/A 转换程序

D/A 转换程序的功能是将 PLC 指定存储单元中的数字量转换成模拟量并输出到变频器的调速端子。本例是利用 FX$_{2N}$-2DA 模块将 PLC 的 D100 单元中的数字量转换成 0～10V 电压送到变频器的 2、5 端子。D/A 转换程序如图 5-10 所示。

图 5-10 D/A 转换程序

（2）温差检测与自动调速程序

温差检测与自动调速程序如图 5-11 所示。温度检测模块（FX₂N-4AD-PT）将出水和进水温度传感器检测到的温度值转换成数字量温度值，分别存入 D21 和 D20，两者相减后得到温差值存入 D25。在自动调速方式（X010 常开触点闭合）时，PLC 每隔 4s 检测一次温差，如果温差值>5℃，自动将 D100 中的数字量提高 40，转换成模拟量去控制变频器，使之频率提升 0.5Hz，冷却泵电机转速随之加快；如果温差值<4.5℃，自动将 D100 中的数字量减小 40，使变频器的频率降低 0.5Hz，冷却泵电机转速随之降低；如果 4.5℃≤温差值≤5℃，D100 中的数字量保持不变，变频器的频率不变，冷却泵电机转速也不变。为了将变频器的频率限制在 30～50Hz 范围内，程序将 D100 中的数字量限制在 2400～4000 范围内。

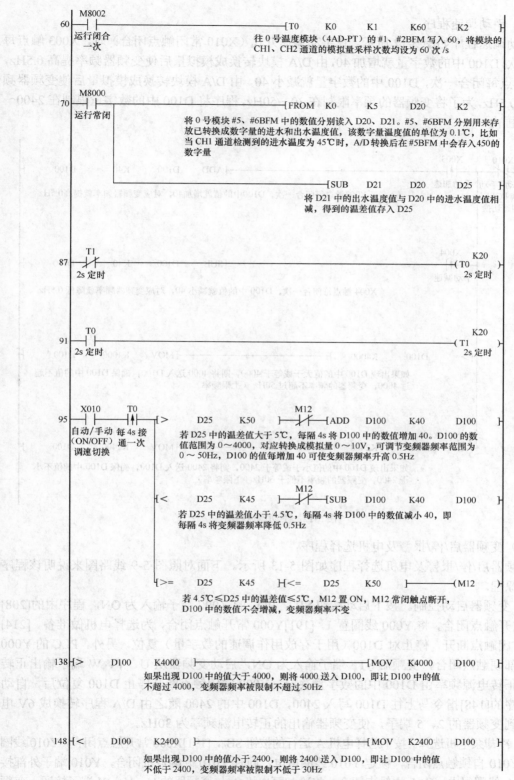

图 5-11　温差检测与自动调速程序

（3）手动调速程序

手动调速程序如图 5-12 所示。在手动调速方式（X010 常闭触点闭合）时，X003 触点每闭合一次，D100 中的数字量就增加 40，由 D/A 模块转换成模拟量后使变频器频率提高 0.5Hz，X004 触点每闭合一次，D100 中的数字量就减小 40，由 D/A 模块转换成模拟量后使变频器频率降低 0.5Hz，为了将变频器的频率限制在 30~50Hz，程序将 D100 中的数字量限制在 2400~4000 范围内。

图 5-12　手动调速程序

（4）变频器启/停/报警及电机选择程序

变频器启/停/报警及电机选择程序如图 5-13 所示。下面对照图 5-9 线路图来说明该程序的工作原理。

① 变频器启动控制。按下启动按钮 SB₁，PLC 的 X000 端子输入为 ON，程序中的[208]X001 常开触点闭合，将 Y000 线圈置 1，[191]Y000 常开触点闭合，为选择电机做准备，[214]Y000 常闭触点断开，停止对 D100（用于存放用作调速的数字量）复位，另外，PLC 的 Y000端子内部硬触点闭合，变频器 STF 端子输入为 ON，启动变频器从 U、V、W 端子输出正转电源，正转电源频率由 D100 中的数字量决定，Y000 常闭触点断开停止 D100 复位后，自动调速程序的[148]指令马上往 D100 写入 2400，D100 中的 2400 随之由 D/A 程序转换成 6V 电压，送到变频器的 2、5 端子，使变频器输出的正转电源频率为 30Hz。

② 冷却泵电机选择。按下选择电机 A 运行的按钮 SB₆，[191]X006 常开触点闭合，Y010 线圈得电，Y010 自锁触点闭合，锁定 Y010 线圈得电，同时 Y010 硬触点也闭合，Y010 端子外部接触器 KM₁ 线圈得电，KM₁ 主触点闭合，将冷却泵电机 A 与变频器的 U、V、W 端子接通，变频

器输出电源驱动冷却泵电机 A 运行。SB₇接钮用于选择电机 B 运行，其工作过程与电机 A 相同。

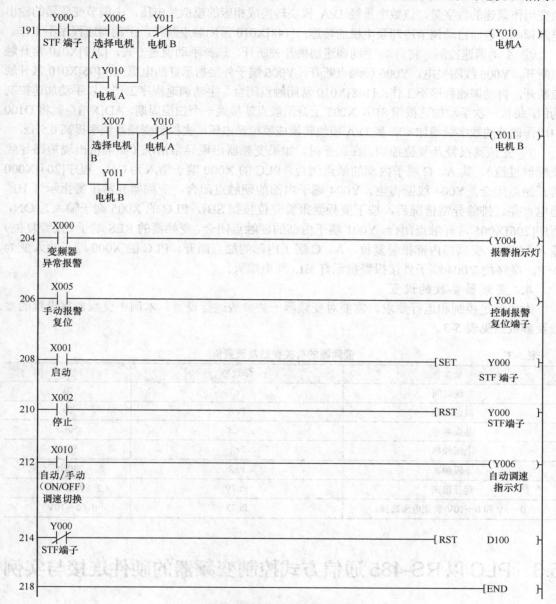

图 5-13　变频器启/停/报警及电机选择程序

③ 变频器停止控制。按下停止按钮 SB₂，PLC 的 X002 端子输入为 ON，程序中的[210] X002 常开触点闭合，将 Y000 线圈复位，[191]Y000 常开触点断开，Y010、Y011 线圈均失电，KM₁、KM₂ 线圈失电，KM₁、KM₂ 主触点均断开，将变频器与两个电机 A 断开；[214]Y000 常闭触点闭合，对 D100 复位；另外，PLC 的 Y000 端子内部硬触点断开，变频器 STF 端子输入为 OFF，变频器停止 U、V、W 端子输出电源。

④ 自动调速控制。将自动/手动调速切换开关闭合，选择自动调速方式，[212]X010 常开触点闭合，Y006 线圈得电，Y006 硬触点闭合，Y006 端子外接指示灯通电点亮，指示当前为自动

调速方式；[95]X010 常开触点闭合，自动调速程序工作，系统根据检测到的出进水温差来自动改变用作调速的数字量，该数字量经 D/A 模块转换成相应的模拟量电压，去调节变频器的输出电源频率，进而自动调节冷却泵电机的转速；[148]X010 常闭触点断开，手动调速程序不工作。

⑤ 手动调速控制。将自动/手动调速切换开关断开，选择手动调速方式，[212]X010 常开触点断开，Y006 线圈失电，Y006 硬触点断开，Y006 端子外接指示灯断电熄灭；[95]X010 常开触点断开，自动调速程序不工作；[148]X010 常闭触点闭合，手动调速程序工作，以手动加速控制为例，每按一次手动加速按钮 SB₃，X003 上升沿触点就接通一个扫描周期，ADD 指令就将 D100 中用作调速的数字量增加 40，经 D/A 模块转换成模拟量电压，去控制变频器频率提高 0.5Hz。

⑥ 变频器报警及复位控制。在运行时，如果变频器出现异常情况（如电机出现短路导致变频器过流），其 A、C 端子内部的触点闭合，PLC 的 X000 端子输入为 ON，程序[204]X000 常开触点闭合，Y004 线圈得电，Y004 端子内部的硬触点闭合，变频器异常报警指示灯 HL₁ 通电点亮。排除异常情况后，按下变频器报警复位按钮 SB₅，PLC 的 X005 端子输入为 ON，程序[206]X005 常开触点闭合，Y001 端子内部的硬触点闭合，变频器的 RES 端子（报警复位）输入为 ON，变频器内部报警复位，A、C 端子内部的触点断开，PLC 的 X000 端子输入变为 OFF，最终使 Y004 端子外接报警指示灯 HL₁ 断电熄灭。

4. 变频器参数的设置

为了满足控制和运行要求，需要对变频器一些参数进行设置。本例中变频器需设置的参数及参数值见表 5-3。

表 5-3　　　　　　　　　　变频器的有关参数及设置值

参数名称	参数号	设置值
加速时间	Pr.7	3s
减速时间	Pr.8	3s
基底频率	Pr.3	50Hz
上限频率	Pr.1	50Hz
下限频率	Pr.2	30Hz
运行模式	Pr.79	2（外部操作）
0～5V 和 0～10V 调频电压选择	Pr.73	0（0～10V）

5.3　PLC 以 RS-485 通信方式控制变频器的硬件连接与实例

PLC 以开关量方式控制变频器时，需要占用较多的输出端子去连接变频器相应功能的输入端子，才能对变频器进行正转、反转和停止等控制；PLC 以模拟量方式控制变频器时，需要使用 D/A 模块才能对变频器进行频率调速控制。如果 PLC 以 RS-485 通信方式控制变频器，只需一根 RS-485 通信电缆（内含 5 根芯线），直接将各种控制和调频命令送给变频器，变频器根据 PLC 通过 RS-485 通信电缆送来的指令就能执行相应的功能控制。

RS-485 通信是目前工业控制中广泛采用的一种通信方式，具有较强的抗干扰能力，其通信距离可达几十米至上千米。采用 RS-485 通信不但可以将两台设备连接起来进行通信，还可以将多台设备（最多可并联 32 台设备）连接起来构成分布式系统，进行相互通信。

5.3.1　变频器和 PLC 的 RS-485 通信口

1. 变频器的 RS-485 通信口

三菱 FR-500 系列变频器有一个用于连接操作面板的 PU 接口，该接口可用作 RS-485 通信口，在使用 RS-485 方式与其他设备通信时，需要将操作面板插头（RJ-45 插头）从 PU 接口拔出，再将 RS-485 通信电缆的一端插入 PU 接口，通信电缆另一端连接 PLC 或其他设备。三菱 FR-500 系列变频器 PU 接口外形及各引脚功能说明如图 5-14 所示。

PU接口

①SG（接地）　　　⑤SDA（数据发送+）
②P5S（5V电源）　　⑥RDB（数据接收-）
③RDA（数据接收+）　⑦SG（接地）
④SDB（数据发送-）　⑧P5S（5V电源）

图 5-14　三菱 FR-500 系列变频器 PU 接口（可用作 RS-485 通信口）的各引脚功能说明

三菱 **FR-500** 系列变频器只有一个 **RS-485** 通信口（**PU** 接口），面板操作和 **RS-485** 通信不能同时进行，而三菱 **FR-700** 系列变频器除了有一个 **PU** 接口外，还单独配备了一个 **RS-485** 通信口（接线排），专用于进行 **RS-485** 通信。三菱 **FR-700** 系列变频器 RS-485 通信口外形及各引脚功能说明如图 5-15 所示，通信口的每个功能端子都有两个，一个端子接上一台 RS-485 通信设备，另一个端子接下一台 RS-485 通信设备，若无下一台设备，应将终端电阻开关拨至"100Ω"侧。

名称	内容
RDA1 (RXD1+)	变频器接收 +
RDB1 (RXD1-)	变频器接收 -
RDA2 (RXD2+)	变频器接收 + （分支用）
RDB2 (RXD2-)	变频器接收 - （分支用）
SDA1 (TXD1+)	变频器发送 +
SDB1 (TXD1-)	变频器发送 -
SDA2 (TXD2+)	变频器发送 + （分支用）
SDB2 (TXD2-)	变频器发送 - （分支用）
P5S (VCC)	5V 容许负载电流 100mA
SG (GND)	接地 （和端子 SD 导通）

图 5-15　三菱 FR-700 系列变频器 RS-485 通信口（接线排）外形及各引脚功能说明

2. PLC 的 RS-485 通信口

三菱 FX PLC 一般不带 RS-485 通信口，如果要与变频器进行 RS-485 通信，必须给 PLC 安装 FX$_{2N}$-485BD 通信板。FX$_{2N}$-485BD 通信板的外形如图 5-16（a）所示，安装方法如图 5-16（b）所示。

（a）外形 （b）安装方法

图 5-16 FX$_{2N}$-485BD 通信板的外形与安装方法

5.3.2 变频器与 PLC 的 RS-485 通信连接

1. 单台变频器与 PLC 的 RS-485 通信连接

单台变频器与 PLC 的 RS-485 通信连接如图 5-17 所示，两者在连接时，一台设备的发送端子（+\-）应分别与另一台设备的接收端子（+\-）连接，接收端子（+\-）应分别与另一台设备的发送端子（+\-）连接。

图 5-17 变频器与 PLC 的 RS-485 通信连接

2. 多台变频器与 PLC 的 RS-485 通信连接

多台变频器与 PLC 的 RS-485 通信连接如图 5-18 所示，它可以实现一台 PLC 控制多台变频器的运行。

图 5-18　多台变频器与 PLC 的 RS-485 通信连接

5.3.3　RS-485 通信电缆的制作

当三菱 FX_{2N} 系列 PLC 与三菱 FR-700 系列变频器的 RS-485 端子排连接进行 RS-485 通信时，需要在 PLC 的 FX_{2N}-485BD 通信板与变频器的 RS-485 端子排之间连接 5 根导线。为了便于区分，5 根导线应采用不同的颜色。在实际操作时，一般使用电脑网线作为 PLC 与变频器的 RS-485 通信电缆，电脑网线内部含有 8 根不同颜色的芯线，如图 5-19 所示，在用作 RS-485 通信电缆时，使用其中 5 根芯线（余下的 3 根留空不用）。

图 5-19　用电脑网线作为 RS-485 通信电缆

当三菱 FX_{2N} 系列 PLC 与三菱 FR-700 或 FR-500 系列变频器的 PU 接口进行 RS-485 通信时，由于 PU 接口无法直接接线，故需要自己制作一个专门的 RS-485 通信电缆。变频器的 PU 接口为 8 针接口，8 针排列顺序及功能说明如图 5-20 所示，该接口用于插入 RJ-45 接头（又称 RJ-45 水晶头），由于电脑网线也是 RJ-45 接头，故可以用电脑网线来制作 RS-485 通信电缆。用电脑网线制作 RS-485 通信电缆有两种方法，如图 5-21 所示，一是使用网线钳给网线一端安装一个 RJ-45 水晶头（可让网线销售人员帮忙制作）；二是使用机制电脑网线制作，这种网线带有两个 RJ-45 水晶头，剪掉其中一个 RJ-45 水晶头即可。

图 5-20　8 针排列顺序及功能说明

图 5-21　用电脑网线制作带 RJ-45 接头的 RS-485 通信电缆（两种方法）

5.3.4　PLC（计算机）与变频器的 RS-485 通信基础知识

1．RS-485 通信的数据格式

PLC 与变频器进行 RS-485 通信时，PLC 可以往变频器写入（发送）数据，也可以读出（接收）变频器的数据，具体包括：①写入运行指令（如正转、反转和停止等）；②写入运行频率；③写入参数（设置变频器参数值）；④读出参数；⑤监视变频器的运行参数（如变频器的输出频率/转速、输出电压和输出电流等）；⑥将变频器复位等。

当 PLC 往变频器写入或读出数据时，数据传送都是一段一段的，每段数据须符合一定的**数据格式**，否则一方无法识别和接收另一方传送过来的数据段。PLC 与变频器的 RS-485 通信数据格式主要有 A、A'、B、C、D、E、E'、F 共 8 种格式。

（1）PLC 往变频器传送数据时采用的数据格式

PLC 往变频器传送数据采用的数据格式有 A、A'、B 三种，如图 5-22 所示。例如，PLC 往变频器写入运行频率时采用格式 A 来传送数据，写入正转控制命令时采用格式 A'，查看（监视）变频器运行参数时采用格式 B。

在编写通信程序时，数据格式中各部分的内容都要用 **ASCII 码**来表示。例如，PLC 以数

据格式 A 往 13 号变频器写入频率，在编程时将要发送的数据存放在 D100～D112，其中 D100 存放控制代码 ENQ 的 ASCII 码 H05，D101、D102 分别存放变频器站号 13 的 ASCII 码 H31（1）、H33（3），D103、D104 分别存放写入频率指令代码 HED 的 ASCII 码 H45（E）、H44（D）。

图 5-22　PLC 往变频器传送数据采用的三种数据格式（A、A′、B）

RS-485 通信的数据格式各部分说明如下。

① **控制代码**。每个数据段前面都要有控制代码，控制代码 ENQ 意为通信请求，其他控制代码见表 5-4。

表 5-4　　　　　　　　　　　　　　　　　控制代码

信号	ASCII 码	说明
STX	H02	数据开始
ETX	H03	数据结束
ENQ	H05	通信请求
ACK	H06	无数据错误
LF	H0A	换行
CR	H0D	回车
NAK	H15	有数据错误

② **变频器站号**。用于指定与 PLC 通信的变频器站号，可指定 0～31，该站号应与变频器设定的站号一致。

③ **指令代码**。它是由 PLC 发送给变频器用来指明变频器进行何种操作的代码，例如读出变频器输出频率的指令代码为 H6F，更多的指令代码见表 5-6。

④ **等待时间**。用于指定 PLC 传送完数据后到变频器开始返回数据之间的时间间隔，等待时间单位为 10ms，可设范围为 0～15（0～150ms），如果变频器已用参数 Pr.123 设定了等待时间，通信数据中不用指定等待时间，可节省一个字符，如果要在通信数据中使用等待时间，应将变频器的参数 Pr.123 设为 9999。

⑤ **数据**。它是指 PLC 写入变频器的运行和设定数据，如频率和参数等，数据的定义和设定范围由指令代码来确定。

⑥ **总和校验码**。其功能是用来校验本段数据传送过程中是否发生错误。将控制代码与总和校验码之间各项 ASCII 码求和，取和数据（十六进制数）的低 2 位作为总和校验码。总和

校验码的求取举例如图 5-23 所示。

⑦ **CR/LF**（回车/换行）。当变频器的参数 Pr.124 设为 0 时，不用 CR/LF，可节省一个字符。

（a）例一

（b）例二

图 5-23　总和校验码求取举例

（2）变频器往 PLC 传送数据（返回数据）时采用的数据格式

当变频器接收到 PLC 传送过来的数据，一段时间（等待时间）后会将数据返回给 PLC。变频器往 PLC 返回数据时采用的数据格式主要有 C、D、E、E′，如图 5-24 所示。

（a）PLC 写入数据时变频器返回数据采用的数据格式

（b）PLC 读取数据时变频器返回数据采用的数据格式

图 5-24　变频器往 PLC 返回数据采用的四种数据格式（C、D、E、E′）

如果 PLC 传送的指令是写入数据（如控制变频器正转、反转和写入运行频率），变频器以 C 格式或 D 格式返回数据给 PLC。若变频器发现 PLC 传送过来的数据无错误，会以 C 格式返回数据，若变频器发现传送过来的数据有错误，则以 D 格式返回数据，D 格式数据中含有错误代码，用于告诉 PLC 出现何种错误，三菱 FR-500/700 变频器的错误代码含义见表 5-5。

表 5-5　　　　　　　　　　　　　　在通信时变频器返回的错误代码含义

错误代码	项目	定义	变频器动作
H0	计算机 NAK 错误	从计算机发送的通信请求数据被检测到的连续错误次数超过允许的再试次数	如果连续错误发生次数超过允许再试次数时将产生（E.PUE）报警并且停止
H1	奇偶校验错误	奇偶校验结果与规定的奇偶校验不相符	
H2	总和校验错误	计算机中的总和校验代码与变频器接收的数据不相符	
H3	协议错误	变频器以错误的协议接收数据，在提供的时间内数据接收没有完成或 CR 和 LF 参数没有进行设置	
H4	格式错误	停止位长不符合规定	
H5	溢出错误	变频器完成前面的数据接收之前，从计算机又发送了新的数据	
H7	字符错误	接收的字符无效（在 0 至 9，A 至 F 的控制代码以外）	不能接收数据但不会带来报警停止
HA	模式错误	试图写入的参数在计算机通信操作模式以外或变频器在运行中	不能接收数据但不会带来报警停止
HB	指令代码错误	规定的指令不存在	
HC	数据范围错误	规定了无效的数据用于参数写入、频率设定等	

　　如果 PLC 传送的指令是读出数据（如读取变频器的输出频率、输出电压），变频器以 E 或 E′格式返回数据给 PLC，这两种数据格式中都含有 PLC 要从变频器读取的数据，一般情况下变频器采用 E 格式返回数据，只有 PLC 传送个别指令代码时变频器才以 E′格式返回数据，如果 PLC 传送给变频器的数据有错误，变频器也会以 D 格式返回数据。

　　掌握变频器返回数据格式有利于了解变频器的工作情况。例如，在编写 PLC 通信程序时，以 D100～D112 作为存放 PLC 发送数据的单元，以 D200～D210 作为存放变频器返回数据的单元，如果 PLC 要查看变频器的输出频率，需要使用监视输出频率指令代码 H6F，PLC 传送含该指令代码的数据时要使用格式 B（可查看表 5-6）。当 PLC 以格式 B 将 D100～D108 中的数据发送给变频器后，变频器会以 E 格式将频率数据返回给 PLC（若传送数据出错则以 D 格式返回数据），返回数据存放到 PLC 的 D200～D210，由 E 格式可知，频率数据存放在 D203～D206 单元，只要了解这些单元的数据就能知道变频器的输出频率。

　　2. 变频器通信的指令代码、数据位和使用的数据格式

　　PLC 与变频器进行 RS-485 通信时，变频器进行何种操作是由 PLC 传送过来的变频器可识别的指令代码和有关数据来决定的，PLC 可以给变频器发送指令代码和接收变频器的返回数据，变频器不能往 PLC 发送指令代码，只能接收 PLC 发送过来的指令代码并返回相应数据，同时执行指令代码指定的操作。

　　要以通信方式控制某个变频器，必须要知道该变频器的指令代码，要让变频器进行某种操作时，只要往变频器发送与该操作对应的指令代码。三菱 FR-500/700 变频器在通信时可使用的指令代码、数据位和数据格式见表 5-6。表 5-6 对指令代码后面的数据位使用进行了说明。例如，PLC 要以 RS-485 通信控制变频器正转，它应以 A′格式发送一段数据给变频器，在该段数据的第 4、5 字符为运行指令代码 HFA，第 7、8 字符为设定正转的数据 H02，变频器接收数据后，若数据无错误，会以 C 格式返回数据给 PLC，若数据有错误，则以 D 格式返回数据给 PLC。以 B 格式传送数据时无数据位，表 5-6 中的数据位是指变频器返回数据的数据位。

表 5-6　三菱 FR-500/700 变频器在通信时可使用的指令代码、数据位和数据格式

编号	项目		指令代码	数据位说明	发送和返回数据格式
1	操作模式	读出	H7B	H0000: 通信选项运行 H0001: 外部操作 H0002: 通信操作 (PU 接口)	B, E/D
		写入	HFB	H0000: 通信选项运行 H0001: 外部操作 H0002: 通信操作 (PU 接口)	A, C/D
	输出频率 [速度]		H6F	H0000 到 HFFFF: 输出频率 (十六进制) 最小单位 0.01Hz (当 Pr.37=1 至 9998 或 Pr.144=2 至 10, 102 至 110 用转速 (十六进制) 表示最小单位 1r/min)	B, E/D
	输出电流		H70	H0000 至 HFFFF: 输出电流 (十六进制) 最小单位 0.1A	B, E/D
	输出电压		H71	H0000 至 HFFFF: 输出电压 (十六进制) 最小单位 0.1V	B, E/D
	特殊监示		H72	H0000 至 HFFFF: 用指令码 HF3 选择监示数据	B, E/D
	特殊监示选择	读出	H73	监示数据选择	B, E/D
		写入	HF3		

监示数据选择

数据	说明	最小单位		数据	说明	最小单位
H01	输出频率	0.01Hz		H09	再生制动	0.1%
H02	输出电流	0.01A		H0A	电子过电流保护负荷率	0.1%
H03	输出电压	0.1V		H0B	输出电流峰值	0.01A
H05	设定频率	0.01Hz		H0C	整流输出电压峰值	0.1V
H06	运行速度	1r/min		H0D	输入功率	0.01kW
H07	电机转矩	0.1%		H0E	输出电力	0.01kW

编号	项目	指令代码	数据位说明	发送和返回数据格式
2	报警定义	H74 至 H77	H0000 至 HFFFF: 最近的两次报警记录 读出数据: [例如] H30A0 (前一次报警……'THT') (最近一次报警……0PT')	A', C/D

读出数据: [例如] H30A0

b15							b8	b7							b0
0	0	1	1	0	0	0	0	1	0	1	0	0	0	0	0

前一次报警　(H30)　　最近一次报警　(HA0)

续表

编号	项目		指令代码	数据位说明	发送和返回数据格式
2	报警定义	监示	H74 至 H77	报警代码 | 代码	说明	代码	说明	代码	说明
H00	没有报警	H51	UVT	HB1	PUE
H10	OC1	H60	OLT	HB2	RET
H11	OC2	H70	BE	HC1	CTE
H12	OC3	H80	GF	HC2	P24
H20	0V1	H81	LF	HD5	MB1
H21	0V2	H90	0HT	HD6	MB2
H22	0V3	HA0	0PT	HD7	MB3
H30	THT	HA1	0P1	HD8	MB4
H31	THM	HA2	0P2	HD9	MB5
H40	FIN	HA3	0P3	HDA	MB6
H50	IPF	HB0	PE	HDB	MB7	 b7 [0 | 1 | 0 | 0 | 1 | 1 | 0 | 0] b0 （对于例1） [例1] H02···正转 [例2] H00···停止	B, E/D
3	运行指令		HFA	b0: b1: 正转 (STF) b2: 反转 (STR) b3: b4: b5: b6: b7: b7 [0 | 0 | 0 | 0 | 0 | 1 | 0 | 0] b0 （对于例1） [例1] H02···正转运行中 [例2] H80···因报警停止	A', C/D
4	变频器状态监示		H7A	b0: 变频器正在运行 (RUN)* b1: 正转 b2: 反转 b3: 频率达到 (SU)* b4: 过负荷 (OL)* b5: 瞬时停电 (IPF)* b6: 频率检测 (FU)* b7: 发生报警* b7 [0 | 0 | 0 | 0 | 0 | 0 | 1 | 0] b0 [例1] H02···正转运行中 [例2] H80···因报警停止 *输出数据视 Pr.190～Pr.195 设定而设	B, E/D

续表

编号	项目	指令代码	数据位说明	发送和返回数据格式
5	设定频率读出 (E²PROM)	H6E	读出设定频率 (RAM) 或 (E²PROM)	B, E/D
	设定频率读出 (RAM)	H6D	H0000 至 H2EE0: 最小单位 0.01Hz (十六进制)	
	设定频率写入 (E²PROM)	HEE	H0000 至 H9C40: 最小单位 0.01Hz (十六进制) (0～400.00Hz)	A, C/D
	设定频率写入 (RAM)	HED	频繁改变运行频率时，请写入到变频器的 RAM (指令代码: HED)	
6	变频器复位	HFD	H9696: 复位变频器。当变频器通信开始由计算机复位时，变频器不能发送应答数据给计算机	A, C/D
7	报警内容全部清除	HF4	H9696: 报警履历的全部清除	A, C/D
8	参数全部清除	HFC	所有参数设定出厂到设定值。根据设定的数据不同有四种清除操作方式。	A, C/D
9	用户清除	HFC	H9669: 进行用户清除。	A, C/D
10	参数写入	H80 至 HE3	参考数据表写入读出要求的参数。	A, C/D
11	参数读出	H00 至 H63	注意有些参数不能进入	B, E/D

编号 8 数据位说明中的表格：

Pr. ＼ 数据	通信 Pr.	校准	其他 Pr.	HEC HF3 HFF
H9696	〇	×	〇	〇
H9966	〇	〇	〇	〇
H5A5A	×	×	〇	〇
H55AA	×	〇	〇	〇

当执行 H9696 或 H9966 时，所有参数被清除，与通信相关的参数设定也返回到出厂设定值，当重新操作时，需要设定参数

编号 9 数据位说明中的表格：

Pr. ＼ 数据	通信 Pr.	校验	其他 Pr.	HEC HF3 HFF
H9669	〇	×	〇	〇

续表

编号	项目		指令代码	数据位说明	发送和返回数据格式
12	网络参数设定其他设定	读出	H7F	H00 至 H6C 和 H80 至 HEC 参数值可以改变。H00: Pr.0 至 Pr.96 值可以进入, H01: Pr.100 至 Pr.158, Pr.200 至 Pr.231 和 Pr.900 至 Pr.905 值可以进入, H02: Pr.160 至 Pr.199 和 Pr.232 至 Pr.287 值可以进入	B, E'/D
		写入	HFF	H03: 可读出/写入 Pr.300 至 Pr.342 的内容, H09: Pr.990 值可以进入	A', C/D
13	第二参数更改 (代码 FF=1)	读出	H6C	设定编程运行 (数据代码 H3D~H5A, HBD~HDA) 的参数的情况 H00: 运行频率 H01: 时间 H02: 回转方向	B, E'/D
		写入	HEC	设定偏差·增益 (数据代码 H5E~H6A, HDE~HED) 的参数的情况 H00: 补偿/增益 H01: 模拟 H02: 端子的模拟值	A', C/D

```
6  3 | 3  B
时间(分) | 时间(秒)
```

5.3.5　PLC 以 RS-485 通信方式控制变频器正转、反转、加速、减速和停止的实例

1.　硬件线路图

PLC 以 RS-485 通信方式控制变频器正转、反转、加速、减速和停止的硬件线路如图 5-25 所示，当操作 PLC 输入端的正转、反转、手动加速、手动减速或停止按钮时，PLC 内部的相关程序段就会执行，通过 RS-485 通信方式将对应指令代码和数据发送到给变频器，控制变频器正转、反转、加速、减速或停止。

图 5-25　PLC 以 RS-485 通信方式控制变频器正转、反转、加速、减速和停止的硬件线路

2.　变频器通信设置

变频器与 PLC 通信时，需要设置与通信有关的参数值，有些参数值应与 PLC 保持一致。三菱 FR-500/700 变频器与通信有关的参数及设置值见表 5-7。

表 5-7　　　　　　　　　三菱 **FR-500/700** 变频器与通信有关的参数及设置值

参数号	名称	设定值	说明	本例设置值
Pr.79	操作模式	0～8	0—电源接通时，为外部操作模式，PU 或外部操作可切换；1—PU 操作模式；2—外部操作模式；3—外部/PU 组合操作模式 1；4—外部/PU 组合操作模式 2；5—程序运行模式；6—切换模式；7—外部操作模式（PU 操作互锁）；8—切换到除外部操作模式以外的模式（运行时禁止）	1
Pr.117	站号	0～31	确定从 PU 接口通信的站号。当两台以上变频器接到一台计算机上时，就需要设定变频器站号	0
Pr.118	通信速率	48	4800 波特	192

续表

参数号	名称	设定值		说明	本例设置值
Pr.118	通信速率	96		9600 波特	192
		192		19200 波特	
Pr.119	停止位长/字节长	8 位	0	停止位长 1 位	1
			1	停止位长 2 位	
		7 位	10	停止位长 1 位	
			11	停止位长 2 位	
Pr.120	奇偶校验有/无	0		无	2
		1		奇校验	
		2		偶校验	
Pr.121	通信再试次数	0～10		设定发生数据接收错误后允许的再试次数，如果错误连续发生次数超过允许值，变频器将报警停止	9999
		9999（65535）		如果通信错误发生，变频器没有报警停止，这时变频器可通过输入 MRS 或 RES 信号使变频器（电机）滑行到停止。 错误发生时，轻微故障信号（LF）送到集电极开路端子输出。 用 Pr.190 至 Pr.195 中的任何一个分配给相应的端子（输出端子功能选择）	
Pr.122	通信校验时间间隔	0		不通信	9999
		0.1～999.8		设定通信校验时间[s]间隔	
		9999		如果无通信状态持续时间超过允许时间，变频器将进入报警停止状态	
Pr.123	等待时间设定	0～150ms		设定数据传输到变频器的响应时间	20
		9999		用通信数据设定	
Pr.124	CR, LF 有/无选择	0		无 CR/LF	0
		1		有 CR	
		2		有 CR/LF	

3. PLC 程序

PLC 以通信方式控制变频器时，需要给变频器发送指令代码才能控制变频器执行相应的操作，给变频器发送何种指令代码是由 PLC 程序决定的。

PLC 以 RS-485 通信方式控制变频器正转、反转、加速、减速和停止的梯形图程序如图 5-26 所示。M8161 是 RS、ASCI、HEX、CCD 指令的数据处理模式特殊继电器，当 M8161=ON 时，这些指令只处理存储单元的低 8 位数据（高 8 位忽略）；当 M8161=OFF 时，这些指令将存储单元 16 位数据分高 8 位和低 8 位处理。D8120 为通信格式设置特殊存储器。RS 为串行数据传送指令，ASCI 为十六进制数转 ASCII 码指令，HEX 为 ASCII 码转十六进制数指令，CCD 为求总和校验码指令。

图 5-26 PLC 以 RS-485 通信方式控制变频器正转、反转、加速、减速和停止的梯形图程序

图 5-26　PLC 以 RS-485 通信方式控制变频器正转、反转、加速、减速和停止的梯形图程序（续）

将 H00（停转代码）转换成 ASCII 码（H30、H30）存入 D205、D206

——————————————[CCD   D201   D100   K6]

将 D201～D206 中的 ASCII 码求总和及校验码，总和存入 D100，校验码存入 D101

——————————————[ASCI   D101   D207   K2]

将 D101 中的校验码转换成 ASCII 码，再存入 D207、D208

——————————————[SET   M8122]
　　　　　　　　　　　　　　　　　　　　　ON- 开始发
将 M8122 置 ON，开始数据发送，将 D200～D208 中的数据发送出去，　　送数据,OFF-
数据发送结束后，M8122 自动变为 OFF　　　　　　　　　　　　　　　数据发送结束

——————————————[ZRST   Y000   Y002]
　　　　　　　　　　　　　　　　　　　　　正转指示　停止指示
将 Y000～Y002 线圈复位，让 Y000～Y002 端子内部触点断开，停止输出

——————————————[SET   Y002]
　　　　　　　　　　　　　　　　　　　　　　　　　　停止指示
将 Y002 线圈置位，Y002 端子内部触点闭合，外接指示灯点亮，做出停转指示

＊手动调速及发送频率数据

195 ┤↑├ X003　　　　　　　　　　　　　　[ADD   D1000   K100   D1000]
　　 手动加速
　　　　　　　　　　X003 触点每闭合一次，将 D1000 中的数值增加 100，频率提升 1Hz

204 ┤↑├ X004　　　　　　　　　　　　　　[SUB   D1000   K100   D1000]
　　 手动减速
　　　　　　　　　　X004 触点每闭合一次，将 D1000 中的数值减少 100，频率降低 1Hz

213 ┤↑├ M8013 ──┤/├── X000 ──┤/├── X001 ──┤/├── X002 ──[RS   D300   K11   D600   K5]
　　 1s 脉冲半　　　　正转　　　　反转　　　　停止
　　 秒开半秒　　　　　　　将 D300～D310 作为存放发送数据的单元，将 D600～D604 作为存放接收数据的单元
　　 闭

226 ┤↑├ M8013　　　　　　　　　　　　　[MOV   H5   D300]
　　 1s 脉冲半
　　 秒开半秒　　　　　　　往 D300 单元写入 H05（通信请求 ENQ 的 ASCII 码）
　　 闭
　　　　　　　　　　　　　　　　　　　　[ASCI   H0   D301   K2]

　　　　　　　　　　将 H00（变频器站号 00）转换成 ASCII 码（H30、H30）存入 D301、D302

　　　　　　　　　　　　　　　　　　　　[ASCI   H0ED   D303   K2]

　　　　　　　　　　将 HED（设定频率指令代码）转换成 ASCII 码（H45、H44）存入 D303、D304

　　　　　　　　　　　　　　　　　　　　[ASCI   D1000 D305   K4]

　　　　　　　　　　将 D1000 中的频率数据转换成 ASCII 码存入 D305～D308

　　　　　　　　　　　　　　　　　　　　[CCD   D301   D150   K8]

　　　　　　　　　　将 D301～D308 中的 ASCII 码求总和及校验码，总和存入 D150，校验码存入 D151

　　　　　　　　　　　　　　　　　　　　[ASCI   D151   D309   K2]

　　　　　　　　　　将 D151 中的校验码转换成 ASCII 码，再存入 D309、D310

　　　　　　　　　　　　　　　　　　　　[SET   M8122]
　　　　　　　　　　　　　　　　　　　　　　　　　　　ON- 开始发
将 M8122 置 ON，开始数据发送，将 D300～D310 中的数据发送出去，　送数据,OFF-
数据发送结束后，M8122 自动变为 OFF　　　　　　　　　　　　　　数据发送结束

270 ───────────────────────────[END]

图 5-26　PLC 以 RS-485 通信方式控制变频器正转、反转、加速、减速和停止的梯形图程序（续）

第6章 变频器的主电路原理与检修

变频器主电路的功能是对电能进行交-直-交的转换，将工频电源转换成频率可调的交流电源来驱动电机。变频器的主电路由整流电路、中间电路和逆变电路组成，如图 6-1 所示，整流电路的作用是将工频电压转换成脉动直流电压 U_1，该直流电压经中间电路的滤波电路平滑后，得到波动小的直流电压 U_2 送给逆变电路，在驱动电路送来的驱动脉冲控制下，逆变电路将直流电压转换成三相交流电压送给电机，驱动电机运转。

图 6-1 主电路的组成

6.1 主电路的单元电路分析

主电路的单元电路主要有整流电路、中间电路和逆变电路。

6.1.1 整流电路

变频器采用的整流电路主要有两种：不可控整流电路和可控整流电路。

1. 不可控整流电路

不可控整流电路以二极管作为整流器件，其整流过程不可控。图 6-2 所示是一种典型的不可控三相桥式整流电路，其输入的三相交流电压为图 6-2（b）中的 u_a、u_b、u_c，经 6 个二极管构成的三相整流电路整流后，在负载 R_L 上得到 U_L 电压，该电压是一种有脉动变化的直流电压。

（a）电路图　　　　　　　　　　　（b）波形图

图 6-2　不可控三相桥式整流电路及有关信号波形

2. 可控整流电路

可控整流电路采用可控电力电子器件（如晶闸管、**IGBT** 等）作为整流器件，其整流输出电压大小可以通过改变开关器件的导通、关断来调节。图 6-3 所示是一种常见的单相半控桥式整流电路，VS_1、VS_2 为单向晶闸管，它们的 G 极连接在一起，当触发信号 U_G 送到晶闸管的 G 极时，晶闸管会被触发导通，当触发信号提前加到晶闸管的 G 极时，晶闸管提前导通，整流输出电压平均值高，反之，晶闸管导通推迟，整流输出电压平均值低。

（a）电路图　　　　　　　　　　　（b）波形图

图 6-3　单相半控桥式整流电路及有关信号波形

6.1.2　中间电路

中间电路位于整流电路和逆变电路之间，主要由滤波电路和制动电路等组成。

1. 滤波电路

滤波电路的功能是对整流电路输出的波动较大的电压或电流进行平滑，为逆变电路提供波动小的直流电压或电流。滤波电路可采用大电容滤波，也可采用大电感（或称电抗）滤波。采用大电容滤波的滤波电路能为逆变电路提供稳定的直流电压，故称之为电压型变频器；采用大电感滤波的滤波电路能为逆变电路提供稳定的直流电流，故称之为电流型变频器。

（1）电容滤波电路

① 电容滤波电路

电容滤波电路如图 6-4 所示，它采用容量很大的电容作为滤波元件，该电容又称储能电容。工频电源经三相整流电路对滤波电容 C 充电，在 C 上充得上正下负的直流电压 U_d，然后电容往后级电路放电。这样的充、放电会不断重复，在充电时电容上的电压会上升，放电时电压会下降，

图 6-4　电容滤波电路

电容上的电压有一些波动，电容容量越大，U_d 电压波动越小，即滤波效果越好。

② 浪涌保护电路

对于采用电容滤波的变频器，接通电源前电容两端电压为 0，在刚接通电源时，会有很大的浪涌电流经（冲击电流）整流器件对电容充电，这样易烧坏整流器件。**为了保护整流器件不被开机浪涌电流烧坏，通常要采取一些浪涌保护电路。浪涌保护电路又称充电限流电路，**图 6-5 所示是几种常用的浪涌保护电路。

图 6-5　几种常用的浪涌保护电路

图 6-5（a）所示电路采用了电感进行浪涌保护。在接通电源时，流过电感 L 的电流突然增大，L 会产生左正右负的电动势阻碍电流，由于电感对电流的阻碍，流过二极管并经 L 对电容充电的电流不会很大，有效保护了整流二极管。当电容上充得较高电压后，流过 L 的电流减小，L 产生的电动势低，对电流阻碍减小，L 相当于导线。

图 6-5（b）所示电路采用限流电阻进行浪涌保护。在接通电源时，开关 S 断开，整流电路通过限流电阻 R 对电容 C 充电，由于 R 的阻碍作用，流过二极管并经 R 对电容充电的电流较小，保护了整流二极管。图 6-5（b）中的开关 S 一般由晶闸管取代，在刚接通电源时，让晶闸管关断（相当于开关断开），待电容上充得较高的电压后让晶闸管导通，相当于开关闭

合，电路开始正常工作。

图 6-5 （c）所示电路采用保护电容进行浪涌保护。由于保护电容与整流二极管并联，在接通电源时，输入的电流除了要经过二极管外，还会分流对保护电容充电，这样减小了通过整流二极管的电流。当保护电容充电结束后，滤波电容 C 上也充得较高的电压，电流仅流过整流二极管，电路开始正常工作。

③ 均压电路

滤波电路使用的电容要求容量大、耐压高，若单个电容无法满足要求，可采用多个电容并联增大容量，或采用多个电容串联来提高耐压。电容串联后总容量减小，但每个串联电容两端承受的电压减小，电容两端承受电压与容量成反比（$U_1/U_2 = C_2/C_1$），即电容串联后，容量小的电容两端要承受更高的电压。

图 6-6 所示电路中采用两个电容 C_1、C_2 串联来提高总耐压，为了使每个电容两端承受的电压相等，要求 C_1、C_2 的容量相同，这样总耐压就为两个电容耐压之和，如 C_1、C_2 耐压都为 250V，那么它们串联后可以承受 500V 电压。由于电容容量有较大的变化性，即使型号、容量都相同的电容，也可能容量有一定的差别，这样两电容串联后，容量小的电容两端承受的电压高，易被击穿，该电容击穿短路后，另一个电容要承受全部电压，也会被击穿。为了避免这种情况的出现，往往须在串联的电容两端并联阻值相同的均压电阻，使容量不同的电容两端承受的电压相同。图 6-6 中的电阻 R_1、R_2 就是均压电阻，它们的阻值相同，并且都并联在电容两端，当容量小的电容两端电压高时，该电容会通过并联的电阻放电来降低两端电压，使两个电容两端的电压保持相同。

（2）电感滤波电路

电感滤波电路如图 6-7 所示，它采用一个电感量很大的电感 L 作为滤波元件，该电感又称储能电感。工频电源经三相整流电路后有电流流过电感 L，当流过的电流 I 增大时，L 会产生左正右负电动势阻碍电流增大，使电流慢慢增大；当流过的电流 I 减小时，L 会产生左负右正电动势，该电动势产生的电流与整流电路送来的电流一起送往后级电路，这样送往后级电路的电流慢慢减小，即由于电感的作用，整流电路送往逆变电路的电流变化很小。

图 6-6　均压电路　　　　　　　　　　图 6-7　电感滤波电路

2．制动电路

变频器是通过改变输出交流电的频率来控制电机转速的。当需要电机减速时，变频器的逆变器输出交流电频率下降，由于惯性原因，电机减速时转子转速会短时高于定子绕组产生的旋转磁场转速（该磁场由交频器提供给定子绕组的交流电产生），电机处于再生发电状态，它会产生电动势通过逆变电路对滤波电容反充电，使电容两端电压升高。为了避免在减速时工作在再生发电状态的电机对电容充得的电压过高，同时也为了提高减速制动效果，通常在变频器的中间电路中设置制动电路。

图 6-8 中虚线框内部分为制动电路，它由 R_1、VT 构成。在对电机进行减速或制动控制时，由于惯性原因，电机转子的转速会短时高于绕组产生的旋转磁场的转速，电机工作在再生发电状态，这时的电机相当于一台发电机，电机绕组会产生反馈电流经逆变电路对电容 C 充电，C 上的电压 U_d 升高。为了避免过高的 U_d 电压损坏电路中的元器件，在制动或减速时，控制系统会送控制信号到三极管 VT 的基极，VT 导通，电机通过逆变电路送来的反馈电流经 R_1、VT 形成回路，不会对电容 C 充电，另外该电流在流回电机绕组时，绕组会产生磁场，该磁场对转子产生很大的制动力矩，从而使电机快速由高速转为低速，回路电流越大，绕组产生的磁场对转子形成的制动力矩越大。如果电机功率较大或电机需要频繁调速时，内部制动电阻 R_1 容易发热损坏（内部制动电阻功率通常较小，且散热条件差），在这种情况下，可去掉 b、c 之间的短路片，在 a、c 间接功率更大的外部制动电阻 R。

图 6-8　制动电路（虚线框内部分）

6.1.3　逆变电路

1. 逆变的基本原理

逆变电路的功能是将直流电转换成交流电。下面以图 6-9 所示的电路为例来说明逆变的基本原理。

图 6-9　逆变的基本原理电路

在电路工作时，给三极管 VT_1、VT_4 基极提供驱动脉冲 $U_{b1/4}$，给 VT_2、VT_3 基极提供驱

动脉冲 $U_{b2/3}$。在 $0\sim t_1$ 期间，VT_1、VT_4 基极的驱动脉冲为高电平，而 VT_2、VT_3 基极的驱动脉冲为低电平，VT_1、VT_4 导通，VT_2、VT_3 关断，有电流经 VT_1、VT_4 流过负载 R_L，电流途径是：电源 E 正极→VT_1→R_L→VT_4→电源 E 负极，R_L 两端的电压极性为左正右负；在 $t_1\sim$ t_2 期间，VT_2、VT_3 基极的驱动脉冲为高电平，VT_1、VT_4 基极的驱动脉冲为低电平，VT_2、VT_3 导通，VT_1、VT_4 关断，有电流经 VT_2、VT_3 流过负载 R_L，电流途径是：电源 E 正极→VT_3→R_L→VT_2→电源 E 负极，R_L 两端电压的极性是左负右正。

从上述过程可以看出，在直流电源供电的情况下，通过控制开关器件的通断可以改变流过负载的电流方向，负载两端电压的极性也会发生变化，该方向变化的电压即为交流电压，从而实现直-交转换功能。另外，不难发现，当驱动脉冲的频率变化时，负载两端的交流电压频率也会发生变化，如驱动脉冲 $U_{b1/4}$、$U_{b2/3}$ 频率升高时，负载两端得到的交流电压 U_{R_L} 频率也会随之升高。

2. 三相逆变电路

图 6-9 所示的逆变电路为单相逆变电路，只能将直流电压转换成一相交流电压，而变频器需要为电机提供三相交流电压，因此必须采用三相逆变电路。图 6-10 所示是一种典型的三相逆变电路，$R_1\sim R_3$、$L_1\sim L_3$ 分别为三相异步电动机的三个直流电阻及绕组。

图 6-10　一种典型的三相逆变电路

电路工作过程说明如下。

当 VT_1、VT_5、VT_6 基极的驱动脉冲均为高电平时，这 3 个 IGBT 都导通，有电流流过三相负载，电流途径是：U_d+→VT_1→R_1、L_1，再分作两路，一路经 L_2、R_2、VT_5 流到 U_d-，另一路经 L_3、R_3、VT_6 流到 U_d-。

当 VT_2、VT_4、VT_6 基极的驱动脉冲均为高电平时，这 3 个 IGBT 不能马上导通，因为 VT_1 关断后流过三相负载的电流突然减小，L_1 产生左负右正电动势，L_2、L_3 均产生左正右负电动势，这些电动势叠加起来对直流侧电容 C 充电，充电途径是：L_2 左正→VD2→C、L_3 左正→VD_3→C，两路电流汇合对 C 充电后，再经 VD_4、R_1→L_1 左负。VD_2 的导通使 VT_2 集射极电压相等，VT_2 无法导通，VT_4、VT_6 也无法导通。当 L_1、L_2、L_3 叠加电动势下降到 U_d 大小，VD_2、VD_3、VD_4 截止，VT_2、VT_4、VT_6 开始导通，有电流流过三相负载，电流途径是：U_d+→VT_2→R_2、L_2，再分作两路，一路经 L_1、R_1、VT_4 流到 U_d-，另一路经 L_3、R_3、VT_6 流到 U_d-。

当 VT_3、VT_4、VT_5 基极的驱动脉冲均为高电平时，这 3 个 IGBT 不能马上导通，因为 VT_2 关断后流过三相负载的电流突然减小，L_2 产生左负右正电动势，L_1、L_3 均产生左正右负电动势，这些电动势叠加对直流侧电容 C 充电，充电途径是：L_1 左正→VD_1→C，L_3 左正→

VD₃→C，两路电流汇合对 C 充电后，再经 VD₅、R₂→L₂ 左负。VD₃ 的导通使 VT₃ 集射极电压相等，VT₃ 无法导通，VT₄、VT₅ 也无法导通。当 L₁、L₂、L₃ 叠加电动势下降到 U_d 大小，VD₁、VD₃、VD₅ 截止，VT₃、VT₄、VT₅ 开始导通，有电流流过三相负载，电流途径是：U_d+→VT₃→R₃、L₃，再分作两路，一路经 L₁、R₁、VT₄ 流到 U_d-，另一路经 L₂、R₂、VT₅ 流到 U_d-。

　　以后的工作过程与上述相同，这里不再叙述。通过控制开关器件的导通、关断，三相逆变电路实现了将直流电压转换成三相交流电压的功能。

6.2　主电路实例分析

6.2.1　典型主电路实例分析一

　　图 6-11 所示是一种典型的变频器主电路。

图 6-11　一种典型的变频器主电路

　　三相交流电压从 R、S、T 三个端子输入变频器，经 VD₁～VD₆ 构成的三相桥式整流电路对滤波电容 C₂₀、C₂₁ 充电，在 C₂₀、C₂₁ 上得到很高的直流电压（如果输入的三相电压为 380V，C₂₀、C₂₁ 上的电压可达到 500V 以上）。与此同时，驱动电路送来 6 路驱动脉冲，分别加到逆变电路 VT₁～VT₆ 的栅、射极，VT₁～VT₆ 工作，将直流电压转换成三相交流电压，从 U、V、W 端子输出，去驱动三相电机运转。

　　RV₁～RV₃ 为压敏电阻，用于防止输入电压过高，当输入电压过高时，压敏电阻会击穿导通，输入电压被箝在击穿电压上，输入电压恢复正常后，压敏电阻由导通恢复为截止。R₄₄、R₄₅、接触器 KM 组成开机充电保护电路，由于开机前滤波电容 C₂₀、C₂₁ 两端电压为 0，在开机时，经整流二极管对 C₂₀、C₂₁ 充电的电流很大，极易损坏整流二极管，为了保护整流二极管，在开机时让充电接触器 KM 触点断开（由控制电路控制），整流电路只能通过充电电阻

R_{44}、R_{45} 对 C_{20}、C_{21} 充电，由于电阻的限流作用，充电电流较小，待 C_{20}、C_{21} 两端电压达到较高值时，让 KM 触点闭合。

VT_7、VD_7、VD_8 及 B_1、B_2 端外接的制动电阻组成制动电路，当对电机进行减速或制动控制时，由于惯性原因，电机转速短时偏高，它会工作在再生发电状态，电机绕组产生的电流通过逆变电路对 C_{20}、C_{21} 充电，使 $C20$、C_{21} 两端的电压升高，该过高的电压除了易击穿 C_{20}、C_{21} 外，还可能损坏整流电路和逆变电路，为了避免出现这种情况，在对电机进行减速或制动控制时，控制电路会送一个控制信号到 VT_7 的栅极，VT_7 导通，电机绕组产生的反馈电流经逆变电路上半部二极管、外接制动电阻、VT_7、KM 触点和逆变电路下半部二极管流回电机绕组，该电流使绕组产生的磁场对电机转子有制动作用，电流越大，制动效果越明显，另外，由于电机产生的电流主要经导通的 VT_7 返回，故对 C_{20}、C_{21} 充电很少，C_{20}、C_{21} 两端电压升高很少，不会对主电路造成损坏。由于制动电阻的功率较大，通常使用合金丝绕制成的电阻，它是一种具有电感性质的电阻，在制动时，当 VT_7 由导通转为截止时，制动电阻会产生很高的左负右正的反峰电压，该电压易击穿 VT_7，使用 VD_7 后，制动电阻产生的反峰电压马上使 VD_7 导通，反峰电压迅速释放而下降，保护了 VT_7。

R_{87}、VD_9、VD_{10} 构成主电路电源指示电路，在主电路工作时，C_{21} 两端有二百多伏电压，该电压使发光二极管 VD_9 导通发光，指示主电路中存在直流电压，VD_{10} 用于关机时为 C_{20} 提供放电回路。R_{26}、R_{27} 为电流取样电阻，其阻值大小为毫欧级，如果逆变电路流往电机的电流过大，该大电流在流经 R_{26}、R_{27} 时，R_{26}、R_{27} 两端会得到较高的电压，该电压经电流检测电路处理后送至控制系统，进行报警和停机等控制。

6.2.2 典型主电路实例分析二

图 6-12 所示是另一种类型的变频器主电路，它由主电路和为整流晶闸管提供触发脉冲的电路组成。

三相交流电压经 R、S、T 端子送入变频器，经 3 个晶闸管和 3 个二极管构成的三相半控桥式整流电路对滤波电容（由电容 C_{10}～C_{15} 串并联组成）充电，在电容上得到很高的直流电压。与此同时，驱动电路送来 6 路驱动脉冲，分别加到逆变电路 6 个 IGBT 的栅、射极，6 个 IGBT 工作，将直流电压转换成三相交流电压，从 U、V、W 端子输出，去驱动三相电机运转。

R_1、R_2、R_3 为压敏电阻，用于抑制过高的输入电压。C_1～C_9 为抗干扰电容，用于将三相交流电压中的高频干扰信号旁路到地，防止它们窜入主电路。R_2、R_3、DSP_1 为主电路电源指示电路，当主电路中存在电压时，发光二极管 DSP_1 会导通发光。C_{10}～C_{15} 通过串并联组成滤波电容，每个电容容量、耐压均为 $1500\mu F/400V$，6 只电容串并联后总容量/耐压为 $2250\mu F/800V$，由于电容容量大，在电机减速或制动时，电机再生电流短时对电容充电仅会使电容两端电压略有上升，这就像装相同量的水，大杯子水位上升较小杯子更少一样，滤波电容容量大，它对再生电流阻碍小，这样返回到电机的再生电流较大（再生电流途径：电机→逆变电容上半部二极管→滤波电容→逆变电容下半部二极管→电机），再生电流产生的制动力矩可满足电机制动要求，因此主电路中未采用专门的制动电路。C_{16}～C_{18} 容量越小，主要用于滤除主电路中的高频干扰信号。CS_1、CS_2、CS_3 为电流检测器件，当逆变电路输出电流过大时，这些元件会产生过流信号送至电流检测电路进行处理，再送给控制系统，使之作用相应的保护控制。

图 6-12　另一种类型的变频器主电路

本电路除了未采用专门的制动电路外，也没有采用类似于图 6-11 的开机充电限流电路，它以开机预充电方式保护整流电路。R_1、FU_1、D_1 组成开机预充电电路，在开机时，三相整流电路中的 3 个晶闸管无触发脉冲不能导通，整个三相整流电路不工作，而 R 端输入电压经 R_1、FU_1、D_1 对滤波电容 $C_{10} \sim C_{15}$ 充电，充电电流途径为：R 端→R_1、FU_1、D_1→P_0、P_1 之间短路片→滤波电容 $C_{10} \sim C_{15}$→分作两路，一路经整流二极管到 S 端，另一路经整流二极管到 T 端。开机预充电电路对滤波电容预充得较高的电压，然后给三相整流电路中的 3 个晶闸管送触发脉冲，三相整流电路开始工作，由于滤波电容两端已充得一定电压，故不会再有冲击电流流过整流电路的整流元件。

本电路的整流电路采用三相半控桥式整流电路，它由 3 个晶闸管（可控整流元件）和 3 个整流二极管（不可控整流元件）组成。晶闸管工作时需要在 G、K 极之间加触发信号，该触发信号由 DU_2（1455，555 时基集成电路）、DQ_2、DPH_2 和 DQ_3 等元件构成的晶闸管触发电路产生。

晶闸管触发电路工作原理：开机后，变频器的开关电源工作，它一路电压经变压器 DT_1 送到二极管 D_7、DC_{31} 构成半波整流电路，在 DC_{31} 上得到直流电压，该电压经电阻 DR_{11} 送到 DU_2 的电源脚（V_{CC}），DU_2 与外围元件组成多谐振荡器，从 OUT 脚（3 脚）输出脉冲信号，送到光电耦合器 DPH_2。当控制系统通过端子排 24 脚送一高电平到 DPH_2 时，DPH_2 内部发光二极管发光，内部光敏管随之导通，DU_2 输出的脉冲信号经 DPH_2 送到三极管 DQ_2 放大，再由 DQ_3 进一步放大后输出，一分为三，分别经二极管 DD_{24}、DD_{23}、DD_{74} 等元件处理后，得到 3 路触发脉冲，送到三相整流电路的 3 个晶闸管的 G、K 极，触发晶闸管导通，三相整流电路开始正常工作。DU_2 外围未使用可调元件，故其产生的触发脉冲频率和相位是不可调节的，因此无法改变 3 个晶闸管的导通情况来调节整流输出的直流电压值。

6.3　主电路的检修

主电路通常工作在高电压、大电流状态下，是变频器故障率最高的电路。据不完全统计，主电路的故障率约为 40%，开关电源的故障率约为 30%，检测电路的故障率约为 15%，控制电路的故障率约为 15%，这意味着如果会检修主电路和开关电源，就能修好大部分的变频器。

6.3.1　变频器电路的工作流程

变频器种类很多，但主电路结构大同小异，典型的主电路结构如图 6-13 所示，它由整流电路、限流电路（浪涌保护电路）、滤波电路（储能电路）、高压指示电路、制动电路和逆变电路组成。

变频器内部有很多电路，但都是围绕着主电路展开的，当主电路不工作或出现故障时，往往不是主电路本身的原因，而是由其他电路引起的。当变频器出现故障时，要站在系统的角度上来分析故障原因，了解变频器电路的工作流程对分析变频器故障有非常大的帮助。

变频器接通输入电源后，输入电源经主电路的整流电路对储能电容充电，在储能电容两端得到 500 多伏的直流电压，该电压即为主电路电压。主电路电压一方面送到逆变电路，另一方面送到开关电源，开关电源将该电压转换成各种电压供给主电路以外的其他电路，CPU 获得供电后开始工作，当用户操作面板给 CPU 输入运行指令后，CPU 马上输出驱动脉冲，经驱动电路放大后送到逆变电路 6 个 IGBT 的 G、E 极，逆变电路在驱动脉冲的控制下开始工作，将主电路电压转换成三相交流压电从 U、V、W 端子输出，驱动电机运转。

图 6-13　典型的主电路结构

变频器在运行过程中，CPU 通过检测电路检测主电路电压、逆变电路输出电流和整流逆变电路的温度，一旦发现主电路电压过高或过低、逆变电路输出电流过大或模块工作温度过高，CPU 会停止输出驱动脉冲让逆变电路停止工作，变频器无 U、V、W 相电压输出，同时 CPU 还会在面板显示器上显示相应的故障代码（如过压、欠压、过流和过热等）。

6.3.2　主电路各单元电路的常见故障

1. 整流电路

整流电路常见故障如下。

① 整流电路中的一个或多个整流二极管开路，会导致主电路直流电压（P、N 间的电压）下降或无电压。

② 整流电路中的一个或多个整流二极管短路，会导致变频器的输入电源短路，如果变频器输入端接有断路器，断路器会跳闸，变频器无法接通输入电源。

2. 充电限流电路

变频器在刚接通电源时，充电接触器触点断开，输入电源通过整流电路、限流电阻对滤波电容（或称储能电容）充电，当电容两端电压达到一定值时，充电接触器触点闭合，短接充电限流电阻。

限流电路的常见故障如下。

① 充电接触器触点接触不良，会使主电路的输入电流始终流过限流电阻，主电路电压会下降使变频器出现欠电压故障，限流电阻会因长时间通过电流而易烧坏。

② 充电接触器触点短路不能断开，在开机时充电限流电阻不起作用，整流电路易被过大的开机电流烧坏。

③ 充电接触器线圈开路或接触器控制电路损坏，触点无法闭合，主电路的输入电流始终流过限流电阻，限流电阻易烧坏。

④ 充电限流电阻开路，主电路无直流电压，高压指示灯不亮，变频器面板无显示。

对于一些采用晶闸管的充电限流电路，晶闸管相当于接触器触点，晶闸管控制电路相当于接触器线圈及控制电路，其故障特点与①~③一致。

3. 滤波电路

滤波电路的作用是接受整流电路的充电而得到较高的直流电压，再将该电压作为电源供给逆变电路。

滤波电路常见故障如下。

① 滤波电容老化容量变小或开路，主电路电压会下降，当容量低于标称容量的85%时，变频器的输出电压低于正常值。

② 滤波电容漏电或短路，会使主电路输入电流过大，易损坏接触器触点、限流电阻和整流电路。

③ 匀压电阻损坏，会使两只电容承受电压不同，承受电压高的电容易先被击穿，然后另一个电容承受全部电压也被击穿。

4. 制动电路

在变频器减速过程中，制动电路导通，让再生电流回流电机，增加电机的制动力矩，同时也释放再生电流对滤波电容过充的电压。

制动电路常见故障如下。

① 制动管或制动电阻开路，制动电路失去对电机的制动功能，同时滤波电容两端会充得过高的电压，易损坏主电路中的元件。

② 制动电阻或制动管短路，主电路电压下降，同时增加整流电路负担，易损坏整流电路。

5. 逆变电路

逆变电路的功能是在驱动脉冲的控制下，将主电路直流电压转换成三相交流电压供给电机。逆变电路是主电路中故障率最高的电路。

逆变电路常见故障如下。

① 6个开关器件中的一个或一个以上损坏，会造成输出电压抖动、断相或无输出电压现象。

② 同一桥臂的两个开关器件同时短路，则会使主电路的P、N之间直接短路，充电接触器触点、整流电路会有过大的电流通过而被烧坏。

6.3.3 不带电检修主电路

由于主电路电压高、电流大，如果在主电路未排除故障前通电检测，有可能会使电路的故障范围进一步扩大。为了安全起见，在检修时通常先不带电检测，然后再带电检测。

1. 整流电路（模块）的检测

整流电路由6个整流二极管组成，有的变频器将6个二极管做成一个整流模块。从图6-13可以看出，整流电路输入端接外部的R、S、T端子，上桥臂输出端接P1端子，下桥臂输出端接N端子，故检测整流电路可不用拆开变频器外壳。整流电路的检测如图6-14所示，万用表拨至R×1kΩ挡，红表笔接P1端子，黑表笔依次接R、S、T端子，测量上桥臂3个二极管的正向电阻，然后调换表笔测上桥臂3个二极管的反向电阻。用同样的方法测N与R、S、T端子间的下桥臂3个二极管的正、反向电阻。

对于一个正常的二极管，其正向电阻小、反向电阻大。若测得正、反向电阻都为无穷大，则被测二极管开路；若测得正、反向电阻都为0或阻值很小，则被测二极管短路；若测得正向电阻偏大、反向电阻偏小，则被测二极管性能不良。

图 6-14　整流电路的检测

2. 逆变电路（模块）的检测

逆变电路由 6 个 IGBT（或三极管）组成，有的变频器将 6 个 IGBT 及有关电路做成一个逆变模块。从图 6-13 可以看出，逆变电路输出端接外部的 U、V、W 端子，上桥臂输入端与 P 端子相通，下桥臂输入端与 N 端子相通，故检测逆变电路可不用拆开变频器外壳。由于正常的 IGBT 的 C、E 极之间的正反向电阻均为无穷大，故检测逆变电路时可将 IGBT 视为不存在，逆变电路的检测与整流电路相同。

逆变电路的检测如图 6-15 所示，万用表拨至 R×1kΩ 挡，红表笔接 P 端子，黑表笔依次接 U、V、W 端子，测量上桥臂 3 个二极管的正向电阻和 IGBT 的 E、C 极之间的电阻，然后调换表笔测上桥臂 3 个二极管的反向电阻和 IGBT 的 C、E 极之间的电阻。用同样的方法测 N 与 U、V、W 端子间的下桥臂 3 个二极管和 IGBT 的电阻。

图 6-15　逆变电路的检测

对于一个正常的桥臂，IGBT 的 C、E 极之间正反向电阻均为无穷大，而二极管的正向电阻小、反向电阻大。若测得某桥臂正、反向电阻都为无穷大，则被测桥臂的二极管开路；若测得正、反向电阻都为 0 或阻值很小，则可能是被测桥臂二极管短路或 IGBT 的 C、E 极之间短路；若测得正向电阻偏大、反向电阻偏小，则被测二极管性能不良或 IGBT 的 C、E 极之间漏电。

在采用上述方法检测逆变电路时，只能检测二极管是否正常及 IGBT 的 C、E 极之间是否短路。如果需要进一步确定 IGBT 是否正常，可打开机器测量逆变电路 IGBT 的 G、E 极之间的正反向电阻，如果取下驱动电路与 G、E 极之间的连线测量，G、E 极之间的正反向电阻应均为无穷大，若不符合则为所测 IGBT 损坏，如果在驱动电路与 G、E 极保持连接的情况下测量，G、E 极之间的正、反向电阻约为几千欧至十几千欧。由于逆变电路具有对称性，上桥臂 3 个 IGBT 的 G、E 极之间电阻相同，下桥臂 3 个 IGBT 的 G、E 极之间电阻相同，如果某个桥臂 IGBT 的 G、E 极之间的电阻与其他两个差距很大，则可能是该 IGBT 损坏或该路驱动电路有故障。

3. 充电限流、滤波和制动电路的检测

在检测充电限流电路时，主要测量充电电阻、充电接触器触点和接触器线圈。正常的充电电阻阻值很小，如果阻值无穷大，则电阻开路，充电电阻开路故障较为常见；在不带电时充电接触器触点处于断开状态，如果测得阻值为 0，则为触点短路；如果测得接触器线圈阻值无穷大，则为线圈开路。检测充电电阻和触点使用 $R \times 1\Omega$，检测接触器线圈使用 $R \times 10\Omega$ 或 $R \times 100\Omega$ 挡。

充电电阻功率很大，如果损坏后找不到功率相同或略大的电阻代换，可将多个电阻并联来增大功率，如 100 只阻值 $1k\Omega$、功率为 $0.5W$ 的电阻并联可相当于一只 $50W$、10Ω 的电阻。

在检测滤波电路时，先用万用表 $R \times 10k\Omega$ 挡测量储能电容的阻值，正常时正向阻值无穷大或接近无穷大，储能电容的容量可用电容表或带容量测量功能的数字万用表来检测，如果发现电容容量与标称容量有较大差距，应考虑更换。

在检测制动电路时，主要用万用表欧姆挡检测制动电阻、制动管好坏。

为了确保检测的准确性，除接触器触点可在路测量外，其他元件应拆下来测量。

6.3.4 变频器无输出电压的检修

1. 故障现象

变频器无 U、V、W 相电压输出，但主电路 P、N 之间（储能电容两端）有 500 多伏的正常电压，高压指示灯亮。

2. 故障分析

主电路 P、N 之间直流电压正常，说明整流、限流和储能等电路基本正常，制动电路和逆变电路也不存在短路故障。变频器无输出电压的原因在于逆变电路不工作，因为逆变电路 3 个上桥臂同时开路的可能性非常小，而逆变电路不工作的原因在于无驱动脉冲。

根据前面介绍的变频器电路工作流程可知，逆变电路所需的驱动脉冲由 CPU 产生，并经驱动电路放大后提供，所以逆变电路不工作的原因可能在于 CPU 和驱动电路出现故障。另外，如果逆变电路的过流、过热等检测电路出现故障时，也会使 CPU 识别失误而停止输出驱动脉冲。此外，这些电路工作电压都由开关电源提供，故开关电源出现故障也会使逆变电路不工作。

3. 故障检修

该故障可能是由 CPU、驱动电路、开关电源或检测电路损坏引起。检修过程如下。

① 检测开关电源有无输出电压，若无输出电压，应检查开关电源。

② 对变频器进行运行操作，同时用示波器测量 CPU 的驱动脉冲输出脚有无脉冲输出，若 CPU 有脉冲输出，故障应在驱动电路，它无法将 CPU 产生的驱动脉冲送到逆变电路，若 CPU 无脉冲输出，应检查 CPU 及检测电路。

在通电期间，禁止用万用表和示波器直接测量逆变电路 IGBT 的 G 极，因为测量时可能

会产生干扰信号，将 IGBT 非正常触发导通而损坏。另外，严禁断开驱动电路后给逆变电路通电，因为逆变电路各 IGBT 的 G 极悬空后极容易受干扰而使 C、E 极之间导通，如果上、下桥 IGBT 同时导通，就将逆变电路的电源直接短路，IGBT 和供电电路会被烧坏。

关于开关电源、驱动电路、CPU 电路和检测电路的具体检修可参见后续相关章节内容。

6.3.5　主电路大量元件损坏的检修

1．故障现象

变频器不工作，主电路有大量元件被烧坏。

2．故障分析

主电路大量元件损坏，有可能是因为主电路中某元件出现短路（如储能电容短路），引起其他元件相继损坏，也可能是其他电路，如制动控制电路出现故障，在电机减速制动时制动电路不能导通，电机的再生电流对储能电容充电过高而击穿储能电容或逆变电路的 IGBT，这些元件短路后又会使充电电阻和整流二极管进一步损坏。

3．故障检修

为了防止故障范围进一步扩大，应先不带电检测，然后再带电检测。检修过程如下。

① 用前面介绍的不带电检修方法，检测主电路的整流电路，逆变电路，限流、滤波和制动电路，找出故障元件后更换新元件。

② 找出故障元件并更换后可以开始通电试机，因为万用表的测量电压很低，可能无法检测出一些在通电情况下才表现出故障的元件，为了避免通电造成损失，在通电时可做一些防护措施。

在通电前，将两只 220V、25W 的灯泡串联起来，接整流电路和滤波电容之间，另外将逆变电路也断开，如图 6-16 所示，灯泡的作用起限流保护作用。当给变频器接通输入电源时，若电路正常，灯泡会亮一下后熄灭（输入电源经整流电路对储能电容充电的表现），如果灯泡一直亮，则可能是储能电容 C_1、C_2 短路，制动管 VT_7 短路，可断开制动管 VT_7，若灯泡熄灭，则为制动管短路，若灯泡仍亮，则为储能电容短路。

图 6-16　采用串接灯泡和断开电路的方法检修主电路

在确定滤波和制动电路正常后，将两只 220V、25W 的灯泡串接到逆变电路之前，如图 6-17 所示，然后对变频器进行空载（即 U、V、W 端不接负载）通电试机，可能会出现以下情况。

① 变频器通电待机时，灯泡亮。变频器通电待机时，驱动电路不会送驱动脉冲给逆变电

路的 IGBT，所有的 IGBT 应处于截止状态，灯泡亮的原因为逆变电路某上、下桥臂存在漏电或短路，如 VT$_1$、VT$_2$ 同时短路或漏电，用万用表测 VT$_1$、VT$_2$ 可能是正常的，但通电高压下故障会表现出来。

②变频器通电待机时，灯泡不亮，但对变频器进行运行操作后灯泡一亮一暗闪烁。变频器运行时，驱动电路送驱动脉冲给逆变电路的 IGBT，灯泡闪亮说明流过灯泡的电流时大时小，其原因是某个 IGBT 损坏，如 VT$_2$ 短路，当 VT$_1$ 触发导通时，VT$_1$、VT$_2$ 将逆变电路供电端短路，流过灯泡的电流很大而发出强光。

③变频器待机和运行时，灯泡均不亮。用万用表交流 500V 挡测量 U、V、W 端子的输出电压 U_{UV}、U_{UW}、U_{VW}，测量 U_{UV} 电压时，一根表笔接 U 端子，另一根表笔接 V 端子，发现三相电压平衡（相等），说明逆变电路工作正常，可给变频器接上负载进一步试机。

如果万用表测得 U_{UV}、U_{UW}、U_{VW} 电压不相等，差距较大，其原因是某个 IGBT 开路或导通电阻变大。为了找出损坏的 IGBT，可用万用表直流 500V 挡分别测量 U、V、W 端与 N 端之间的直流电压。如果逆变电路正常，U、V、W 端与 N 端之间的电压约为主电路电压（约530V）的一半，约 260V 左右。如果 U、N 之间的电压远远高于 260V 甚至等于 530V，说明 VT$_2$ 的 G、E 极之间导通电阻很大或开路（也可能是 VT$_2$ 无驱动脉冲），如果 U、N 之间的电压远远低于 260V 甚至等于 0V，说明 VT$_1$ 的 G、E 极之间导通电阻很大或开路（也可能是 VT$_1$ 无驱动脉冲）。

图 6-17　在逆变电路和前级电路之间串接灯泡

第7章 变频器的电源、驱动电路原理与检修

变频器内部除了有主电路外，还有驱动电路、检测电路和 CPU 电路等。电源电路的作用是为变频器内部电路提供工作电源，为了使电源电路具有较大的输出功率，变频器的电源电路采用开关电源。驱动电路的作用是将 CPU 电路产生的驱动脉冲进行放大并送给逆变电路。

7.1 电源电路详解与检修

7.1.1 开关电源的特点与工作原理

1. 特点

开关电源是一种应用很广泛的电源，常用在彩色电视机、变频器、计算机和复印机等功率较大的电子设备中。与线性稳压电源比较，**开关电源主要具有以下特点。**

① **效率高、功耗小。** 开关电源的效率可达 80% 以上，一般的线性电源效率只有 50% 左右。

② **稳压范围宽。** 例如，彩色电视机的开关电源稳压范围在 130～260V，性能优良的开关电源可达到 90～280V，而一般的线性电源稳压范围只有 190～240V。

③ **质量小，体积小。** 开关电源不用体积大且笨重的电源变压器，只用到体积小的开关变压器，又因为效率高，损耗小，所以开关电源不用大的散热片。

开关电源虽然有很多优点，但电路复杂，维修难度大，另外干扰性也较强。

2. 开关电源的基本工作原理

开关电源电路较复杂，但其基本工作原理却不难理解，下面以图 7-1 为例来说明开关电源的基本工作原理。

在图 7-1（a）中，当开关 S 合上时，电源 E 经 S 对 C 充电，在 C 上获得上正下负的电压，当开关 S 断开时，C 往后级电路

（a）开关电源

（b）三极管代替开关

图 7-1 开关电源基本工作原理

（未画出）放电。若开关 S 闭合时间长，则电源 E 对 C 充电时间长，C 两端电压 U_o 会升高，反之，如果 S 闭合时间短，电源 E 对 C 充电时间短，C 上充电少，C 两端电压会下降。由此可见，改变开关的闭合时间长短就能改变输出电压的高低。

在实际的开关电源中，开关 S 常用三极管来代替它，如图 7-1（b）所示，该三极管称为开关管，并且在开关管的基极加一个控制信号（激励脉冲）来控制开关管导通和截止。当控制信号高电平送到开关管的基极时，开关管基极电压会上升而导通，VT 的 c、e 极相当于短路，电源 E 经 VT 的 c、e 极对 C 充电；当控制信号低电平到来时，VT 基极电压下降而截止，VT 的 c、e 极相当于开路，C 往后级电路放电。如果开关管基极的控制信号高电平持续时间长，低电平持续时间短，电源 E 对 C 充电时间长，C 放电时间短，C 两端电压会上升。

如果某些原因使输入电源 E 下降，为了保证输出电压不变，可以让送到 VT 基极的脉冲更宽（即脉冲的高电平时间更长），VT 导通时间长，E 经 VT 对 C 充电时间长，即使电源 E 下降，但由于 E 对 C 的充电时间延长，仍可让 C 两端电压不会因 E 下降而下降。

由此可见，**控制开关管导通、截止时间长短就能改变输出电压或稳定输出电压，开关电源就是利用这个原理来工作的。**送到开关管基极的脉冲宽度可变化的信号称为 PWM 脉冲，PWM 意为脉冲宽度调制。

3. 三种类型的开关电源工作原理分析

开关电源的种类很多，根据控制脉冲产生方式不同，可分为自激式和它激式；根据开关器件在电路中的连接方式不同，可分为串联型、并联型和变压器耦合型三种。

（1）串联型开关电源

串联型开关电源如图 7-2 所示。

图 7-2 串联型开关电源

220V 交流市电经整流和 C_1 滤波后，在 C_1 上得到 300V 的直流电压（市电电压为 220V，该值是指有效值，其最大值可达到 $220\sqrt{2}$ V=311V，故 220V 市电直接整流后可得到 300V 左右的直流电压），该电压经线圈 L_1 送到开关管 VT 的集电极。

开关管 VT 的基极加有脉冲信号，当脉冲信号高电平送到 VT 的基极时，VT 饱和导通，300V 的电压经 L_1、VT 的 c、e 极对电容 C_2 充电，在 C_2 上充得上正下负的电压，充电电流在经过 L_1 时，L_1 会产生左正右负的电动势阻碍电流，L_2 上会感应出左正右负的电动势（同名端极性相同），续流二极管 VD_1 截止；当脉冲信号低电平送到 VT 的基极时，VT 截止，无电流流过 L_1，L_1 马上产生左负右正的电动势，L_2 上感应出左负右正的电动势，二极管 VD_1 导通，L_2 上的电动势对 C_2 充电，充电途径是：L_2 的右正→C_2→地→VD_1→L_2 的左负，在 C_2 上充得上正下负的电压 U_o，供给负载 R_L。

稳压过程：若 220V 市电电压下降，C_1 上的 300V 电压也会下降，如果 VT 基极的脉冲宽度不变，在 VT 导通时，充电电流会因 300V 电压下降而减小，C_2 充电少，两端的电压 U_o 会下降。为了保证在市电电压下降时 C_2 两端的电压不会下降，可让送到 VT 基极的脉冲信号变宽（高电平持续时间长），VT 导通时间长，C_2 充电时间长，C_2 两端的电压又回升到正常值。

（2）并联型开关电源

并联型开关电源如图 7-3 所示。

图 7-3　并联型开关电源

220V 交流电经整流和 C_1 滤波后，在 C_1 上得到 300V 的直流电压，该电压送到开关管 VT 的集电极。开关管 VT 的基极加有脉冲信号，当脉冲信号高电平送到 VT 的基极时，VT 饱和导通，300V 的电压产生电流经 VT、L_1 到地，电流在经过 L_1 时，L_1 会产生上正下负的电动势阻碍电流，同时 L_1 中储存了能量；当脉冲信号低电平送到 VT 的基极时，VT 截止，无电流流过 L_1，L_1 马上产生上负下正的电动势，该电动势使续流二极管 VD_1 导通，并对电容 C_2 充电，充电途径是：L_1 的下正→C_2→VD_1→L_1 的上负，在 C_2 上充得上负下正的电压 U_o，该电压供给负载 R_L。

稳压过程：若市电电压上升，C_1 上的 300V 电压也会上升，流过 L_1 的电流大，L_1 储存的能量多，在 VT 截止时 L_1 产生上负下正的电动势高，该电动势对 C_2 充电，使电压 U_o 升高。为了保证在市电电压上升时 C_2 两端的电压不会上升，可让送到 VT 基极的脉冲信号变窄，VT 导通时间短，流过线圈 L_2 的电流时间短，L_2 储能减小，在 VT 截止时产生的电动势下降，对 C_2 充电电流减小，C_2 两端的电压又回落到正常值。

（3）变压器耦合型开关电源

变压器耦合型开关电源如图 7-4 所示。

图 7-4　变压器耦合型开关电源

220V 的交流电压经整流电路整流和 C_1 滤波后，在 C_1 上得到 300V 的直流电压，该电压经开关变压器 T 的初级线圈 L_1 送到开关管 VT 的集电极。

开关管 VT 的基极加有控制脉冲信号，当脉冲信号高电平送到 VT 的基极时，VT 饱和导通，有电流流过 VT，其途径是：300V→L_1→VT 的 c、e 极→地，电流在流经线圈 L_1 时，L_1 会产生上正下负的电动势阻碍电流，L_1 上的电动势感应到次级线圈 L_2 上，由于同名端的原因，L_2 上感应的电动势极性为上负下正，二极管 VD 不能导通；当脉冲信号低电平送到 VT 的基极时，VT 截止，无电流流过线圈 L_1，L_1 马上产生相反的电动势，其极性是上负下正，该电动势感应到次级线圈 L_2 上，L_2 上得到上正下负的电动势，此电动势经二极管 VD 对 C_2 充电，

在 C_2 上得到上正下负的电压 U_o，该电压供给负载 R_L。

稳压过程：若 220V 的电压上升，经电路整流滤波后在 C_1 上得到 300V 电压也上升，在 VT 饱和导通时，流经 L_1 的电流大，L_1 中储存的能量多，当 VT 截止时，L_1 产生的上负下正电动势高，L_2 上感应得到的上正下负电动势高，L_2 上的电动势经 VD 对 C_2 充电，在 C_2 上充得的电压 U_o 升高。为了保证在市电电压上升时，C_2 两端的电压不会上升，可让送到 VT 基极的脉冲信号变窄，VT 导通时间短，电流流过 L_1 的时间短，L_1 储能减小，在 VT 截止时，L_1 产生的电动势低，L_2 上感应得到的电动势低，L_2 上的电动势经 VD 对 C_2 充电减少，C_2 上的电压下降，回到正常值。

7.1.2　电源电路的取电方式

对于彩色电视机、计算机等电子设备，其开关电源直接将 220V 市电整流成直流电压，再处理得到其他各种更低的直流电压供给内部电路使用。

作为一种工业电气设备，变频器的开关电源取电方式有所不同，其取电方式主要有三种，如图 7-5 所示。图 7-5（a）开关电源的输入电压取自主电路储能电容（滤波电容）两端，即取自 P（+）、N（−）两端，输入电压达 530V；图 7-5（b）开关电源的输入电压取自主电路两只储能电容的中点电压，输入电压为 265V；图 7-5（c）采用变压器将 380V 电压降为 220V 供给开关电源，开关电源再利用整流电路将 220V 交流电压整流成 300V 左右的直流电压。

(a) 取自滤波电容两端　　　　(b) 取自两只储能电容的中点电压　　　　(c) 取自整流后的直流电压

图 7-5　开关电源三种输入取电方式

7.1.3　自激式开关电源典型电路分析

根据激励脉冲产生方式的不同，开关电源有自激式和它激式之分。图 7-6 所示是一种典型的自激式开关电源。

自激式开关电源主要由启动电路、自激振荡电路和稳压电路组成，有的电源还设有保护电路。

（1）启动电路

R_{33}、R_{30}、R_{29}、R_{28}、R_{27}、R_{26} 为启动电阻。

主电路 530V 的直流电压经插件 19CN 送入开关电源，分作两路：一路经开关变压器 TC_2 的 L_1 线圈送到开关管 Q_2 的 c 极，另一路经启动电阻 R_{33}、R_{30}、R_{29}、R_{28}、R_{27}、R_{26} 降压后为 Q_2 提供 b 极电压，Q_2 开始导通，有 I_b、I_c 电流产生，启动完成。

图 7-6　一种典型的自激式开关电源

（2）自激振荡电路

由反馈元件 R_{32}、VD_8、C_{23} 和反馈线圈 L_2 组成正反馈电路，它们与开关管 Q_2 及开关变压器 L_1 线圈一起组成自激振荡电路。

自激振荡过程如下。

启动过程让开关管 Q_2 由开机前的截止进入放大状态，Q_2 有 I_c 电流流过，该 I_c 电流在流经开关变压器 TC_2 的 L_1 线圈时，L_1 会产生上正下负的电动势 e_1 阻碍电流，该电动势感应到

反馈线圈 L_2，L_2 上电动势为 e_2，其极性为上正下负，L_2 的上正电压通过 R_{32}、VD_8//C_{23} 反馈到开关管 Q_2 的 b 极，U_{b2} 升高，I_{b2} 电流增大，I_{c2} 电流也增大，L_1 上的电动势 e_1 增大，L_2 上感应电动势 e_2 增大，L_2 上正电压更高，从而形成强烈的正反馈，正反馈过程如下。

$$U_{b2}\uparrow \rightarrow I_{b2}\uparrow \rightarrow I_{c2}\uparrow \rightarrow e_1\uparrow \rightarrow e_2\uparrow \rightarrow L_2\text{上正电压}\uparrow$$

正反馈使开关管 Q_2 由放大迅速进入饱和状态。

Q_2 饱和后，I_{c2} 电流不再增大，e_1、e_2 电动势也不再增大，L_2 上的 e_2 电动势产生电流流向 Q_2 发射结，让 Q_2 维持饱和状态，e_2 电动势输出电流的途径为：L_2 上正→R_{32}→VD_8→Q_2 发射结→电源地→L_2 下负，电流的流出使 e_2 电动势越来越小，输出电流也越来越小，流经 Q_2 发射结的 I_{b2} 电流也越来越小，当 I_{b2} 电流减小 I_{c2} 也减小时，即 I_{b2} 电流恢复对 I_{c2} 电流的控制，Q_2 则由饱和退出进入放大，I_{c2} 减小，流过 L_1 线圈的电流也减小，L_1 马上产生上负下正的电动势 e_1'，L_2 则感应出上负下正的电动势 e_2'，L_2 的上负电压通过 R_{32}、VD_8//C_{23} 反馈到 Q_2 的 b 极，U_{b2} 下降，I_{b2} 电流减小，I_{c2} 电流也减小，L_1 上的电动势 e_1' 增大，L_2 上感应电动势 e_2' 增大，L_2 上负电压更低，从而形成强烈的正反馈，正反馈过程如下。

$$U_{b2}\downarrow \rightarrow I_{b2}\downarrow \rightarrow I_{c2}\downarrow \rightarrow e_1'\uparrow \rightarrow e_2'\uparrow \rightarrow L_2\text{上负电压}\downarrow$$

正反馈使开关管 Q_2 由放大迅速进入截止状态。

Q_2 截止后，e_1'、e_2' 电动势也不再增大，L_2 上的 e_2' 电动势产生电流经 VD_9 对电容 C_{23} 充电，电流途径为：L_2 下正→电源地→VD_9→C_{23}→R_{32}→L_2 上负，在 C_{23} 上充得左正右负，同时，+530V 电压也通过启动电阻 R_{33}、R_{30}、R_{29}、R_{28}、R_{27}、R_{26} 对 C_{23} 充电，两者充电使 C_{23} 左正电压逐渐升高，Q_2 的 U_{b2} 电压也逐渐升高，当 U_{b2} 升高到 Q_2 发射结导通电压时，Q_2 由截止转为导通，进入放大状态，又有 I_c 电流流过开关变压器的 L_1 线圈，L_1 产生电动势 e_1，从而开始下一个周期的振荡。

在电路中，开关管 Q_2 在反馈线圈送来的激励脉冲控制下工作在开关状态，而开关管又参与激励脉冲的产生，这种开关管参与产生激励脉冲而又受激励脉冲控制的开关电源称为自激式开关电源。

在电路工作时，开关变压器 TC_2 的 L_1 线圈会产生上正下负电动势（Q_2 导通时）和上负下正电动势（Q_2 截止时），这些电动势会感应到次级线圈 L_3～L_6 上，这些线圈上的电动势经本路整流二极管对本路电容充电后，在电容上可得到上正下负的正电压或上负下正的负电压，再供给变频器的有关电路。

（3）稳压电路

输出取样电阻 R_1、R_2、三端基准稳压器 KA431AZ、光电耦合器 PC_1 和线圈 L_2、整流二极管 VD_1、滤波电容 C_{23}、脉宽调整管 Q_1 等元件构成稳压电路。

在开关电源工作时，开关变压器 TC_2 的 L_6 线圈上的上正下负感应电动势经二极管 D_{12} 对电容 C_{14} 充电，在 C_{14} 充得+5V 电压，该电压经 R_2、R_1 分压后为 KA431AZ 的 R 极提供电压，KA431AZ 的 K、A 极之间导通，PC_1 内的发光二极管导通发光，PC_1 内的光敏管也导通，L_2 线圈上的上正下负电动势经 D_1、R_6、光敏管对 C_{25} 充电，在 C_{25} 上得到上正下负电压，该电压送到 Q_1 基极来控制 Q_1 的导通程度，进而控制 Q_2 基极的分流量，最终调节输出电压。

下面以开关电源输出电压偏高来说明稳压工作原理。

如果开关电源输入电压升高，在稳压调整前，各输出电压也会升高，其中 C_{14} 两端+5V 电压也会上升，KA431AZ 的 R 极电压上升，K、A 极之间导通变深，流过 PC_1 内部发光二极管的电流增大，PC_1 内部的光敏管导通加深，L_2 上的电动势经 VD_1、PC_1 内部光敏管对 C_{25} 充电电阻变小，C_{25} 上充得的电压更高，Q_1 因基极电压上升而导通更深，对 Q_2 基极分流更大，在 Q_2 饱和时由 L_2 流向 Q_2 基极维持 Q_2 饱和的 I_b 电流减小很快（L_2 输出电流一路会经 Q_1 构成回路），Q_2 饱和时间缩短，L_1 线圈流过电流时间短而储能减小，在 Q_2 截止时 L_1 产生的电动势低，L_6 等各次级线圈上的感应电动势下降，各输出电压下降，回到正常值。

（4）其他元件及电路说明

R_{31}、VD_7、C_{24} 构成阻尼吸收电路，在 Q_2 由导通转为截止瞬间，L_1 会产生很高的上负下正的反峰电压，该电压易击穿 Q_2，采用阻尼吸收电路后，反峰电压经 VD_7 对 C_{24} 充电和经 R_{11} 构成回路而迅速降低。VD_{11}、C_{19}、C_{17} 等元件构成电压检测取样电路，L_6 线圈的上负下正电动势经二极管 VD_{11} 对 C_{17} 充得上负下正约−42V 电压，送到控制系统作为电压检测取样信号，当主电路的直流电压上升时，开关电源输入电压上升，在开关管 Q_2 导通时 L_1 线圈产生的上正下负电动势就更高，L_6 感应得到的上负下正电动势更高，C_{17} 上充得的负压（上负下正电压）更低，控制系统通过检测该取样电压就能知道主电路的直流电压升高，该电压检测取样电路与开关电源其他次级整流电路非常相似，但它有一个明显的特点，就是采用容量很小的无极性电容作为滤波电容（普通的整流电路采用大容量的有极性电容作为滤波电容），这样取样电压可更快响应主电路直流电压的变化，很多变频器采用这种方式来检测主电路的直流电压变化情况。

7.1.4　自激式开关电源的检修

开关电源有自激式和它激式两种类型，它激式开关电源采用独立的振荡器来驱动开关管工作，而自激式开关电源没有独立的振荡器，它采用开关管和正反馈电路一起组成振荡器，依靠自己参与的振荡来产生脉冲信号驱动自身工作。自激式开关电源种类很多，但工作原理和电路结构大同小异，只要掌握了其中一种自激式开关电源的检修，就能很快学会检修其他类型的自激式开关电源。这里以图 7-6 所示的电源电路为例来说明自激式开关电源的检修。

开关电源常见故障有无输出电压、输出电压偏高和输出电压偏低。

1. 无输出电压的检修

（1）故障现象

变频器面板无显示，且操作无效，开关电源各路输出电压均为 0V，而主电路电压正常（500 多伏）。

（2）故障分析

因为除主电路外，变频器其他电路供电均来自开关电源，当开关电源无输出电压时，其他各电路无法工作，就会出现面板无显示，任何操作无效的故障现象。

开关电源不工作的主要原因如下。

① 主电路的电压未送到开关电源，开关电源无输入电压。

② 开关管损坏。

③ 开关管基极的上偏元件（R_{26}~R_{30}、R_{33}）开路，或下偏元件（Q_1、D_9）短路，均会使开关管基极电压为 0V，开关管始终处于截止状态，开关变压器的 L_1 线圈无电流通过而不会产生电动势，次级也就不会有感应电动势。

（3）故障检修

检修过程如下。

① 测量开关管 Q_2 的 c 极有无 500 多伏的电压，如果电压为 0V，可检查 Q_2 的 c 极至主电路之间的元件和线路是否开路，如开关变压器 L_1 线圈、接插件 19CN。虽然 C_1、C_2、Q_2 短路也会使 Q_2 的 c 极电压为 0V，但它们短路也会使主电路电压不正常。

② 若开关管 Q_2 的 c 极有 500 多伏电压时，可测量 Q_2 的 U_{be} 电压，如果 $U_{be}>0.8V$，一般为 Q_2 的发射结开路，如果 $U_{be}=0V$，可能是 Q_2 的发射结短路、L_0 开路，Q_2 基极的上偏元件 $R_{26}\sim R_{30}$、R_{33} 开路，或者 Q_2 的下偏元件 Q_1、D_9 短路。

③ 在检修时，如果发现开关管 Q_2 损坏，更换后不久又损坏，可能是阻尼吸收电路 R_{31}、C_{24}、VD_7 损坏，不能吸收 L_1 产生的很高的反峰电压，也可能是反馈电路 L_2、R_{32}、C_{23}、VD_8 存在开路，反馈信号无法送到 Q_2 的基极，Q_2 一直处于导通状态，Q_2 长时间通过很大的 I_c 电流被烧坏，还有可能是 Q_1 开路，或稳压电路存在开路使 Q_1 始终截止，无法对开关管 Q_2 的 b 极进行分流，Q_2 因 U_{b2} 电压偏高、饱和时间长而被烧坏。

2. 输出电压偏低

（1）故障现象

开关电源各路输出电压均偏低，开关电源输入电压正常。

（2）故障分析

如果开关仅某路输出电压不正常，则为该路整流滤波和负载电路出现故障所致，现各路输出电压均偏低，故障原因应是开关电源主电路不正常所致。开关电源输出电压偏低的原因主要有如下几个。

① 开关管基极的上偏元件（$R_{26}\sim R_{30}$、R_{33}）阻值变大，或下偏元件（VQ_1、VD_9）漏电，均会使开关管基极电压偏低，开关管 Q_2 因基极电压偏低而饱和时间缩短，L_1 线圈通过电流的时间短，储能少，产生的电动势也低，感应到次级线圈的电动势随之下降，故各路输出电压偏低。

② 稳压电路存在故障使 Q_1 导通程度深，而使开关管 Q_2 基极电压低。如光电耦合器 PC_1 的光敏管短路、KA431AZ 的 A、K 极之间短路和 R_1 阻值变大等。

③ 开关变压器的 L_1、L_2 线圈存在局部短路，其产生的电动势下降。

（3）故障检修

检修过程如下。

① 测量开关管 Q_2 的 U_{be} 电压，同时用导线短路稳压电路中的 R_1，相当于给稳压电路输入一个低取样电压，如果稳压电路正常，KA431AZ 的 A、K 极之间导通变浅，光耦 PC_1 导通也变浅，调整管 Q_1 基极电压下降，导通变浅，对开关管 Q_2 基极的分流减少，Q_2 基极电压应该有变化，如果 Q_2 的 U_{be} 电压不变化或变化不明显，应检查稳压电路是否正常。

② 检查开关管 Q_2 基极的上偏元件 $R_{26}\sim R_{30}$、R_{33} 是否阻值变大，检查 Q_1、VD_9、VD_8、C_{23} 等元件是否存在漏电。

③ 检查开关变压器温度是否偏高，可更换变压器。

3. 输出电压偏高

（1）故障现象

开关电源各路输出电压均偏高，开关电源输入电压正常。

（2）故障分析

开关电源输出电压偏高的故障与输出电压偏低是相反的，其原因也相反。开关电源输出电压偏高的原因主要有如下几个。

① 开关管基极的上偏元件（$R_{26} \sim R_{30}$、R_{33}）阻值变小，或下偏元件（Q_1）开路，均会使开关管基极电压偏高，开关管 Q_2 因基极电压偏高而饱和时间延长，L_1 线圈因通过电流的时间长而储能多，产生的电动势升高，感应到次级线圈的电动势随之上升，故各路输出电压偏高。

② 稳压电路存在故障使 Q_1 导通程度浅或截止，而使开关管 Q_2 基极电压升高。如 VD_1、R_6、PC_1 开路，KA431AZ 的 A、K 极之间开路和 R_2 阻值变大等。

③ 稳压电路取样电压下降，如 C_{13}、C_{14} 漏电、L_6 线圈局部短路均会使+5V 电压下降，稳压电路认为输出电压偏低，马上将 Q_1 的导通程度调浅，让开关管 Q_2 导通时间变长，开关电源输出电压上升。

（3）故障检修

检修过程如下。

① 测量开关管 Q_2 的 U_{be} 电压，同时用导线短路 R_2，如果稳压电路正常，KA431AZ 的 A、K 极之间导通变深，光耦 PC_1 导通也变深，调整管 Q_1 基极电压上升，导通变深，对开关管 Q_2 基极的分流增大，Q_2 基极电压应该有变化，如果 Q_2 的 U_{be} 电压不变化或变化不明显，应检查稳压电路。

② 检查开关管 Q_2 基极的上偏元件 $R_{26} \sim R_{30}$、R_{33} 是否阻值变小，检查 Q_1 等元件是否开路。

③ 检查 C_{13}、C_{14} 是否漏电或短路，L_6 是否开路或短路，VD_{12} 是否开路。

7.1.5　它激式开关电源典型电路分析

有些变频器采用自激式开关电源，也有些变频器采用它激式开关电源，两种类型电源的区别在于：自激式开关电源的开关管参与激励脉冲的产生，即开关管是振荡电路的一部分；它激式开关电源的激励脉冲由专门的振荡电路产生，开关管是独立的。图 7-7 所示是一种典型的它激式开关电源。

1. 电路说明

它激式开关电源主要由启动电路、振荡电路、稳压电路和保护电路组成。

（1）启动电路

R_{248}、R_{249}、R_{250} 和 R_{266} 为启动电阻。

主电路 530V 的直流电压送入开关电源，分作两路：一路经开关变压器 TL_1 的 L_1 线圈送到开关管 TR_1 的 C 极；另一路经启动电阻 R_{248}、R_{249}、R_{250} 和 R_{266} 对电容 C_{236} 充电，C_{236} 两端电压加到集成电路 UC3844 的 7 脚，当 C_{236} 两端电压上升到 16V 时，UC3844 内部振荡电路开始工作，启动完成。

（2）振荡电路

UC3844 及外围元件构成振荡电路。当 UC3844 的 7 脚电压达到 16V 时，内部的振荡电路开始工作，从 6 脚输出激励脉冲，经 R_{240} 送到开关管 TR_1（增强型 N 沟道 MOS 管）的 G 极，在激励脉冲的控制下，TR_1 工作在开关状态。当 TR_1 处于开状态（D、S 极之间导通）时，有电流流过开关变压器的 L_1 线圈，线圈会产生上正下负的电动势；当 TR_1 处于关状态（D、S 极之间断开）时，L_1 线圈会产生上负下正的电动势，L_1 上的电动势感应到 $L_2 \sim L_6$ 等线圈上，经各路二极管整流后可得到各种直流电压。

UC3844 芯片内部有独立振荡电路，获得正常供电后就能产生激励脉冲，开关管不是振荡电路的一部分，不参与振荡，这种激励脉冲由独立振荡电路产生的开关电源称为它激式开关电源。

图7-7 一种典型的它激式开关电源

（3）稳压电路

输出取样电阻 R_{233}、R_{234}、三端基准稳压器 L431、光电耦合器 PC_9、R_{235}、R_{236} 及 UC3844 的 2 脚内部有关电路共同组成稳压电路。

开关变压器 L_6 线圈上的电动势经 VD_{205} 整流和 C_{238} 滤波后得到+5V 电压。该电压经 R_{233}、R_{234} 分压后送到 L431 的 R 极，L431 的 A、K 极之间导通，有电流流过光电耦合器 PC_9 的发光管，发光管导通，光敏管也随之导通，UC3844 的 8 脚输出的+5V 电压经 PC_9 的光敏管和 R_{235}、R_{236} 分压后，给 UC3844 的 2 脚送入一个电压反馈信号，控制内部振荡器产生的激励脉冲的宽度。

如果因主电路+530V 电压上升或开关电的负载减轻，均会使开关电源输出上升。L_6 路的 +5V 电压上升，经 R_{233}、R_{234} 分压后送到 L431 R 极的电压上升，L431 的 A、K 极之间导通变深，流过 PC_9 的发光管电流增大，发光管发出光线强，光敏管导通变深，UC3844 的 8 脚输出的+5V 电压经 PC_9 的光敏管和 R_{235}、R_{236} 分压给 UC3844 的 2 脚的电压更高。该电压使 UC3844 内部振荡器产生的激励脉冲的宽度变窄，开关管 TR_1 导通时间变短，开关变压器 TL_1 的 L_1 线圈储能减少，其产生的电动势下降，开关变压器各次级线圈上的感应电动势也下降（相对稳压前的上升而言），经整流滤波后得到的电压下降，回落到正常值。

（4）保护电路

该电路具有欠压保护、过流保护功能。

UC3844 内部有欠压锁定电路，当 UC3844 的 7 脚输入电压大于 16V 时，欠压锁定电路开启，7 脚电压允许提供给内部电路，若 7 脚电压低于 10V，欠压锁定电路断开，切断 7 脚电压的输入途径，UC3844 内部振荡器不工作，6 脚无激励脉冲输出，开关管 TR_1 截止，开关变压器线圈上无电动势产生，开关电源无输出电压，实现输入欠压保护功能。

开关管 TR_1 的 S 极所接电流取样电阻 R_{242}、R_{243}、R_{244} 及滤波电路 R_{261}、C_{235} 构成过流检测电路。在开关管导通时，有电流流过取样电阻 R_{242}//R_{243}//R_{244}，取样电阻两端有电压，该电压经 R_{261} 对 C_{235} 充电，在 C_{235} 上充得一定的电压。开关管截止后，C_{235} 通过 R_{261}、R_{242}//R_{243}//R_{244} 放电，当开关导通时间长、截止时间短时，C_{235} 充电时间长、放电时间短，C_{235} 两端的电压高，反之，C_{235} 两端的电压低，C_{235} 两端的电压送到 UC3844 的 3 脚，作为电流检测取样输入。如果开关电源负载出现短路，开关电源的输出电压会下降，稳压电路为了提高输出电压，会降低 UC3844 的 2 脚电压，使内部振荡器产生的激励脉冲变宽，开关管 TR_1 导通时间变长，截止时间变短，C_{235} 两端的电压升高，UC3844 的 3 脚电压也升高，如果该电压达到一定值，UC3844 内部的振荡器停止工作，6 脚无激励脉冲输出，开关管 TR_1 截止，开关电源停止输出电压，不但可以防止开关管长时间通过大电流被烧坏，还可在负载出现短路时停止输出电压，避免负载电路故障范围进一步扩大。

（5）其他元件及电路说明

R_{245}、VD_{214}、C_{234} 构成阻尼吸收电路，吸收开关管 TR_1 由导通转为截止时 L_1 产生的很高的上负下正的反峰电压，防止反峰电压击穿开关管。L_2、VD_{215}、C_{233}、C_{235} 为二次供电电路，在开关电源工作后，L_2 上的电动势经 VD_{215}、C_{233}、C_{235} 整流滤波后为 UC3844 的 7 脚提供电压，减轻启动电阻供电负担。R_{239}、C_{232} 为 UC3844 内部振荡电路的定时元件，改变 R_{239}、C_{232} 的值可以改变振荡电路产生的激励脉冲的频率。R_{238}、C_{230} 为阻容反馈电路，UC3844 的 2 脚输出信号通过 R_{238}、C_{230} 反馈到 1 脚，改善内部放大器的性能。VD_{217}、VD_{126}、R_{237} 用于限制 UC3844 的 1 脚输出信号的幅度，输出信号幅度最大不超过 6.4V（5V+0.7V+0.7V）。ZD_{204} 用于消除开关管 G 极的正向大幅度干扰信号，当脉冲高电平送到开关管 G 极时，高电平会对 G、S 极之间的结电容上充得一定电荷，高电平过后，结电容上的电荷可通过 R_{241} 快速释放，这样可使开关管快速由导通转为截止。

VD_{207}、R_{255}、C_{40} 等元件构成主电路电压取样电路，当主电路的直流电压上升时，开关电源输入电压上升，开关变压器 L_1 线圈产生的电动势更高，L_4 上的感应电动势更高，它经 VD_{207} 对 C_{40} 充电，在 C_{40} 上得到的电压更高，控制系统通过检测该取样电压就能知道主电路的直流电压升高，然后进行相应的控制。

2. UC3844 介绍

UC3844 是一种高性能控制器芯片，可产生最高频率可达 500kHz 的 PWM 激励脉冲。该芯片内部具有可微调的振荡器、高增益误差放大器、电流取样比较器和大电流双管推挽功率放大输出，是驱动功率 MOS 管的理想器件。

UC3844 有 8 脚双列直插塑料封装（DIP）和 14 脚塑料表面贴装封装（SO-14），SO-14封装芯片的双管推挽功率输出电路具有单独的电源和接地管脚。UC3844 有 16V（通）和 10V（断）低压锁定门限，UC3845 的结构外形与 UC3844 相同，但 UC3845 的低压锁定门限为 8.5V（通）和 7.6V（断）。

（1）两种封装形式

UC3844 有 8 脚和 14 脚两种封装形式，如图 7-8 所示。

图 7-8 UC3844 的两种封装形式

（2）内部结构及引脚说明

UC3844 内部结构及典型外围电路如图 7-9 所示。UC3844 各引脚功能说明见表 7-1。

图 7-9 UC3844 内部结构及典型外围电路

表 7-1　　　　　　　　　　　　　　　**UC3844 各引脚功能说明**

引脚号		功能	说明
8-引脚	14-引脚		
1	1	补偿	该管脚为误差放大输出，并可用于环路补偿
2	3	电压反馈	该管脚是误差放大器的反相输入，通常通过一个电阻分压器连至开关电源输出
3	5	电流取样	一个正比于电感器电流的电压接到这个输入，脉宽调制器使用此信息中止输出开关的导通
4	7	R_T/C_T	通过将电阻 R_T 连至 V_{ref} 并将电容 C_T 连至地，使得振荡器频率和最大输出占空比可调。工作频率可达 1.0MHz
5	—	地	该管脚是控制电路和电源的公共地（仅对 8 管脚封装而言）
6	10	输出	该输出直接驱动功率 MOSFET 的栅极，高达 1.0A 的峰值电流由此管脚拉和灌，输出开关频率为振荡器频率的一半
7	12	V_{CC}	该管脚是控制集成电路的正电源
8	14	V_{ref}	该管脚为参考输出，它经电阻 R_T 向电容 C_T 提供充电电流
—	8	电源地	该管脚是一个接回到电源的分离电源地返回端（仅对 14 管脚封装而言），用于减少控制电路中开关瞬态噪声的影响
—	11	V_C	输出高态（V_{OH}）由加到此管脚的电压设定（仅对 14 管脚封装而言）。通过分离的电源连接，可以减少控制电路中开关瞬态噪声的影响
—	9	地	该管脚是控制电路地返回端（仅对 14 管脚封装而言），并被接回电源地
—	2，4，6，13	空脚	无连接（仅对 14 管脚封装而言）。这些管脚没有内部连接

7.1.6　它激式开关电源的检修

它激式开关电源有独立的振荡器来产生激励脉冲，开关管不参与构成振荡器。它激式开关电源的振荡器通常由一块振荡芯片配以少量的外围元件构成。由于振荡器与开关管相互独立，相对于自激式开关电源来说，检修它激式开关电源更容易一些。

它激式开关电源常见故障有无输出电压、输出电压偏低和输出电压偏高。下面以图 7-7 所示的电源电路为例来说明它激式开关电源的检修。

1. 无输出电压的检修

（1）故障现象

变频器面板无显示，且操作无效，测开关电源各路输出电压均为 0V，而主电路电压正常（500 多伏）。

（2）故障分析

因为除主电路外，变频器其他电路供电均来自开关电源。当开关电源无输出电压时，其他各电路无法工作，就会出现面板无显示，任何操作无效的故障现象。

开关电源不工作的主要原因如下。

①主电路的电压未送到开关电源，开关电源无输入电压。

②开关管损坏。

③开关管的 G 极无激励脉冲，始终处于截止状态。无激励脉冲原因可能是振荡器芯片或其外围元件损坏，不能产生激励脉冲，也可能是保护电路损坏使振荡器停止工作。

（3）故障检修

检修过程如下。

① 测量开关管 TR_1 的 D 极有无 500 多伏的电压，如果电压为 0V，可检查 TR_1 的 D 极至主电路之间的元件和线路是否开路，如开关变压器 L_1 线圈、接插件。

② 将万用表拨至交流 2.5V 挡，给红表笔串接一只 100μF 的电容（隔直）后接开关管 TR_1 的 G 极电压，黑表笔接电源地（N 端或 UC3844 的 5 脚），如果表针有一定的指示值，表明开关管 TR_1 的 G 极有激励脉冲，无输出电压可能是开关管损坏，可拆下 TR_1，检测其好坏。

③ 如果开关管 G 极无脉冲输入，而 R_{240}、R_{241}、ZD_{204} 又正常，那么 UC3844 的 6 脚肯定无脉冲输出，应检查 UC3844 及外围元件和保护电路，具体检查过程如下。

a. 测量 UC3844 的 7 脚电压是否在 10V 以上，若在 10V 以下，UC3844 内部的欠压保护电路动作，停止从 6 脚输出激励脉冲，应检查 R_{248}～R_{250}、R_{266} 是否开路或变值，C_{233}、C_{236} 是否短路或漏电，VD_{215} 是否短路或漏电。

b. 检查电流取样电阻 R_{242}～R_{244} 是否存在开路，因为一个或两个取样电阻开路均会使 UC3844 的 3 脚输入取样电压上升，内部的电流保护电路动作，UC3844 停止从 6 脚输出激励脉冲。

c. 检查 UC38444 脚外围的 C_{232}、R_{239}，这两个元件是内部振荡器的定时元件，如果损坏会使内部振荡器不工作。

d. 检查 UC3844 其他脚的外围元件，如果外围元件均正常，可更换 UC3844。

在检修时，如果发现开关管 TR_1 损坏，更换后不久又损坏，可能是阻尼吸收电路 C_{234}、R_{245}、VD_{214} 损坏，也可能是 R_{240} 阻值变大，ZD_{204} 反向漏电严重，送到开关管 G 极的激励脉冲幅度小，开关管导通截止不彻底，使功耗增大而烧坏。

2. 输出电压偏低

（1）故障现象

开关电源各路输出电压均偏低，开关电源输入电压正常。

（2）故障分析

开关电源输出电压偏低的原因主要有如下几个。

① 稳压电路中的某些元件损坏，如 R_{234} 开路，会使 L431 的 A、K 极之间导通变深，光电耦合器 PC_9 导通也变深，UC3844 的 2 脚电压上升，内部电路根据该电路判断开关电源输出电压偏高，马上让 6 脚输出高电平持续时间短的脉冲，开关管导通时间缩短，开关变压器 L_1 线圈储能减少，产生的电动势低，次级线圈的感应电动势低，输出电压下降。

② 开关管 G 极所接的元件存在故障。

③ UC3844 性能不良或外围某些元件变值。

④ 开关变压器的 L_1 线圈存在局部短路，其产生的电动势下降。

（3）故障检修

检修过程如下。

① 检查稳压电路中的有关元件，如 R_{234} 是否开路，L431、PC_9 是否短路、R_{236} 是否开路等。

② 检查 R_{240}、R_{241} 和 ZD_{204}。

③ 检查 UC3844 外围元件，若外围元件正常，可更换 UC3844。

④ 检查开关变压器温度是否偏高，若是，可更换变压器。

3. 输出电压偏高

（1）故障现象

开关电源各路输出电压均偏高，开关电源输入电压正常。

（2）故障分析

开关电源输出电压偏高的原因主要有如下几个。

① 稳压电路中的某些元件损坏，如 R_{233} 阻值变大，会使 L431 的 A、K 极之间导通变浅，光电耦合器 PC_9 导通也变浅，UC3844 的 2 脚电压下降，内部电路根据该电路判断开关电源输出电压偏低，马上让 6 脚输出高电平持续时间长的脉冲，开关管导通长，开关变压器 L_1 线圈储能增加，产生的电动势高，次级线圈的感应电动势高，输出电压升高。

② 稳压取样电压偏低，如 C_{238}、C_{239} 漏电，L_6 局部短路等均会使+5V 电压下降，稳压电路认为输出电压偏低，会让 UC3844 输出高电平更宽的激励脉冲，让开关管导通时间更长，开关电源输出电压升高。

③ UC3844 性能不良或外围某些元件变值。

（3）故障检修

检修过程如下。

① 检查稳压电路中的有关元件，如 R_{233} 是否变值或开路，L431、PC_9 是否开路、R_{235} 是否开路等。

② 检查 C_{238}、C_{239} 是否漏电或短路，VD_{205}、L_{201} 是否开路，L_6 是否开路或局部短路。

③ 检查 UC3844 外围元件，若外围元件正常，可更换 UC3844。

7.2　驱动电路详解与检修

驱动电路的功能是将 CPU 产生的驱动脉冲进行放大，然后输出去控制逆变电路的开关器件的通断，让逆变电路将直流电压转换成三相交流电压，去驱动三相电机运转。如果改变驱动脉冲的频率，逆变电路的开关器件通断频率就会变化，转换成的三相交流电压频率也会变化，电机的转速会随之发生变化。

7.2.1　驱动电路与其他电路的连接

驱动电路的输入端要与 CPU 连接，以接收 CPU 送来的驱动脉冲，驱动电路的输出端要与逆变电路连接，以将放大的驱动脉冲送给逆变电路，驱动电路还要与开关电源连接，以获得供电。驱动电路与其他电路的连接如图 7-10 所示。

由 CPU 产生 6 路驱动脉冲信号，它们分别送到 6 个驱动电路进行放大，放大后的 6 路驱动脉冲分别送到逆变电路 6 个 IGBT 的 G、E 极。

开关电源次级线圈上的感应电动势经整流滤波后得到电压，将这些电压提供给各路驱动电路作为电源，由于变压器对电压有隔离作用，故驱动电路的电压与主电路的电压是相互独立的，主电路 P+端电压有 530V 是针对 N−端而言，由于驱动电路与主电路是相互隔离的，故 P+端电压针对驱动电路中的任意一点而言都为 0，如果使用万用表直流电压挡，红表笔接 P+端，黑表笔接驱动电路任意一处，测得的电压将为 0V（可能会有较低的感应电压），因此不管逆变电路各 IGBT 的 E 极电压针对 N−端为多少伏，只要驱动电路提供给 IGBT 的脉冲电

压 U_{GE} 大于开启电压，IGBT 就能导通。

图 7-10 驱动电路与其他电路的连接

7.2.2 驱动电路的基本工作原理

为了让逆变电路的 IGBT 工作在导通截止状态，要求驱动电路能将 CPU 送来的脉冲信号转换成幅度合适的正、负驱动脉冲。下面以图 7-11 为例来说明驱动电路的基本工作原理。

图 7-11 驱动电路的基本工作原理

开关变压器 T_1 次级线圈上的感应电动势经 VD_1 对 C_1、C_2 充电，在 C_1、C_2 两端充得 22.5V 电压，稳压二极管 VS_1 的稳压值为 7.5V，VS_1 两端电压维持 7.5V 不变（超过该值 VS_1 会反向导通），电阻 R_1 两端电压则为 15V，a、b、c 点电压关系为 $U_a>U_b>U_c$，如果将 b 点电位当作 0V，那么 a 点电压为 +15V，c 点电压为 –7.5V。在电路工作时，CPU 产生的驱动脉冲送到驱动芯片内部，当脉冲高电平来时，驱动芯片内部等效开关接"1"，a 点电压经开关送到 IGBT 的 G 极，IGBT 的 E 极固定接 b 点，IGBT 的 G、E 之间的电压 $U_{GE}=+15V$，正电压 U_{GE} 使 IGBT 导通。当脉冲低电平来时，驱动芯片内部等效开关接"2"，c 点电压经开关送到 IGBT 的 G 极，IGBT 的 E 极固定接 b 点，故 IGBT 的 G、E 之间的电压 $U_{GE}=-7.5V$，负电压 U_{GE} 可以有效地使 IGBT 截止。

从理论上讲，IGBT 的 $U_{GE}=0V$ 时就能截止，但实际上 IGBT 的 G、E 极之间存在结电容，当正驱动脉冲加到 IGBT 的 G 极时，正的 U_{GE} 电压会对结电容存得一定电压，正驱动脉冲过后，结电容上的电压使 G 极仍高于 E 极，IGBT 会继续导通，这时如果送负驱动脉冲到 IGBT 的 G 极，可以迅速中和结电容上的电荷而让 IGBT 由导通转为截止。

7.2.3　四种典型的驱动电路实例分析

变频器的驱动电路功能是相同的，都是将 CPU 送来的驱动脉冲放大后送给逆变电路，因此驱动电路的组成结构基本相似，区别主要在于采用了不同的驱动芯片。变频器采用的驱动芯片型号并不是很多，下面介绍几种采用不同驱动芯片的驱动电路。

1．典型的驱动电路实例一分析

（1）TLP250 和 TLP750 芯片介绍

TLP250 是一种光电耦合驱动器芯片，内部有光电耦合器和双管放大电路。其内部结构如图 7-12 所示，当 2、3 脚之间加高电平时，输出端的三极管 VT_1 导通，8 脚与 6、7 脚相通，当 2、3 脚之间为低电平时，输出端的三极管 VT_2 导通，5 脚与 6、7 脚相通。TLP250 最大允许输入电流为 5mA，最大输出电流可达 ±2.0A，输入与输出光电隔离可达 2500V，电源允许范围为 10～35V。

TLP750 为光电耦合器，其内部结构如图 7-13 所示，当 2、3 脚为正电压时，6、5 脚内部的三极管导通，相当于 6、5 脚内部接通。

图 7-12　TLP250 芯片内部结构

图 7-13　TLP750 芯片内部结构

（2）由 TLP250 和 TLP750 构成的驱动电路分析

图 7-14 所示是由 TLP250 和 TLP750 构成的 U 相驱动电路，用来驱动 U 相上、下臂 IGBT，另外该电路还采用 IGBT 保护电路。

图 7-14 由 TLP250 和 TLP750 构成的 U 相驱动电路

① 驱动电路工作原理。

开关变压器 T_1 次级线圈 L_{11} 上的感应电动势经整流二极管 VD_{54} 对 C_{77}、C_{78} 充得 24.5V 电压，该电压由 R_{108}、VS_{49} 分成 15V 和 9.5V，以 R_{108}、VS_{49} 的连接点为 0V，则 R_{108} 上端电压为 +15V，VS_{49} 下端电压为 –9.5V，+15V 送到 U_{14}（TLP250）的 8 脚（V_{CC}），–9.5V 电压送到 U_{14} 的 5 脚（GND）。在变频器正常工作时，CPU 会送 U+相脉冲到 U_{14} 的 2、3 脚，当脉冲高电平来时，U_{14} 的 8、7 脚内部的三极管导通，+15V 电压→U_{14} 的 8 脚→U_{14} 内总三极管→U_{14} 的 7 脚→R_{119}、R_{106} 降压→VT_{26}、VT_{27} 的基极，VT_{26} 导通，+15V 电压经 VT_{26}、R_{166} 送到上桥臂 IGBT 的 G 极，而 IGBT 的 E 极接 VS_{49} 的负端，E 极电压为 0V，故上桥臂的 IGBT 因 U_{GE} 电压为正电压而导通。

当 CPU 送到 U_{14} 的 2、3 脚的 U+脉冲为高电平时，送到 U_{19} 的 2、3 脚的 U–脉冲则为低电平，U_{19} 的 7、5 脚内部的三极管导通，–9.5V 电压→U_{19} 的 5 脚→U_{19} 内部三极管→U_{19} 的 7 脚→R_{171}、R_{163} 降压→VT_{31}、VT_{32} 的基极，VT_{32} 导通，下桥臂 IGBT 的 G 极通过 R_{168}、VT_{32} 接 –9.5V，而 IGBT 的 E 极接 VS_{65} 的负端，E 极电压为 0V，故下桥臂的 IGBT 因 U_{GE} 电压为负电压而截止。

② 保护电路。

U_{13}（TLP750）、VT_{24}、VS_{46}、VD_{45}、VD_{47} 等元件构成上桥臂 IGBT 保护电路。

当上桥臂 IGBT 正常导通时，其 C、E 极之间压降很低（约 2V），VD_{45} 正极电压也较低，不足于击穿稳压二极管 VS_{46}，保护电路不工作。如果上桥臂 IGBT 出现过流情况，IGBT 的 C、E 极之间的压降增大，VD_{45} 正极电压升高，如果电压大于 9V，稳压二极管 VS_{46} 会被击穿，有电流流过 VT_{24} 的发射结，VT_{24} 导通，一方面二极管 VD_{48} 导通，VD_{48} 正极电压接近 0V，VT_{26} 因基极电压接近 0V 而由导通转为截止，上桥臂 IGBT 失去 G 极电压而截止，从而避免 IGBT 因电流过大而烧坏，另一方面 VT_{24} 导通使 U_{13} 内部光电耦合器导通，U_{13} 的 6、5 脚内部接通，6 脚输出低电平，该电平作为 GF/OC（接地/过流）信号去 CPU。在上桥臂 IGBT 截止期间，IGBT 的压降也很大，但 VD_{45} 正极电压不会因此上升，这是因为此期间 U_{14} 的 7 脚输出电压为 –9.5V，VD_{47} 导通，将 VD_{45} 正极电压拉低，稳压二极管 VS_{46} 无法被击穿，即保护电路在 IGBT 截止期间不工作。

2. 典型的驱动电路实例二分析

（1）PC923 和 PC929 芯片介绍

PC923 是一种光电耦合驱动器，其内部结构如图 7-15 所示，当 2、3 脚之间加高电平时，输出端的三极管 VT_1 导通，5 脚与 6 脚相通；当 2、3 脚之间为低电平时，输出端的三极管 VT_2 导通，6 脚与 7 脚相通。PC923 允许输入电流范围为 5～20mA，最大输出电流为 ±0.4A，输入与输出光电隔离最大为 5000V，电源允许范围为 15～30V。

PC929 也是一种光电耦合驱动器，内部不但有光电耦合器和输出放大器，还带有 IGBT 保护电路。PC929 内部结构如图 7-16 所示，其输入/输出关系见表 7-2。例如，当 IF 端输入为 ON（即 3、2 脚之间为高电平，光电耦合器导通）时，如果 C 端输入为高电平，则输出端的三极管 VT_1 导通，11 脚与 12 脚相通，V_{02} 端输出高电平，FS 端输出也为高电平。

（2）由 PC923 和 PC929 构成的驱动电路分析

图 7-17 所示是由 PC923 和 PC929 构成的 U 相驱动电路，用来驱动 U 相上、下臂 IGBT，另外该电路还采用 IGBT 保护电路。

图 7-15　PC923 芯片内部结构

图 7-16　PC929 芯片内部结构

表 7-2　　　　　　　　　　　　　　PC929 输入/输出关系

IF 端（I）	C 端	V_{o2} 端	FS 端
ON	低电平	高电平	高电平
	高电平	低电平	低电平
OFF	低电平	低电平	高电平
	高电平	低电平	高电平

图 7-17　由 PC923 和 PC929 构成的 U 相驱动电路

① 驱动电路工作原理。

开关变压器 TC_2 次级线圈上的感应电动势经整流二极管 VD_{15} 对 C_{13}、C_{14} 充得 28V 电压，该电压由 R_{22}、ZD_1 分成 18V 和 10V，以 R_{22}、ZD_1 连接点为 0V，则 R_{22} 上端电压为 +18V，ZD_1 下端电压为 –10V，+18V 送到 PC_2（PC923）的 8 脚（V_{CC}），–10V 电压送到 PC_2 的 7 脚（GND）。在变频器正常工作时，CPU 会送 U+ 相脉冲到 PC_2 的 2 脚，当脉冲低电平来时，PC_2 输入为 ON（光电耦合器导通），5、6 脚内部的三极管导通，+18V 电压→PC_2 的 5 脚→PC_2 内部三极管 VT_1→PC_2 的 6 脚→R_{21} 降压→VT_3、VT_4 的基极，VT_3 导通，+18V 电压经 VT_3、R_{27} 送到上桥臂 IGBT 的 G 极，IGBT 的 E 极接 ZD_1 的负极，E 极电压为 0V，故上桥臂的 IGBT 因 U_{GE} 电压为正电压而导通。

在 CPU 送到低电平 U+ 脉冲到 PC_2 时，会送高电平 U– 脉冲到 PC_3 的 2 脚，PC_3 输入为 OFF，PC_3 的 11、10 脚内部的三极管 VT_6 导通，–10V 电压→PC_3 的 10 脚→VT_6→PC_3 的 11 脚→R_{95} 降压→VT_8、VT_9 的基极，VT_9 导通，下桥臂 IGBT 的 G 极通过 R_{101}、VT_9 接 –10V，IGBT 的 E 极接 ZD_2 的负极，E 极电压为 0V，故下桥臂的 IGBT 因 U_{GE} 电压为负电压而截止。

② 保护电路。

R_{99}、VD_{25}、VD_{26} 及 PC929 内部的 IGBT 保护电路等构成 IGBT 过流保护电路。

在下桥臂 IGBT 正常导通时，C、E 极之间的压降小，VD_{25} 正极电压被拉低，VD_{26} 负极电压低，VD_{26} 导通，将 PC929 的 9 脚电压拉低，内部的 IGBT 保护电路不工作。如果流过 IGBT 的 C、E 极电流过大，IGBT 的 C、E 极压降增大，VD_{25} 正极电压被抬高，VD_{26} 负极电压升高，其正极也升高，该上升的电压进入 9 脚使 PC929 内部的 IGBT 保护电路工作，将三极管 VT_5 基极电压降低，VT_5 导通变浅，11 脚输出电压降低，VT_8 导通也变浅，IGBT 的 G 极正电压降低而导通变浅，使流过的电流减小，防止 IGBT 被过大电流损坏，与此同时，IGBT 保护电路会送出一个高电平到 VT_7 基极，VT_7 导通，PC929 的 8 脚输出低电平，外部的光电耦合器 PC_{12} 导通，给 CPU 发送一个低电平信号，告之 IGBT 出现过电流情况，如果 IGBT 过流时间很短，CPU 不做保护控制，如果 IGBT 过流时间较长，CPU 则执行保护动作，停止输出驱动脉冲到驱动电路，让逆变电路的 IGBT 均截止。

3. 典型的驱动电路实例三分析

（1）HCPL-316J 芯片介绍

HCPL-316J 是一种光电耦合驱动器，它与 A316J 功能完全相同，可以互换。HCPL-316J 内部结构及引脚功能如图 7-18 所示。

HCPL-316J 的输出电流可达 2A，可直接驱动 IGBT，它内部电路由光电耦合器分成输入电路和输出电路两部分。它采用输入阻抗很高的数字电路作为信号输入端，无须较大的输入信号电流。HCPL-316J 内部具有欠压封锁和 IGBT 保护电路，当芯片输出电路的供电电压低于 12V 时，欠压保护电路动作，12、11 脚之间的内部三极管截止，停止从 11 脚输出幅度不足的驱动信号。另外，当 IGBT 出现过流时，芯片外围的过流检测电路使 14 脚电压升高，内部保护电路动作，一方面让 MOS 管导通，停止从 11 脚输出驱动信号外，另一方面输出一路信号经放大和光电耦合器后送到故障检测电路（FAULT），该电路除了封锁输入电路外，还会从 6 脚输出一个低电平到 CPU 或相关电路，告之 IGBT 出现过流故障，要解除输入封锁，必须给 5 脚输入一个低电平复位信号。

HCPL-316J 关键引脚的输入/输出关系见表 7-3。

1 脚（V_{IN+}）：正向信号输入端
2 脚（V_{IN-}）：反向信号输入端
3 脚（V_{CC1}）：输入电路电源
4 脚（GND）：输入电路地
5 脚（RESET）：复位端
6 脚（FAULT）：故障检测输出端
7 脚（V_{LED+}）：光耦发光管 1+ 端，悬空
8 脚（V_{LED-}）：光耦发光管 1- 端，接地
9、10 脚（V_{EE}）：驱动电路负压供电端
11 脚（V_{OUT}）：驱动信号输出端
12 脚（V_C）：驱动电路正压供电端
13 脚（V_{CC}）：输出电路电源
14 脚（DESAT）：IGBT 过流检测输入端
15 脚（V_{LED2+}）：光耦发光管 2+ 端，悬空
16 脚（V_E）：输出电路地

图 7-18　HCPL-316J 内部结构及引脚功能

表 7-3　　　　　　　　　　**HCPL-316J 关键引脚的输入/输出关系**

V_{IN+} 1 脚（I）	V_{IN-} 2 脚（I）	V_{CC2} 13 脚（I）	DESAT 14 脚（I）	$\overline{FAULT}$ 6 脚（O）	V_{OUT} 11 脚（O）
X	X	欠压	X	X	L
X	X	X	过流	L	L
L	X	X	X	X	L
X	H	X	X	X	L
H	L	电压正常	正常	H	H

X：高电平或低电平；H：高电平；L：低电平；I：输入；O：输出

（2）由 HCPL-316J 构成的驱动电路分析

图 7-19 所示是由 HCPL-316J 构成的 U 相驱动电路，用来驱动 U 相上、下臂 IGBT，该电路还具有 IGBT 过流检测保护功能。

① 驱动电路工作原理。

开关变压器 TC_1 次级线圈上的感应电动势经整流二极管 VD_{52} 对电容充得 22.2V 电压，该电压由 R_{73}、VS_{31} 分成 15V 和 7.2V，以 R_{73}、VS_{31} 连接点为 0V，则 R_{73} 上端电压为 +15V，VS_{31} 下端电压为 -7.2V，+15V 送到 U_{31}（A316J）的 13、12 脚作为输出电路的电源和正电压，-7.2V 电压送到 U_{31} 的 9、10 脚作为输出电路的负压。在变频器正常工作时，CPU 会送 U+ 相脉冲到 U_{31} 的 1 脚，当脉冲高电平送入时，U_{31} 的 12、11 脚内部的达林顿管（复合三极管）导通，+15V 电压→U_{31} 的 12 脚→U_{31} 内部三极管→U_{31} 的 11 脚→R_{75}→上桥臂 IGBT 的 G 极，IGBT 的 E 极接 VS_{31} 的负极，E 极电压为 0V，故上桥臂 IGBT 因 U_{GE} 电压为正电压而导通；当 U+ 脉冲低电平送入 U_{31} 的 1 脚时，U_{31} 的 11、9 脚内部的 MOS 管导通，-7.2V 电压→U_{31} 的 9 脚→内部 MOS 管→U_{31} 的 11 脚→R_{75}→上桥臂 IGBT 的 G 极，IGBT 的 E 极接 VS_{31} 的负极，E 极电压为 0V，故上桥臂的 IGBT 因 U_{GE} 电压为负电压而截止。

图 7-19　由 HCPL-316J 构成的 U 相驱动电路

下桥臂驱动电路工作原理与上桥臂相同，这里不再叙述。

② 保护电路。

R_{72}、C_{46}、VD_{61} 及 U_{31}（A316J）内部的 IGBT 过流检测及保护电路等构成上桥臂 IGBT 过流保护电路。

在上桥臂 IGBT 正常导通时，C、E 极之间的导通压降一般在 3V 以下，VD_{61} 负极电压低，U_{31} 的 14 脚电压被拉低，U_{31} 内部的 IGBT 检测保护电路不工作。如果 IGBT 的 C、E 极之间出现过流，C、E 极之间导通压降会升高，VD_{61} 负极电压升高，U_{31} 的 14 脚电压被抬高，若过流使 IGBT 导通压降达到 7V 以上，U_{31} 的 14 脚电压被抬高很多，U_{31} 内部 IGBT 检测保护电路动作，一方面控制 U_{31} 停止从 11 脚输出驱动信号，另一方面让 U_{31} 从 6 脚输出低电平去 CPU，告之 IGBT 出现过流，同时切断 U_{31} 内部输入电路。过流现象排除后，给 U_{31} 的 5 脚输入一个低电平信号，对内部电路进行复位，U_{31} 重新开始工作。

R_{77} 用于释放 IGBT 栅电容上的电荷，提高 IGBT 通断转换速度，VS_{34}、VS_{35} 用于抑制窜入 IGBT 栅极的大幅度干扰信号。

4.　典型的驱动电路实例四分析

（1）A4504 和 MC33153P 芯片介绍

A4504 是一种光电耦合器芯片，其内部结构如图 7-20 所示，前面介绍的几种光电耦合器都采用双管推挽放大输出电路，而 A4504

图 7-20　A4504 芯片内部结构

采用单管集电极开路输出电路。MC33153P 是一种驱动放大器，内部不带光电耦合器，但带有较完善的检测电路。

　　MC33153P 的内部结构及引脚功能如图 7-21 所示。MC33153P 的 4 脚输入脉冲信号，在内部先由两个二极管抑制正负大幅度干扰信号，再经整形电路进行整形、倒相处理，然后由与门电路分成一对相反的脉冲，送到输出电路两个三极管的基极。当 4 脚输入脉冲高电平时，送到上三极管基极的为低电平，送到下三极管基极的为高电平，下三极管导通，5 脚通过二极管和下三极管与 3 脚（电源负）接通；当 4 脚输入脉冲低电平时，上三极管导通，5 脚通过上三极管与 6 脚（电源正）接通。MC33153P 的 4、5 脚之间有一个三输入与门，脉冲信号能否通过受另两个输入端控制，任意一个输入端为低电平则与门不能通过 4 脚输入的信号，与门下输入端接欠压检测电路，当 6 脚（V_{CC}）电压偏低时，欠压检测电路会给予门送一个低电平，不允许脉冲信号通过，禁止电源电压不足时放大电路输出幅度小的驱动脉冲，因为 IGBT 激励不足时功耗增大容易烧坏；与门上输入端接欠电流检测（1 脚内部电路）和过电流检测（8 脚内部电路），当 1 脚输入电流偏小和 8 脚电压偏高时，检测电路都会送一个低电平到与门，禁止输入脉冲通过与门，与门上输出端输出低电平、下输出端（反相输出端）输出高电平，下三极管导通，5、3 脚接通。当 MC33153P 检测到 1 脚欠电流或 8 脚过电流时，会从 7 脚输出故障信号（高电平）到 CPU。

图 7-21　MC33153P 芯片内部结构

（2）由 A4504 和 MC33153P 构成的驱动电路分析

图 7-22 所示是由 A4504 和 MC33153P 构成的 U 相驱动电路，用来驱动 U 相上、下臂 IGBT，该电路还具有 IGBT 过流检测保护功能。

图 7-22 由 A4504 和 MC33153P 构成的 U 相驱动电路

① 驱动电路工作原理。

开关变压器 T_2 次级线圈上的感应电动势经整流二极管 VD_7 对电容 C_7 充得上正下负的正电压，该电压送到 U_8、U_7 的 8 脚和 U_7、U_{16} 的 6 脚作为电源。

来自 CPU 的 U+脉冲送到 U_8（A4504）的 3 脚，在内部经光电耦合器隔离传递并放大后从 6 脚输出，送到 U_7（M33153P）的 4 脚，在内部先整形、倒相，再通过控制门分成一对相反脉冲（见图 7-21 所示的 M33153P 内部结构图），分别送到输出端两个三极管的基极。当 U_7 的 4 脚输入脉冲低电平，上三极管导通，6、5 脚内部接通，5 脚输出高电平，它经 30Ω 的电阻送到 IGBT 的 G 极，IGBT 的 U_{GE} 为正电压而导通；当 U_7 的 4 脚输入脉冲高电平，下三极管导通，3、5 脚内部接通，5 脚输出低电平，IGBT 的栅-射电容在导通时储存的电荷迅速放电，放电途径：IGBT 的 G 极→30Ω、20Ω 的电阻及二极管→U_7 的 5 脚→U_7 内部经二极管和导通的下三极管→U_7 的 3 脚→IGBT 的 E 极，IGBT 的 U_{GE} 为零电压而截止。

本电路未采用为 IGBT 的 G、E 极提供负压的方式来使 IGBT 截止，而是迅速释放 IGBT 栅-射电容上的电荷（在 G、E 极加正压时充得的），使 U_{GE} 为零电压而截止。

② 保护电路。

R_{16}、C_6、VD_{27} 及 U_7（MC33153P）内部的过流检测电路等构成上桥臂 IGBT 过流保护电路。

在上桥臂 IGBT 正常导通时，C、E 极之间的导通压降一般在 3V 以下，VD_{27} 负极电压低，U_7 的 8 脚电压被拉低，U_7 内部的过流检测电路不工作。如果 IGBT 的 C、E 极之间出现过流，C、E 极之间导通压降会升高，VD_{27} 负极电压升高，U_7 的 8 脚电压被抬高，U_7 内部过流检测电路动作，它一方面禁止 5 脚输出脉冲，另一方面从 7 脚输出高电平，通过光电耦合器 U_{25} 送给 CPU。

7.2.4 制动电路的驱动

变频器是通过改变输出交流电的频率来控制电机转速的。当需要电机减速时，变频器的逆变电路输出交流电频率下降，由于惯性原因，电机转子转速会短时高于定子绕组产生的旋转磁场转速（该磁场由交频器提供给定子绕组的已降频的交流电源产生），电机处于再生发电状态，它会产生电动势通过逆变电路中的二极管对滤波电容反充电，使电容两端电压升高。为了防止电机减速再生发电时对电容充得电压过高，同时也为了提高减速制动速度，通常需要在变频器的中间电路中设置制动电路。

制动电路的作用是在电机减速时为电机产生的再生电流提供回路，提高制动速度，同时减少再生电流对储能电容的充电，防止储能电容被充得过高电压损坏电容本身及有关电路。典型的变频器制动电路如图 7-23 所示。

图 7-23 典型的变频器制动电路

开关变压器 T_2 次级线圈上的感应电动势经 VD_{23} 对 C_{18} 充电，得到上正下负电压，该电压经 R_{62}、VD_{14} 分成两部分，设定 VD_{14} 负极电压为 0V，则 R_{62} 上端为正电压，VD_{14} 正极为负电压，正、负电压分别送到 PH_7（T250V）的 8、5 脚。在正常工作时，T250V 的 7、5 脚之间的内部三极管导通，5 脚的负压通过内部晶体管从 7 脚输出，送到制动 IGBT 的 G 极，IGBT 因 U_{GE} 为负压而截止，制动电路不工作；在电机减速制动时，CPU 送 BRK 信号到 T250V 的 3 脚，经内部光耦隔离传递后，使 8、7 脚之间的晶体管导通，8 脚正电压通过 7 脚加到制动 IGBT 的 G 极，IGBT 的 U_{GE} 为正压而导通，电机产生的再生电流经逆变电路上桥臂二极管、充电接触器触点、制动电阻 R_B、制动 IGBT、逆变电路下桥臂二极管流回电机，该电流在流回电机绕组时，绕组产生磁场对转子产生很大的制动力矩，从而使电机快速由高速转为低速，回路电流越大，绕组产生的磁场对转子形成的制动力矩越大。

7.2.5 检修驱动电路的注意事项及技巧

驱动电路的功能是将 CPU 送来的 6 路驱动脉冲进行放大，去驱动逆变电路 6 个 IGBT，使之将主电路直流电压转换成三相交流电压输出。逆变电路工作在高电压、大电流状态下，而驱动电路与逆变电路联系紧密，为了避免检修驱动电路时损坏逆变电路，应注意下面一些事项。

① 在上电检测驱动电路时，必须断开逆变电路的供电。因为在检测驱动电路时，测量仪器可能会产生一些干扰信号，如果干扰信号窜到逆变电路 IGBT 的 G 极，可能会使 IGBT 导通，如果正好是上、下桥 IGBT 导通，逆变电路的供电会被短路，而烧坏 IGBT 和供电电路。

② 若给逆变电路正常供电，则严禁断开驱动电路。IGBT 的 G、E 极之间存在分布电容 C_{ge}，C、G 极之间存在分布电容 C_{cg}，当上、下桥 IGBT 串接在 P、N 电源之间且 IGBT 的 G 极悬空时，如图 7-24（a）所示，电源会对上、下桥 IGBT 的分布电容 C_{cg}、C_{ge} 充电，在 C_{ge} 上充得上正下负的电压，IGBT 的 G、E 极之间为正电压，若 C_{ge} 电压达到开启电压，IGBT 会导通，两个 IGBT 同时导通会将 P、N 电源短路，不但 IGBT 会烧坏，还会损坏供电电路。如果在逆变电路正常供电时，让 IGBT 保持与驱动电路连接，如图 7-24（b）所示，则 C_{ge} 上的电压会通过与之并联的电阻 R_1 和驱动末级电路释放，IGBT 无法导通。

（a）上、下桥 IGBE 串接　（b）IGBE 与驱动电路连接

图 7-24　IGBT 的分布电容

7.2.6　驱动电路的常见故障及原因

1. 变频器上电时显示正常，启动操作时马上显示 OC（过流）代码

变频器上电时显示正常，说明开关电源和控制电路正常，启动操作时马上显示 OC 代码，说明逆变电路的 IGBT 的管压降过高。

故障具体原因如下。

① 逆变电路的 IGBT 开路，IGBT 的 C、E 管压降大，OC 检测电路动作，使 CPU 进行 OC 报警。

② 驱动电路损坏，导致 CPU 送出的驱动脉冲无法到达逆变电路的 IGBT，IGBT 截止，C、E 管压降大。

③ 驱动电路输出送给逆变电路 IGBT 的驱动脉冲幅度小，IGBT 导通不充分，C、E 管压降大。

④ 驱动电路供电电压偏低，导致 OC 检测电路误动作。

2. 变频器上电后即显示 OC 代码

故障原因可能如下。

① 变频器三相输出电流检测电路损坏，引起 CPU 误报 OC 故障。

② 驱动电路 OC 检测电路出现故障，让 CPU 误认为出现 OC 故障。

3. 变频器空载或轻载运行正常，但带上一定负载（在正常范围内）后，出现电机振动和频跳 OC 故障等现象

故障原因可能如下。

① 驱动电路供电电源输出电流不足。

② 驱动电路的放大能力下降，使送到逆变电路的电压或电流幅度不足。

③ IGBT 性能下降，导通内阻增大，使导通压降增大。

7.2.7 驱动电路的检修

变频器的驱动电路种类很多，但结构大同小异，区别主要在于采用不同的光耦隔离及驱动芯片，下面以图 7-25 所示的由 PC923 和 PC929 芯片构成的驱动电路为例来说明驱动电路的检修。

图 7-25 驱动电路检修例图

1. 无驱动脉冲输出的检修

在检修驱动电路前，先将逆变电路供电断开，再将驱动电路与逆变电路之间的连接也断开，若断开驱动电路而不将逆变电路的供电切断，逆变电路中的 IGBT 会被分布电容上充得的电压触发导通而损坏。

在检修驱动电路时，一般先进行静态检测，当静态检测正常时再进行动态检测。

（1）静态检测

静态检测是指在无驱动脉冲输入时检测驱动电路。当变频器处于待机时，CPU 不会送驱动脉冲给驱动电路；当对变频器进行启动操作时，CPU 才会输出驱动脉冲。

驱动电路的静态检修过程如下。

① 测量驱动电路电源是否正常。万用表置于直流电压挡，黑表笔接电容 C_{13} 的负极（零电位端），红表笔接 PC_2（PC923）的 8 脚，正常应有+18V 左右的电压，若电压为 0V，可能是 VD_{15} 开路、C_{13} 短路，PC923 内部短路、VT_3 短路等。再用同样的方法测量 PC_3（PC929）的 13 脚电压是否正常。

② 测量驱动电路输入引脚电压是否正常。万用表置于直流电压挡，测 PC$_2$ 的 2、3 脚之间的电压（红、黑表笔分别接 PC$_2$ 的 2、3 脚），在无驱动脉冲输入时，前级电路相当于开路，故 R$_{20}$ 和发光管无电流流过，2、3 脚之间的电压为 0V，若电压不为 0V，则可能是 PC$_2$ 输入脚内部开路，或 R$_{19}$ 前级电路损坏。再用同样的方法测 PC$_3$（PC929）的 3、2 脚之间的电压是否正常，正常电压应为 0V。

③ 测量驱动电路输出引脚电压是否正常。万用表置于直流电压挡，红表笔接 C$_{13}$ 的负极（零电位端），黑表笔接插件 CN$_1$ 的 1 脚，正常 CN$_1$ 的 1 脚电压约为 –10V，这是因为在无脉冲输入时，PC$_2$ 内部的 VT$_2$ 饱和导通，外部的 VT$_4$ 也饱和导通，CN$_1$ 的 1 脚通过 R$_{27}$、VT$_4$ 接 –10V，如果电压为 0V，可能是 R$_{27}$、VT$_4$、R$_{27}$ 和 VT$_2$ 开路，如果电压为正压，可能是 VT$_3$、VT$_1$ 短路。再用同样的方法检测 CN$_2$ 的 1 脚电压，正常电压也为 –10V。

（2）动态检测

动态检测是指在有驱动脉冲输入时检测驱动电路。在变频器运行时 CPU 会产生驱动脉冲送给驱动电路，但由于先前已将 IGBT$_2$ 与驱动电路断开，上电后 a 点电压很高，PC$_3$ 的 9 脚电压也很高，PC$_3$ 内部的 IGBT 保护电路动作，VT$_2$ 导通，8 脚电压下降，通过光电耦合器 PC$_2$ 向 CPU 送 OC 信号，CPU 停止输出驱动脉冲，驱动电路无输入脉冲。在检修驱动电路时，为了在断开逆变电路后不跳过 OC 信号且 CPU 仍输出驱动脉冲，可模拟 OC 检测正常，具体操作方法是将 b、c 两点用导线连接起来，模拟 IGBT$_2$ 的 C、E 极正常导通，这样在断开逆变电路的情况下，CPU 仍会输出驱动脉冲。

驱动电路的动态检测过程如下。

① 测量驱动电路输入引脚电压。使用万用表直流电压挡测量 PC$_2$ 的 2、3 脚之间的电压，当 3 脚有驱动脉冲输入时，2、3 脚之间的正常电压约为 0.3V（静态时为 0V），若电压为 0V，则可能是 R$_{19}$ 开路、PC$_2$ 的 3 脚至 CPU 脉冲输出引脚之间的前级电路损坏或是 PC$_2$ 的 2、3 脚内部短路。再用同样的方法测量 PC$_3$ 输入引脚电压。

② 测量驱动电路输出引脚电压。使用万用表直流电压挡测量插件 CN$_1$ 的 1 脚电压（黑表笔接 C$_{13}$ 负极，红表笔接 CN$_1$ 的 1 脚），CN$_1$ 的 1 脚正常电压约为 +4V（静态时为 –10V），这是因为在有脉冲输入时，PC$_2$ 内部的 VT$_1$、VT$_2$ 交替导通截止，外部的 VT$_3$、VT$_4$ 也交替导通截止，VT$_3$ 导通、VT$_4$ 截止时 CN$_1$ 的 1 脚电压为 +18V，VT$_4$ 导通、VT$_3$ 截止时 CN$_1$ 的 1 脚电压为 –10V，VT$_3$、VT$_4$ 交替导通截止，CN$_1$ 的 1 脚的平均电压为 +4V，这也表明有驱动脉冲送到 CN$_1$ 的 1 脚。如果 CN$_1$ 的 1 脚电压为 –10V（或接近 –10V），而 PC$_2$ 的 2、3 脚又有脉冲输入，可能原因有 VT$_4$、VT$_2$ 短路，VT$_1$、VT$_3$ 开路，或 PC$_2$ 内部有关电路损坏。如果 CN$_1$ 的 1 脚电压为 +18V（或接近 +18V），可能原因有 VT$_4$、VT$_2$ 开路，VT$_1$、VT$_3$ 短路，或 PC$_2$ 内部有关电路损坏。

（3）防护试机

当对 6 路驱动电路进行静态和动态检测后，如果都正常，则可初步确定驱动电路正常，能输出 6 路驱动脉冲，这时可以给驱动电路接上逆变电路进行试机。**为了安全起见，在试机时需要给逆变电路加一些防护措施，常用的防护措施有三种。**

措施一：在供电电路与逆变电路之间串接两只 **15～40W 的灯泡**，如图 7-26（a）所示，当逆变电路的 IGBT 出现短路时，流过灯泡的电流增大，灯泡温度急剧上升，阻值变大，逆变电路的电流被限制在较小范围内，不会烧坏 IGBT。

措施二：在供电电路与逆变电路之间串接一只 **2A 的玻壳熔断器**，如图 7-26（b）所示，当逆变电路的 IGBT 出现短路时，一旦电流超过 2A，熔断器烧断，而 IGBT 的允许通过的最大电流一般大于 2A，故在 2A 范围内不会烧坏。

措施三：断开供电电路，给逆变电路接一个 24V 的外接电源，如图 7-26（c）所示，当逆变电路的 IGBT 出现短路时，因为 24V 电源电压较低，流过 IGBT 的电流在安全范围内，不会烧坏 IGBT。

在这三种防护措施中，串接灯泡的方法使用较多，这主要是灯泡容易找到、成本也低，而且可通过观察灯泡的亮暗程度来判别电路是否存在短路。

（a）串接灯泡   （b）串接熔断器

（c）使用外接 24V 电源供电

图 7-26 通电试机的三种防护措施

在防护空载试机时，可能会出现以下情况。

① 变频器上电待机时，灯泡亮。变频器上电待机时，无驱动脉冲送给逆变电路的 IGBT，灯泡亮的原因为逆变电路某上、下桥臂存在漏电或短路，如 VT₁、VT₂ 同时短路或漏电，用万用表测 VT₁、VT₂ 可能是正常的，但通电高压下故障会表现出来。

② 变频器上电待机时，灯泡不亮，但对变频器启动操作后灯泡一亮一暗闪烁。变频器启动时，驱动电路送驱动脉冲给逆变电路的 IGBT，灯泡闪亮说明流过灯泡的电流时大时小，其原因是某个 IGBT 损坏，如 VT₂ 短路，当 VT₁ 触发导通时，VT₁、VT₂ 将逆变电路供电端短路，流过灯泡电流很大而发出强光。

③ 变频器待机和运行时，灯泡均不亮。用万用表交流 500V 挡测量 U、V、W 端子的输出电压 U_{UV}、U_{UW}、U_{VW}，测量 U_{UV} 电压时，一根表笔接 U 端子，另一根表笔接 V 端子，发现三相电压平衡（相等），说明逆变电路工作正常，可给变频器接上负载进一步试机。

如果万用表测得 U_{UV}、U_{UW}、U_{VW} 电压不相等，差距较大，其原因是某个 IGBT 开路或导通电阻变大。为了找出损坏的 IGBT，可用万用表直流 500V 挡分别测量 U、V、W 端与 N 端之间的直流电压。如果逆变电路正常，U、V、W 端与 N 端之间的电压应都相等。如果 U、N 之间的电压远远高于其他两相的电压，说明 VT_2 的 C、E 极之间导通电阻很大或开路，或 VT_2 的 G、E 极之间开路，也可能是 VT_2 无驱动脉冲（可检测 U 驱动电路与 VT_2 的 G、E 极之间的连接插件和有关元件），如果 U、N 之间的电压远远低于其他两相的电压，说明 VT_1 的 C、E 极之间导通电阻很大或开路，或 VT_1 的 G、E 极之间开路，也可能是 VT_1 无驱动脉冲（可检测 U 驱动电路与 VT_1 的 G、E 极之间的连接插件和有关元件）。

（4）正常通电试机

在防护试机正常后，可以给逆变电路接上主电路电压进行正常试机，在试机前一定要认真检查逆变电路中各 IGBT 与驱动电路之间的连接，以免某 IGBT 的 G 极悬空而损坏，另外要取消 OC 检测电路的模拟正常连接，让 OC 电路正常检测 IGBT 的压降。

2. 驱动电路带负载能力的检修

驱动电路的负载是 IGBT，为了让 IGBT 能充分导通与截止，驱动电路需要为 IGBT 提供功率足够的驱动脉冲。**驱动电路带负载能力差是指驱动电路输出的脉冲电压和电流偏小，不能使 IGBT 充分导通或截止。**

（1）故障表现

驱动电路带负载能力差的主要表现有：正向脉冲不足时，IGBT 不能充分导通，导通压降大，会出现电动机剧烈振动，频跳 OC 故障；负向脉冲不足或丢失时，IGBT 不能完全截止，IGBT 容易烧坏。

（2）故障判别方法

判别一节 1.5V 电池是否可以正常使用，一般的方法是测量它两端是否有 1.5V 电压，若电压大于或等于 1.5V，则认为电池可用，这种方法虽然简单，但不是很准确。准确可靠的判别方法是给电池接一个负载，如图 7-27 所示，然后断开电路，测量电池的输出电流，如果输出电流正常（如负载为 10Ω，电池电压为 1.5V，输出电流在 150mA 左右可视为正常），如果输出电流很小，如为 50mA，则电池不能使用（即使未接负载时电池的电压是 1.5V）。有些电池未接负载时两端电压正常，而接上负载后输出电流很小，其原因是电池内阻很大，在开路测量时由于测量仪表内阻很大，电池输出电流很小，电流在内阻上的压降小，故两端电压接近正常电压，一旦接上较小的负载，电池输出电流增大，电池内阻上的压降增大，输出电压下降。

图 7-27　检测电池输出电流来判别其是否可用

驱动电路带负载能力的检测也可采用判别电池带负载能力类似的方法，下面以图 7-28 所示驱动电路为例来说明。

驱动电路带负载能力的检测过程如下。

① 断开驱动电路与逆变电路的连接，逆变电路的供电也必须断开，同时模拟 IGBT 压降检测正常。

② 在驱动电路的输出端与 0V 电位之间串接一只与栅极电阻（R₄₅）相等的电阻 R，如图 7-28 虚线框内电路所示，电阻 R 与输出端断开，e、f 为断开处的两点。

③ 用万用表直流挡测量 e、f 之间的电流，同时启动变频器，让驱动电路输出脉冲，正常电流大小约为 150mA，如果 6 路驱动电路中的某路电流不正常，故障即为该驱动电路。

如果不能确定 e、f 间的正常电流大小，可测量其他各路驱动电路在该位置的电流，若某路与其他各路差距较大，则可认为该路驱动电路存在故障。

图 7-28　检测驱动电路带负载能力

（3）故障原因

驱动电路带负载能力差的原因如下。

① 驱动电路的电源供电不足。如 C₄₁ 容量变小，二极管 VD₁₄ 内阻增大，绕组局部短路等。

② 后级放大电路增益下降。如 VT₄、VT₁₀ 的导通电阻增大。

③ 驱动芯片内部电路性能不良。

此外，R₄₀、R₄₅ 阻值增大或 R₄₄ 阻值变小，也会使送到逆变电路的驱动脉冲幅度变小。

第8章 变频器其他电路原理
与检修

8.1 检测电路详解与检修

检测电路主要有电压检测电路、电流检测电路和温度检测电路，当变频器出现电压、电流和温度不正常情况时，相关的检测电路会送有关信号给 CPU，以便 CPU 进行相应的控制来保护变频器。

8.1.1 电压检测电路及检修

电压检测通常包括主电路电压检测、三相输入电压检测和三相输出电压检测，大多数变频器仅检测主电路电压，少数变频器还会检测三相输入电压或三相输出电压。

1. 主电路电压检测电路及检修

变频器的主电路中有 500 多伏的直流电压，该电压是否正常对变频器非常重要。检测主电路电压有两种方式：直接检测和间接检测。

（1）主电路电压直接检测电路及检修

① 电路分析。主电路电压直接检测电路如图 8-1 所示。

主电路 P、N 两端的直流电压经电阻降压后送到 U_{14} 的 2、3 脚，U_{14}（A7840）是一种带光电耦合的放大器（其内部结构如图所示），从 U_{14} 的 2、3 脚输入的电压经光电隔离传递并放大后从 7、6 脚输出，再送到 LF353 进行放大从 1 脚输出，输出电压经电位器和 R_{174} 送至 CPU 的 53 脚，主电路的直流电压发生变化，送到 CPU 53 脚的电压也会发生变化，CPU 可根据该电压值按比例计算出主电路的实际直流电压值（主电路电压为 530V 时 VPN 点的电压约为 3V），再通过显示器显示出主电路的电压值，CPU 也可以通过该电压识别主电路电压是否过压和欠压等。

78L05C 为电源稳压器，开关变压器绕组上的电动势经二极管 VD_{41} 对 C_{46} 充得一定的电压，电压送到 78L05C 的 8 脚，经内部稳压后从 1 脚输出+5V 供给 U_{14} 的 1 脚作为输入电路的电源。

图 8-1　主电路电压直接检测电路

② 电路检修。图 8-1 所示的主电路电压直接检测电路的常见故障有：变频器上电后马上报过电压（OU）或欠电压（LU）。

检修过程如下。

a. 测量主电路电压是否正常（500 多伏），不正常应检查主电路。

b. 若主电路电压正常，可测量 VPN 端（电位器中心端）电压，正常为 3V，如果该电压偏高或偏低，则说明主电路电压检测电路有故障，可按后面步骤继续检查。

c. 测量 A7840 输入和输出侧的 +5V 供电是否正常，不正常检修相应的供电电路。

d. 测量 A7840 的 2、3 脚之间的电压，正常应有 0.1V 以上的输入电压，用导线短路 2、3 脚，测量 LF353 的 1 脚（输出脚）电压，若电压有明显下降，说明 A7840、LF353 及有关外围元件正常，故障原因可能是电位器不良或失调，可重新调节。

e. 如果短路 A7840 的 2、3 脚，LF353 的 1 脚电压变化不明显，可进一步测 LF353 输入脚电压，正常为 3V 左右，短路 A7840 输入脚后电压会变为 0V，如果电压不变化，则 A7840 及外围元件损坏，若电压有变化，则为 LF353 及外围元件损坏。

（2）主电路电压间接检测电路及故障分析

① 电路分析。

主电路电压间接检测电路不是直接检测主电路电压，通常是检测与主电路电压同步变化的开关电源的某路输出电压，以此来获得主电路电压的情况。主电路电压间接检测电路如图 8-2 所示。

图 8-2　主电路电压间接检测电路

开关变压器 T_1 次级绕组的上负下正电动势经 VD_{16} 对电容 C_{25}、C_{24} 充电，得到上负下正电压，该电压经电位器 RP 送到放大器 U_{15d}（LF347）的 3 脚，放大后从 1 脚输出，经 R_{28}、R_{104} 送到 CPU 的 47 脚。当主电路的直流电压变化时，C_{25}、C_{24} 两端的电压会随之变化，U_{15d}（LF347）的 1 脚也会变化，送到 CPU 47 脚的电压变化，CPU 以此来获得主电路电压变化情况。

在电机减速制动时，电机工作在再生发电状态，电机会通过逆变电路对主电路储能电容充电，主电路的直流电压升高，U_{15d}（LF347）的 1 脚输出电压升高，U_{10b}（比较器）的 6 脚电压升高，当主电路电压升高到一定值（如 680V）时，会出现 U_{10b} 的 6 脚电压会大于 5 脚电压，U_{10b} 的 7 脚输出低电平，该低电平作为制动控制信号去后级电路，让主电路中的制动开关管导通，释放储能电容两端的直流电压，同时为电机再生电流提供回路，让回流电机的电流对电机进行制动。很多变频器的制动控制信号由 CPU 发出，本电路则采用检测主电路电压来判别电机是否工作在制动状态，若主电路电压上升到一定值，制动检测电路认为电机处于制动工作状态，马上输出制动控制信号，通过有关驱动电路让主电路中的制动开关管导通，对电机进行制动控制，同时通过放电将主电路储能电容两端的电压降下来。

如果某些原因使主电路电压上升过高，U_{15d}（LF347）的 1 脚输出电压也会很高，U_{10a}（比较器）的 2 脚电压很高，当 2 脚电压大于 3 脚电压时，U_{10a} 的 1 脚输出低电平，该低电平作为 OU（过压）信号经后级电路进一步处理后送给 CPU，CPU 根据内部设定程序进行相应的保护控制。

② 故障分析。

图 8-2 所示的主电路电压间接检测电路的故障分析如下。

a. 变频器上电后，马上报过电压（OU）。

这是 U_{10a} 电路报出的 OU 信号，故障原因有：供电电压偏高；U_{10a} 电路有故障，误报 OU 信号。

b. 变频器运行过程中报过电压（OU）或欠电压（LU）。

故障原因有：主电路存在轻度的过电压或欠电压，由 U_{15d} 检测送 CPU；U_{15d} 及外围元件参数变异，误报过电压或欠电压；主电路电压异常上升，使 U_{10a} 的 2 脚电压大于 3 脚电压，而输出 OU 信号（低电平）；U_{10a} 及外围元件参数变异，误报 OU 信号。

2. 三相输入电压检测电路及检修

三相输入电压检测电路用来检测三相输入电压是否偏低或存在缺相。当变频器三相输入电压偏低或缺相时，主电路的直流电压也会偏低，若强行让逆变电路在低电压下继续工作，可能会损坏逆变电路，三相输入电压检测电路检测到输入电压偏低或缺相时会发送信号给 CPU，CPU 会进行停机控制。

（1）电路分析

三相输入电压检测电路如图 8-3 所示。

图 8-3　三相输入电压检测电路

三相交流电压通过 R、S、T 三个端子进入变频器，分作两路：一路去主电路的整流电路，对主电路的储能电容充得 500 多伏的电压，另一路经压敏电阻和阻值很大的电阻降压后送到 $VD_{17} \sim VD_{22}$ 构成的整流电路，对 C_{44} 充电，在 C_{44} 上得到上正下负的电压。如果 R、S、T 端子输入的三相交流电压正常，主电路储能电容两端电压正常，三相输入电压检测电路中的 C_{44} 两端电压较高，它通过 PC_{13} 内部发光二极管击穿稳压二极管 VD_{23}，有电流流过 PC_{13}，PC_{13} 内部光敏管导通，产生一个低电平信号去 CPU；如果 R、S、T 端子输入的三相交流电压中有一相电压偏低或缺少一相电压，主电路储能电容两端电压下降，同时三相检测电路该相输入压敏电阻不能导通，只有两相电压送入检测电路，C_{44} 两端电压下降，无法通过 PC_{13} 内部发光二极管击穿稳压二极管 VD_{23}，PC_{13} 内部光敏管截止，产生一个高电平信号去 CPU，CPU 发出输入断相报警，并进行停机控制。

（2）故障检修

图 8-3 所示的三相输入电压检测电路的常见故障为变频器报输入断相。

故障原因如下。

① 三相输入电压检测电路中有一相电路存在元件开路，如 R_{53}、R_{13}、R_{14}、VD_{17} 开路。

② R_{20}、VD_{23}、PC_{13} 开路。

③ C_{44} 短路。

3. 三相输出电压检测电路及检修

（1）电路分析

三相输出电压检测电路通常用来检测逆变电路输出电压是否断相。图 8-4 所示是一种常见的三相输出电压检测电路。

图 8-4　一种常见的三相输出电压检测电路

主电路的 500V 以上的直流电压经 R_{66}、R_{67} 降压后得到约 2.7V 电压，该电压提供给 IC_{5A} 的 4、IC_{5B} 的 9 脚（比较器同相输入端）和 IC_6 的 4 脚，在变频器待机时，逆变电路的 IGBT 均处于截止状态，IC_5 的 5、10 脚（比较器反相输入端）和 IC_6 的 5 脚的电压均为 0V，比较器输出均为高电平，A2261V 的 3 脚为高电平，内部光耦合器不导通，6 脚输出高电平。在变频器正常工作时，逆变电路的 IGBT 工作在导通截止状态，U、V、W 端有较高的电压，该电压经降压后送到比较器反相输入端，使反相输入端电压大于同相输入端电压，比较器输出低电平，A2261V 内部光电耦合器导通，6、5 脚内部晶体管导通，6 脚输出低电平，该低电平去 CPU 告之本相输出电压正常，如果逆变电路某相上桥 IGBT 开路或下桥 IGBT 短路，以 U 相为例，U 相上桥 IGBT 开路会使 U 端电压变为 0V，比较器 IC_{5A} 输出高电平，PC_{17} 内部光电耦合器不能导通，6 脚输出由低电平变为高电平，CPU 根据该变化的电平知道本相出现输出缺相，马上停机保护。

（2）故障检修

图 8-4 所示的三相输出电压检测电路常见故障为输出缺相报警。

故障原因如下。

① 逆变电路某相上桥 IGBT 开路，或下桥 IGBT 短路。

② 三相输出电压检测电路中的某相检测电路存在故障，以 U 相为例，R_{57}、R_{69} 开路，IC_{5A}、A2261V 损坏等。

8.1.2　电流检测电路及检修

电流检测通常包括主电路电流检测电路和输出电流检测电路，当检测到电路存在过流情况时，检测电路会输出相应的信号去 CPU，以便 CPU 进行有关保护控制。

1. 主电路电流检测电路及检修

在使用电流表检测电路电流时，需要先断开电路，再将电流表串接在电路中。主电路电流检测一般不采用这种方式，它通常采用在主电路中串接取样电阻或熔断器，通过检测取样电阻和熔断器两端电压来了解主电路电流情况。

（1）利用电流取样电阻来检测主电路电流

图 8-5 所示是一种常见的利用电流取样电阻来检测电流的主电路电流检测电路。该电路在主电路中串接了两只 30mΩ 的取样电阻，当主电路流往后级电路（主要是逆变电路）的电流正常时，取样电阻两端电压 U_{q1}、U_{q2} 较低，不足于使光电耦合器 PC_{12}、PC_8 内部的发光管导通，光敏管截止，送高电平信号去 CPU。如果主电路流往后级电路的电流很大，取样电阻两端电压 U_{q1}、U_{q2} 很高，它们使光电耦合器 PC_{12}、PC_8 内部的发光管导通，光敏管导通，送低电平信号去 CPU，CPU 让后级电路停止工作。

该电路常见故障为变频器上电后跳过电流。故障原因如下。

① 电流取样电阻开路，光电耦合器发光管两端电压高而导通，光敏管随之导通，CPU 从该电路获得低电平，误认为主电路出现过电流。

② 光电耦合器 PC_8 或 PC_{12} 短路。

③ C_{63} 短路。

由于电流取样电阻阻值很小，损坏后难于找到这种电阻，可用细铁丝来绕制，具体做法是：找一段较长的细铁丝，万用表（可选精度高的数字万用表）一根表笔接铁丝一端，另一根表笔往铁丝另一端移动，观察阻值大小，当阻值为 300mΩ 时停止移动表笔，在该处将铁丝剪断，再将铁丝绕在绝缘支架上（保持匝间绝缘），如果单层不够，可在已绕铁丝上缠绕绝缘胶带，再在绝缘胶带上继续绕制。

图 8-5　一种常见的利用电流取样电阻来检测电流的主电路电流检测电路

（2）利用熔断器来检测主电路电流

图 8-6 所示是一种常见的利用熔断器来检测电流的主电路电流检测电路。该电路在主电路中串接了一只熔断器 FU_1，当主电路流往后级电路（主要是逆变电路）的电流正常时，熔断器两端电压为 0，无电流流过 PC_2 内部的发光管，光敏管截止，PC_2 输出高电平。如果主电路流往后级电路的电流过大，熔断器开路，有电流经 R_{37}、R_{38} 流入 PC_2 内部的发光管，光敏管导通，PC_2 输出低电平，该低电平作为 FU 故障信号去 CPU，CPU 控制停机并发出 FU 故障报警。

图 8-6　一种常见的利用熔断器来检测电流的主电路电流检测电路

该电路常见故障为变频器报 FU 故障。故障原因如下。

① 熔断器 FU₁ 开路。

② 光电耦合器 PC₂ 光敏管短路。

2. 输出电流检测电路及检修

输出电流检测电路的功能是检测逆变电路输出的 **U、V、W** 相电流，当输出电流在正常范围时，**CPU** 通过显示器将电流值显示出来，当电流超过正常值时，**CPU** 则进行停机控制。

（1）输出电流的两种取样方式

在检测输出电流时，主要有电阻取样和电流互感器取样两种方式，如图 8-7 所示，输出电流越大，取样电阻或电流互感器送给电流检测电路的电压越高，采用取样电阻方式的电流检测电路使用较少，且常用在中、小功率变频器中，大多数变频器采用电流互感取样方式。

（a）电阻取样方式　　　　　　　　（b）电流互感器取样方式

图 8-7　检测输出电流的两种方式

（2）电流互感器

早期的变频器检测输出电流多采用普通的电流互感器，其结构如图 8-8（a）所示，当有电流通过导线时，导线会产生环形磁场，磁环中有磁感线通过，绕在磁环上的线圈会产生感应电动势，如果给线圈外接电路，线圈就会输出电流流入电路，导线通过的电流越大，线圈输出电流就越大。

现在越来越多的变频器采用电子型电流互感器，其结构如图 8-8（b）所示，当导线有电流通过时，磁环中有磁感线通过，在磁环上开有一个缺口，缺口内放置一种对磁场敏感的元件——霍尔元件，磁环的磁感线会穿过霍尔元件，如果给霍尔元件一个方向通入电流，在有磁场穿过霍尔元件时，霍尔元件会在另一个方向产生电压，在通入电流不变的情况下，磁环的磁场越强，霍尔元件产生的电压越高，该电压经放大后输出到电流检测电路。

（a）电流互感器　　　　　　　　（b）电子型电流互感器

图 8-8　电流互感器

（3）输出电流检测电路

图 8-9 所示是一种典型的输出电流检测电路。

图 8-9 一种典型的输出电流检测电路

来自 V、W 相电流互感器的 I_V、I_W 电流经 RC 元件滤除高频干扰信号后，分别送到 U_{11a}、U_{11c} 的 2、13 脚，放大后分别从 1、14 脚输出。U_{11a} 的 1 脚输出的 I_V 信号分作三路：第一路去 $VD_{20} \sim VD_{22}$ 构成的三相整流电路；第二路经 R_{89} 去 U_{11b} 的 6 脚；第三路经 R_{102A} 去 U_{12a} 的 2 脚。U_{11c} 14 脚输出的 I_W 信号也分作三路：第一路去 $VD_{20} \sim VD_{22}$ 构成的三相整流电路；第二路经 R_{102B} 去 U_{11d} 的 9 脚；第三路经 R_{101} 去 U_{12a} 的 2 脚。

I_V、I_W 信号在 U_{12a} 的 2 脚混合成 I_U 信号，经 U_{12} 放大后从 1 脚输出，送到三相整流电路，I_V、I_W、I_U 三路信号经三相整流电路汇合成一路总直流电流，从 I_{in+}、I_{in-} 端送到后级电路进一步处理，如果逆变电路输出电流过大，从 I_{in+}、I_{in-} 端送往后级电路的电流也很大，后级电路会得到一个反映过电流的电平信号送给 CPU，CPU 则进行停机控制。

U_{11b} 6 脚的 I_V 信号经 U_{11b} 与 VD_{14} 组成的精密半波整流电路取出半周 I_V 信号，通过 R_{92} 送到 F 点；U_{11d} 9 脚的 I_W 信号经 U_{11d} 与 VD_{15} 组成的精密半波整流电路取出半周 I_W 信号，通过 R_{100} 送到 F 点；U_{12b} 6 脚的 I_U 信号经 U_{12b} 与 VD_{16} 组成的精密半波整流电路取出半周 I_U 信号，通过 R_{106} 送到 F 点。I_V、I_W、I_U 三路半周信号在 F 点汇合成一个电压信号，经 R_{109} 送到 U_{12c} 的 13 脚，放大后从 14 脚输出到 CPU，逆变电路输出电流越大，从 14 脚输出送给 CPU 的电压幅度越大，CPU 根据该电压值按比例计算出实际输出电流大小，并通过显示器显示出来。

该电路常见故障为变频器报过电流或无法显示输出电流。

对于变频器报过电流故障，应检查与过电流检测有关的电路，如 U_{11a}、U_{11c}、U_{12b} 及有关外围元件，电子电流互感器损坏也可能会出现报过电流故障。

对于无法显示输出电流的故障，应检查与电流大小检测有关的电路，如 U_{11b}、U_{11d}、U_{12a}、U_{12c} 及有关外围元件。

8.1.3 温度检测电路

逆变电路的 IGBT 和整流电路的整流二极管都在高电压大电流下工作，电流在通过这些元件时有一定的损耗而使元件发热，因此通常需要将这些元件安装在散热片上，由于散热片的散热功能有限，有些中、大功率变频器还会使用散热风扇对散热片进一步散热。如果电路出现严重的过流或散热不良（如散热风扇损坏），元件温度可能会上升很高而烧坏，为此变频器常设置温度检测电路来检测温度，当温度过高时，CPU 则会控制停机保护。

对于一些小功率机型，如果采用模块化的逆变电路和整流电路，在模块中通常已含有温度检测电路；对于中、大功率的机型，一般采用独立的温度检测电路，并且将温度传感器安装在逆变电路和整流电路附近，如安装在这些电路的散热片上。

1. 不带风扇控制的温度检测电路及检修

有些变频器通电后就给散热风扇供电，让风扇一直运转，温度检测电路不对散热风扇进行控制。常见的不带风扇控制的温度检测电路如图 8-10 所示。

（a）热敏电阻为温度传感器　　　　　　（b）温控继电器为温度传感器

图 8-10　不带风扇控制的温度检测电路

图 8-10（a）采用热敏电阻作为温度传感器，当逆变电路或整流电路温度上升时，该电阻阻值会发生变化，送到后级电路的电压也会变化，当温度上升到一定值时，后级电路会将经 R_2 送来的电压处理成一个电平信号送给 CPU，CPU 会做出 OH（过热）报警并停机保护。

图 8-10（b）采用温控继电器作为温度传感器，在常温下该继电器触点处于闭合状态，当温度上升超过 75℃时，触点断开，光电耦合器 PC_{817} 截止，电路会送一个高电平信号给 CPU，CPU 会发出 OH（过热）报警并停机保护。

该电路常见故障为变频器报 OH（过热）。以图 8-10（b）电路为例，变频器报 OH 故障原因如下。

① 温度继电器触点开路。

② 光电耦合器 PC_{817} 开路。

③ R_{34} 开路，C_{34} 短路。

2. 带风扇控制的温度检测电路及检修

带风扇控制的温度检测电路可在温度低时让风扇停转，在温度高时运转，温度越高让风扇转速越快，当温度过高时让 CPU 发出 OH（过热）报警，并进行停机保护。图 8-11 所示是一种典型的带风扇控制的温度检测电路。

图 8-11 一种典型的带风扇控制的温度检测电路

图 8-11 采用一只负温度系数热敏电阻（阻值变化与温度变化相反，温度上升阻值减小）作为温度传感器。在变频器刚开始运行时，热敏电阻 R_H 温度低阻值大，U_{3A} 的 5 脚输入为负压，7 脚输出也为负压，U_{3B} 的 2 脚输入为负压，1 脚输出为正压，二极管 VD_{46} 截止，三极管 VT_{21} 截止，散热风扇无电流通过不工作。变频器工作一段时间后，R_H 温度升高阻值减小，U_{3A} 的 5 脚输入为正压，7 脚输出也为正压，U_{3B} 的 2 脚输入为正压，1 脚输出为负压，二极管 VD_{46} 导通，三极管 VT_{21} 导通，散热风扇有电流流过而开始运转散热，热敏电阻 R_H 温度越高，其阻值越小，U_{3A} 的 5、7 脚电压越高，U_{3B} 的 1 脚电压越低，VT_{21} 导通程度越深，流过风扇的电流越大，风扇转速越快。风扇运转一段时间后，R_H 温度下降阻值增大，U_{3A} 的 5 脚输入为负压，U_{3B} 的 1 脚输出为正压，VD_{46}、VT_{21} 截止，散热风扇无电流通过停转。散热风扇按这种间歇方式工作可提高使用寿命。

在三线散热风扇运转过程中，风扇内部电路会输出运转信号，经 VT_{19}、VT_{20} 放大后从 J_6 端去后级电路进一步处理，再送至 CPU，告之风扇处于运行状态。当热敏电阻 R_H 开路或风扇出现故障停转时，F 点电压很低，该电压经后级电路处理后会形成一个电平信号去 CPU，CPU 发出 OH 报警并进行停机保护。

该电路常见故障有：风扇不转、报 OH 故障；风扇不转、不报 OH 故障。

对于风扇不转、报 OH 故障的可能原因如下。

① VT_{21}、VD_{46} 开路，无法为风扇供电，风扇不转无法散热，整流和逆变模块温度上升引起报 OH 故障。

② U_{3A}、U_{3B} 及其外围元件损坏，无法为 VT_{21} 基极提供低电平。

对于风扇不转、不报 OH 故障的可能原因如下。

① 温度传感器 R_H 短路，U_{3A} 的 5 脚电压很高，U_{3B} 的 1 脚输出为高电平，风扇不转，另外因为 R_H 短路使 F 点电压很高，不会报 OH 故障，由于风扇不转无法散热，而 CPU 又不能接受到 OH 检测信号进行保护，整流和逆变模块容易因温度上升而烧坏。

② VT_{19} 或 VT_{20} 短路，F 点电压很高，CPU 不报 OH 故障，同时 U_{3A} 的 5 脚电压很高，U_{3B} 的 1 脚输出为高电平，风扇不转。

8.2　CPU 电路详解与检修

CPU 电路是指以 CPU 为中心的电路，具体可分为 CPU 基本电路、外部输入/输出端子接口电路、内部输入/输出电路和驱动脉冲输出电路。

8.2.1　CPU 基本电路及检修

CPU 基本电路包括 CPU 工作必需的供电电路、复位电路和时钟电路，此外有些变频器的 CPU 还具有外部存储电路、面板输入及显示电路和通信接口电路。

图 8-12 所示是一种典型的 CPU 基本电路，它既含有 CPU 必备的供电电路、复位电路和时钟电路，也含有 CPU 常备的外部存储电路、面板输入及显示电路和通信接口电路。

图 8-12　一种典型的 CPU 基本电路

1. CPU 必备电路及检修

（1）电路分析

CPU 必备电路是指 CPU 工作时必须具备的电路，这些电路不管缺少哪一个，CPU 都不能工作。CPU 必备电路有供电电路、时钟电路和复位电路。

① 供电电路。

CPU 的 5、27 脚为电源脚，由电源电路送来的 +5V 电压连接到这些脚，为内部电路供电。对于一些不用并且需要接高电平的引脚，通常与电源脚一起接 +5V 电压。

② 时钟电路。

CPU 内部有大量的数字电路，这些电路工作时需要时钟信号控制。CPU 的 69、70 脚外接 C1、C2 和晶振 X，它们与内部电路一起构成时钟振荡电路，产生 16MHz 的时钟信号，控制内部的数字电路有条不紊地工作。

③ 复位电路。

CPU 内部的数字电路很多，在 CPU 通电时内部各电路的状态比较混乱，复位电路的作用是产生一个复位信号提供给各数字电路，使之状态全部恢复到初始状态，复位信号的作用类似于学校的上课铃声，铃声一响，学校所有学生都会马上回到教室坐好，等待老师上课。CPU 的 48 脚为复位信号输入引脚，IMP809M 为复位专用芯片，当+5V 电压提供给该芯片时，芯片马上送一个低电平到 CPU 的 48 脚，对内部数字电路进行复位，复位完成后，复位芯片送高电平到 48 脚，在正常工作时 CPU 的 48 脚为高电平。

（2）故障检修

① 故障特征。

CPU 必备电路典型的故障特征为：上电后操作面板无显示或显示一些固定的字符，操作面板所有按键失灵。

② 故障检修。

当 CPU 的三个必备电路有一个不正常时，CPU 都不会工作，因此遇到 CPU 不工作时应先检查三个必备工作电路。

a. 测量 CPU 的电源脚有无+5V 电压，若无，检查其供电电路。

b. 测量 CPU 的复位脚（48 脚）电压，正常应为+5V，若电压不正常，检查 R_{188}、C_{72} 和复位芯片 IMP809。该 CPU 采用低电平复位，即开机瞬间复位电路为复位脚提供一个低电平，然后恢复为高电平（+5V），因此即使测得复位脚为+5V，也不能说明复位电路一定正常，可采用人工复位的方法来进一步判别，用一根导线将复位脚与地瞬间短路，如果 CPU 马上工作（操作面板内容发生变化），说明复位电路有故障，应检查复位电路，如果 CPU 采用高电平复位，可用导线瞬间短路复位脚与电源脚来人工复位。

c. 在检查时钟电路时，如果条件允许，可用示波器测量时钟脚（69、70 脚）有无时钟脉冲，也可用万用表测时钟脚电压，正常 69 脚为 2V、70 脚为 2.3V，如果电压不正常，可检查 C_1、C_2 是否损坏，对于晶振无法测量其是否开路，可更换来判别。

如果 CPU 的三个必备电路都正常，而 CPU 又不工作，通常为 CPU 损坏。

2. CPU 常备电路及检修

CPU 常备电路是指为了增强和扩展 CPU 的功能而设置的一些电路，CPU 缺少这些电路仍可工作，但功能会减弱。CPU 常备电路主要有外部存储电路、面板输入及显示电路和通信接口电路等。

① 外部存储电路。

CPU 内部有 ROM（只读存储器）和 RAM（随机存储器），ROM 用来存储工厂写入的程序和数据，用户无法修改，断电后 ROM 中的内容不会消失，RAM 用来存放 CPU 工作时产生的一些临时数据，断电后这些数据会消失。在使用变频器时，经常需要修改一些参数并且将修改后的参数保存下来，以便变频器下次工作时仍按这些参数工作，这就需要给 CPU 外接另一种存储器 E^2PROM（带电可编程存储器），这种存储器中的数据可以修改，并且断电后数据可保存下来，E^2PROM 用来存放用户可修改的程序数据。

U_2（93C66）为 E^2PROM 芯片，它通过 4 个引脚与 CPU 连接。CS 为片选引脚，当 CPU 需要读写 U_2 中的数据时，必须给 CS 引脚送一个片选信号来选中该芯片，然后才能操作该芯片；DI 为数据输入引脚，CPU 的数据通过该引脚送入 U_2；DO 为数据输出引脚，U_2 中的数据通过该脚送入 CPU；CLK 为时钟引脚，CPU 通过该引脚将时钟信号送入 U_2，使 U_2 内部数字电路工作步调与 CPU 内部电路保持一致。

外部存储电路典型故障特征：变频器操作运行正常，也能修改参数，但停电后参数无法保存。外部存储器不工作的原因如下。

a. 外部存储器供电不正常。

b. 外部存储器与 CPU 之间的连线开路或连线的上拉电阻损坏。

c. 外部存储器损坏。

② 面板输入及显示电路。

为了实现人机交互功能，变频器一般配有操作显示面板，在操作显示面板中含有按键、显示器及有关电路。CPU 往往不能直接与操作显示面板通信，它们之间需要加设接口电路。U_1（SN75LBC179）为 CPU 与操作显示面板的通信接口芯片，当操作面板上的按键时，面板电路会送信号到 U_1 的 A、B 脚，经 U_1 转换处理后从 R 脚输出去 CPU 的 RXD0（接收）脚，在变频器工作时，CPU 会将机器的有关信息数据通过 TXD0（发送）端送入 U_1 的 D 端，经 U_1 转换后从 Z、Y 输出到面板电路，面板显示器将机器有关信息显示出来。

面板输入及显示电路常见故障有：面板按键输入无效，显示器显示不正常（如显示字符缺笔画）。如果仅个别按键输入无效，可检查这些按键是否接触不良，如果所有按键均失效，则可能是面板电路损坏，显示器出现字符缺笔画现象一般是显示器个别引脚与显示驱动电路接触不良，如果显示器不显示，则可能是显示驱动电路无供电或损坏。如果操作面板不正常，更换新面板后故障依旧，则可能是面板与 CPU 之间的接口电路 U_1 及外围元件有故障。

③ 通信接口电路。

在一些自动控制场合需要变频器与一些控制器（如 PLC）进行通信，由控制器发指令控制变频器的工作，为适合这种要求，变频器通常设有 RS-485 通信端口，外围设备可使用该通信端口与变频器 CPU 通信。U_6（15176B）为 RS-485 收发接口芯片，它能将 CPU 发送到 R 端的数据转换成 RS-485 格式的数据从 A、B 端送出，去外围设备，也可以将外围设备送到 A、B 端的 RS-485 格式的数据转换成 CPU 可接受的数据，从 D 端输出，去 CPU 的 TXD1 端。U_6 的 $\overline{RE}$、DR 引脚为通信允许控制端。

通信接口电路典型故障特征是：变频器无法通过信口与其他设备通信。在检查时，先要检查通信口是否接触良好，再检查通信接口芯片 U_6 及其外围元件。

8.2.2 外部输入/输出端子接口电路及检修

变频器有大量的输入/输出端子，图 8-13 所示为典型的变频器输入/输出端子图，除了 R、S、T、U、V、W、PI、P、N 端子内接主电路外，其他端子大多通过内部接口电路与 CPU 连接，与 CPU 连接的端子可分为两类：数字量输入/输出端子和模拟量输入/输出端子。

1. 数字量端子接口电路及检修

数字量端子又称开关量端子，用于输入或输出 ON、OFF（即开、关）信号。 例如，图 8-13 中的 STF 端为数字量输入端子，A 端为数字量输出端子，当 STF、SD 端子之间的开关闭合时，变频器的 STF 端子输入为 ON，变频器驱动电机正转，如果 A 端输出为 ON，则 A、C 端子内部开关闭合，A 端外接灯泡会被点亮，由于 A、B 端子内部开关是联锁的，A、C 内部接通时 B、C 内部断开。

（1）电路分析

CPU 的数字量端子接口电路如图 8-14 所示。

图 8-13 典型的变频器输入/输出端子图

图 8-14 CPU 的数字量端子接口电路

S_1、S_2、S_3、S_4、S_5、S_6 为数字量输入端子，COM（相当于图 8-13 中的 SD）为数字量输入公共端子，变频器可通过 24V 端子往外围设备供电。当 S_1、COM 端子之间的外部开关闭合时，有电流从 S_1 端子流出，电流途径是：+24V→光电耦合器 U_{22} 的发光管→R_{182}→S_1 端子→外部开关→COM 端子→地，有电流流过光电耦合器 U_{22}，U_{22} 导通，给 CPU 的 20 脚输入一个低电平，CPU 根据该脚预先定义执行相应程序，再发出相应的驱动或控制信号，比如 S_1 端子定义为反转控制，CPU 的 20 脚接到低电平后知道 S_1 端子输入为 ON，马上送出与正转不同的反转驱动脉冲去逆变电路，让逆变电路输出与正转不同的三相反转电源，驱动电机反向运转。

M_A、M_C、M_B、M_1、M_2 为数字量输出端子。当 CPU 的 2 脚输出高电平时，三极管 VT_3 导通，有电流流过继电器 K_1 线圈，K_1 常开触点闭合、常闭触点断开，结果 M_A、M_C 端子内部接通，而 M_B、M_C 端子内部断开。

（2）故障检修

① 某数字输入端子输入无效。

这种故障是由该数字输入端子接口电路损坏所致。以 S_1 端子输入无效为例，检查时测量 CPU 20 脚，正常应为高电平，然后将 S_1 端子外接开关闭合，20 脚电压应降为低电平，如果闭合开关后 20 脚电压仍为高电平，则可能是 R_{182} 开路，光电耦合器 U_{22} 短路，R_{123}、C_{65} 短路。

② 所有的数字输入端子均无效。

这种故障是由数字输入端子公共电路损坏所致。先检测数字输入端子接口电路的+24V 电源是否正常，若不正常，可检测 C_8 是否短路，如果 C_8 正常，应检查开关电源 24V 电压输出电路。另外，接口电路的+5V 电压不正常、COM 端子开路，也会导致该故障的出现。

③ 某数字输出端子无法输出。

这种故障是由该数字输出端子接口电路损坏所致。以 M_1、M_2 端子为例，在 VT_4 的基极与+5V 电源之间串接一个 2kΩ 的电阻，为 VT_4 基极提供一个高电平，同时测量 M_1、M_2 端子是否接通，如果两端子接通，表明 VT_4 及继电器 K_2 正常，故障在于 R_{68} 开路或 CPU 74 脚内部电路损坏，如果两端子不能接通，应检查 VT_4、继电器 K_2 和两端子等。在确定某输出端是否有故障前，一定要明白该端子在何种情况下有输出，如果在该情况下无输出才能确定该端子接口电路有故障。

2. 模拟量端子接口电路

（1）电路分析

模拟量端子用于输入或输出连续变化的电压或电流。 CPU 的模拟量端子接口电路如图 8-15 所示。

F_S 为频率设定电源输出端，变频器内部 24V 电压送入 U_9 的 1 脚，经稳压调整后从 7 脚输出 10V 电压，再送到 F_S 端子。

F_V 为电压/频率设定输入端子，该端子可以输入 0～10V 电压，电压经先经 R_{17}、R_{18} 分压成 0～5V 电压，再由经 U_{23a} 送到 CPU 的 50 脚，F_V 端子输入电压越高，CPU 的 50 脚输入电压也越高，CPU 会送出高频率的驱动脉冲去逆变电路，驱动逆变电路输出高频率的三相电源，让电机转速更高。在使用电压方式调节输出频率时，通常在 F_S 端子和模拟量公共端子之间接一个 1kΩ 的电位器，电位器的滑动端接 F_V 端子，调节电位器即可调节变频器输出三相电源的频率。

F_I 为电流/频率设定输入端子，该端子可以输入 0～20mA 电流，电流在流 R_{20}、R_{172}、R_{173}

时，在电阻上会得到 0～5V 的电压，电压经 U_{23b} 送到 CPU 的 49 脚，F_I 端子输入电流越大，CPU 的 59 脚输入电压越高，CPU 送出驱动脉冲使逆变电路输出高频率的三相电源，让电机转速变快。

图 8-15　CPU 的模拟量端子接口电路

A_M 为模拟信号输出端子，可以输出 0～10V 电压，常用于反映变频器输出电源的频率，输出电压越高，表示输出电源频率越高，当该端子外接 10V 量程的电压表时，可以通过该电压表监视变频器输出电源的频率变化情况。

（2）故障检修

① 使用模拟输入端子无法调节变频器的输出频率。

该故障是由于该模拟量输入接口电路损坏所导致的。以 F_V 端子为例，如果调节 F_V 端子外接电位器无法调节变频器输出频率，先测量 F_S 端子有无 10V 电压输出，若无电压输出，可检查稳压器 U_9 及外围元件；若 F_S 端子有 10V 电压输出，可调节 F_V 端子外接的电位器，同时测量 CPU 50 脚电压，正常 50 脚电压有变化，若电压无变化，故障可能是 F_V 端子至 CPU 50

脚之间的电路损坏，如 R_{17}、R_{35}、R_{110}、R_{111} 开路，C_{26}、C_{52} 短路，或 U_{23a} 及外围元件损坏。

② 模拟信号端子无信号输出。

该故障是由于模拟量输出接口电路损坏所导致的。在调节变频器输出频率时，A_M 端子电压应发生变化，如果电压不变，可进一步测量 CPU 65 脚电压是否变化，若电压变化，故障可能是 CPU 65 脚至 A_M 端子之间的电路损坏，如 R_{174}、R_{175}、R_{176} 开路，C_{54}、C_{57} 短路，U_{23c}、U_{23d} 及外围元件损坏。

8.2.3 内部输入/输出电路及检修

CPU 是变频器的控制中心，在输入方面，它除了要接收外部输入端子输入信号外，还要接收反映内部电路情况的信号（如内部电路过流、过压等），在输出方面，它除了要往外部输出端子输出信号外，还要发出信号控制内部电路（如发出驱动脉冲）。

1. 输入检测电路及检修

输入检测电路用来检测变频器某些电路的状态及工作情况，并告之 CPU，以便 CPU 进行相应的控制。图 8-16 所示是一种典型的 CPU 输入检测电路，其输入检测的内容较为全面。

图 8-16　一种典型的 CPU 输入检测电路

（1）主电路直流电压检测输入电路

开关变压器 T_1 次级线圈上负下正电动势经 VD_{16} 对 C_{11}、C_{10} 充电，在电容上充得上负下正的负压，它送到 U_{3a} 反相放大后输出，去三极管 VT 的基极，放大后送到 CPU 的 12 脚，

CPU 根据 12 脚电压来判断主电路电压的高低。主电路直流电压越高，C_{11}、C_{10} 上的负压越高，VT 基极的正压越高，CPU 的 12 脚电压越低。

该电路常见故障为变频器报过欠电压（OL）或过电压。当 VD_{16}、R_{47}、R_{73} 开路时，U_{3a} 的 2 脚电压很高，1 脚输出低电平，三极管 VT 截止，CPU 12 脚电压很高，CPU 会误以为主电路电压很低而报 OL，另外 R_{54}、VT 开路也会使 CPU 12 脚电压很高。当 VT、C_{46} 短路或 R_{25} 开路时，CPU 12 脚电压很低，CPU 会报过电压。

（2）充电接触器状态检测输入电路

变频器在刚通电时，输入电源通过整流电路和充电电阻对储能电容充电，当储能电容两端电压达到一定值时，让充电接触器触点闭合。变频器正常工作时，整流电路始终通过接触器触点对储能电容充电，如果正常工作时接触点处于断开，储能电容充电仍需经过充电电阻，充电电流较小，电容两端电压偏低，主电路不能正常工作。为此，有些变频器设有充电接触器状态检测电路，在变频器正常工作时如果 CPU 检测到充电触点仍断开，则停机保护。在图 8-16 中，由开关电源为充电接触器 KM 的触点提供 24V 电压，如果触点处于断开状态，CPU 的 11 脚输入为低电平，触点闭合时 CPU 的 11 脚输入为高电平。

该电路常见故障为变频器报充电接触器故障或欠电压故障。例如，当 R_{48}、R_{50} 开路，C_8 短路，都会使 CPU 的 11 脚输入为低电平，CPU 会误以为充电接触器触点未闭合，而进行充电接触器故障报警。

（3）模块温度检测输入电路

R_H 为温度检测传感器（热敏电阻），当模块温度变化时，R_H 的阻值会发生变化，U_{15b} 的 5 脚电压也会变化，送到 CPU 46 脚的电压随之变化。如果模块温度过高时，会使 CPU 46 脚电压达到一定值，CPU 则认为模块温度过高，会发出过热报警，并进行停机保护。

该电路常见故障为变频器报过热（OH）故障。当变频器报 OH 故障时，可检查整流和逆变模块是否真正过热，若温度正常，应检查 CPU 46 脚外围的温度检测电路。在检查时，用导线短路温度传感器 R_H，同时测量 CPU 46 脚电压有无变化，若无变化说明 R_H 至 CPU 46 脚之间的电路不正常，因为该电路无法将由 R_H 阻值变化引起的电压变化传递给 CPU，若有变化则可能是温度传感器损坏。

（4）输出电压检测输入电路

由输出电压检测电路送来的 U、W 相检测电平送到光电耦合器 U_1、U_2，U_1、U_2 导通，如果输出电压过高，U、W 相检测电平为高电平，U_1、U_2 导通，三极管 VT_1 也导通，CPU 的 62 脚得到一个高电平信号。

该电路常见故障为变频器报过电压故障。例如，U_1、U_2 的光敏管短路，VT_1 短路，CPU 62 脚输入高电平，然后发出过电压报警。

（5）其他输入电路

CPU 还具有检测主电路输入电流、逆变电路 U、V 相输出电流等功能，具体检测电路可参见 8.1 节内容。

2. CPU 输出驱动脉冲电路及检修

（1）电路分析

逆变电路工作所需的 6 路驱动脉冲由 CPU 提供，由于 CPU 输出的驱动脉冲幅度较小，故通常需要将 CPU 输出的驱动脉冲先进行一定程度的放大，再送到驱动电路。CPU 的驱动脉冲输出电路如图 8-17 所示，74LS07 为 6 路缓冲放大器，它将 CPU 送来的 6 路驱动脉冲放大后送至驱动电路。

图 8-17　CPU 的驱动脉冲输出电路

（2）故障检修

CPU 输出驱动脉冲电路常见故障及原因如下。

① 三相输出断相、电机剧烈振动。当缺少一路或两路驱动脉冲时，会出现这种故障，如缺少 A+脉冲的可能原因有 R_{70} 开路，U_4 的 1、2 脚之间的放大器损坏。驱动电路有一个特点：在驱动脉冲输入期间，IGBT 压降检测有效，而无驱动脉冲输入时，IGBT 保护电路检测无效，因此当驱动电路缺少一路或两路驱动脉冲输入时，并不会报 OC 故障。

② 操作面板有输出频率显示，但变频器无三相电压输出。面板有输出频率显示，说明 CPU 已输出驱动脉冲，变频器无三相电压输出的原因在于 CPU 送出的驱动脉冲未送到驱动电路，出现这种情况可能是由于 U_4 供电不正常或 U_4 损坏。

3. 控制信号输出电路及检修

控制信号输出电路的功能是 CPU 根据有关输入信号或内部程序的要求送出控制信号去控制有关电路。图 8-18 所示是一种变频器的控制信号输出电路。

图 8-18　一种变频器的控制信号输出电路

CPU 的 52 脚为驱动电路复位信号输出端。当驱动电路采用某些芯片（如 A316J）时，如果 IGBT 出现过流（OC）时，这些芯片会锁定，即使 OC 现象消除仍不会为 IGBT 提供驱动脉冲，需要 CPU 为这些芯片提供复位信号重新开通驱动电路。当 OC 故障消除后，CPU 的 52 脚会送出一个复位信号到驱动电路有关芯片的复位端，使这些芯片解除锁定，重新开始工作。

驱动复位电路损坏的表现为变频器报 OC 故障，排除 OC 故障后仍无法继续工作，应检查 R_{81} 是否开路、C_{74} 是否短路。

CPU 的 64 脚为充电接触器控制端。在变频器刚接通电源时，输入电源经整流电路、充电电阻对储能电容充电，由于充电电阻的限流作用，充电电流较小，这样不容易损坏整流电路，当 CPU 通过主电路电压检测电路知道储能电容两端电压达到一定值时，从 64 脚输出高电平，三极管 VT_1 导通，有电流流过充电接触器线圈，接触器触点闭合，以后整流电路通过接触器触点对储能电容充电。VD_5 为阻尼二极管，用于吸收三极管 VT_1 由导通转为截止时线圈产生的左负右正的反峰电压，防止其击穿 VT_1。

充电接触器控制电路损坏的故障表现为充电接触器触点无法闭合，应检查 R_{51}、VT_1 和接触器线圈是否开路，+24V 电压是否丢失。

CPU 的 80 脚为散热风扇运行控制端。CPU 通过温度检测电路探测整流和逆变电路的温度，当温度上升到一定值时，CPU 从 80 脚输出高电平，VT_2 导通，有电流流过继电器线圈，继电器触点闭合，为散热风扇接通电源，让散热风扇对有关模块降温。

散热风扇控制电路损坏的故障表现为风扇不会运转，应检查 R_{53}、VT_2 和继电器线圈是否开路，+24V 电压是否丢失。

第9章 交流伺服系统的组成与原理

9.1 交流伺服系统的组成方框图及说明

交流伺服系统是以交流伺服电机为控制对象的自动控制系统，它主要由伺服控制器、伺服驱动器和伺服电机组成。交流伺服系统主要有三种控制模式，分别是位置控制模式、速度控制模式和转矩控制模式，在不同的模式下，其工作原理略有不同。交流伺服系统的控制模式可通过设置伺服驱动器的参数来改变。

9.1.1 工作在位置控制模式时的系统组成及说明

当交流伺服系统工作在位置控制模式时，能精确地控制伺服电机的转数，因此可以精确地控制执行部件的移动距离，即可对执行部件进行运动定位。

交流伺服系统工作在位置控制模式的组成结构如图9-1所示。伺服控制器发出控制信号和脉冲信号给伺服驱动器，伺服驱动器输出U、V、W三相电源给伺服电机，驱动电机工作，与电机同轴旋转的编码器会将电机的旋转信息反馈给伺服驱动器，如电机每旋转一周编码器会产生一定数量的脉冲送给驱动器。伺服控制器输出的脉冲信号用来确定伺服电机的转数，在驱动器中，该脉冲信号与编码器送来的脉冲信号进行比较，若两者相等，表明电机旋转的转数已达到要求，电机驱动的执行部件已移动到指定的位置，控制器发出的脉冲个数越多，电机旋转的转数就越多。

图9-1 交流伺服系统工作在位置控制模式的组成结构

伺服控制器既可以是 PLC，也可以是定位模块（如 FX$_{2N}$-1PG、FX$_{2N}$-10GM 和 FX$_{2N}$-20GM）。

9.1.2 工作在速度控制模式时的系统组成及说明

当交流伺服系统工作在速度控制模式时，伺服驱动器无须输入脉冲信号，故可取消伺服控制器，此时的伺服驱动器类似于变频器，但由于驱动器能接收伺服电机的编码器送来的转速信息，不但能调节电机转速，还能使电机转速保持稳定。

交流伺服系统工作在速度控制模式的组成结构如图 9-2 所示。伺服驱动器输出 U、V、W 三相电源给伺服电机，驱动电机工作，编码器会将伺服电机的旋转信息反馈给伺服驱动器，如电机旋转速度越快，编码器反馈给伺服驱动器的脉冲频率就越高。操作伺服驱动器的有关输入开关，可以控制伺服电机的启动、停止和旋转方向等，调节伺服驱动器的有关输入电位器，可以调节电机的转速。

图 9-2 交流伺服系统工作在速度控制模式的组成结构

伺服驱动器的输入开关、电位器等输入的控制信号也可以用 PLC 等控制设备来产生。

9.1.3 工作在转矩控制模式时的系统组成及说明

当交流伺服系统工作在转矩控制模式时，伺服驱动器无须输入脉冲信号，故可取消伺服控制器，通过操作伺服驱动器的输入电位器，可以调节伺服电机的输出转矩（又称扭矩，即转力）。

交流伺服系统工作在转矩控制模式的组成结构如图 9-3 所示。

图 9-3 交流伺服系统工作在转矩控制模式的组成结构

9.2 伺服电机与编码器

交流伺服系统的控制对象是伺服电机，编码器通常安装在伺服电机的转轴上，用来检测伺服电机的转速、转向和位置等信息。

9.2.1 伺服电机

伺服电机是指用在伺服系统中，能满足任务所要求的控制精度、快速响应性和抗干扰性的电动机。为了达到控制要求，伺服电机通常需要安装位置/速度检测部件（如编码器）。根据伺服电机的定义不难看出，只要能满足控制要求的电动机均可作为伺服电机，故伺服电机可以是交流异步电机、永磁同步电机、直流电机、步进电机或直线电机，但实际广泛使用的伺服电机通常为永磁同步电机，无特别说明，本书介绍的伺服电机均为永磁同步伺服电机。

1. 外形与结构

伺服电机的外形如图9-4所示。它内部通常引出两组电缆，一组电缆与电机内部绕组连接，另一组电缆与编码器连接。

图9-4 伺服电机的外形

永磁同步伺服电机的结构如图9-5所示，它主要由端盖、定子铁芯、定子绕组、转轴、轴承、永磁转子、机座、编码器和引出线等组成。

图9-5 永磁同步伺服电机的结构

2. 工作原理

永磁同步伺服电机主要由定子和转子构成，其定子结构与一般的异步电机相同，并且嵌有定子绕组。永磁同步伺服电机的转子与异步电机不同，异步电机的转子一般为鼠笼式，转子本身不带磁性，而永磁同步伺服电机的转子上嵌有永久磁铁。

永磁同步伺服电机的结构示意图和工作原理图如图9-6所示。

（a）结构示意图　　　　　　　　　　　　　（b）工作原理图

图9-6 永磁同步伺服电机的结构示意图和工作原理明图

图9-6（a）为永磁同步伺服电机的结构示意图，其定子铁芯上嵌有定子绕组，转子上安装一个两极磁铁（一对磁极）。当定子绕组通三相交流电时，定子绕组会产生旋转磁场，此时的定子就像是旋转的磁铁，如图9-6（b）所示，根据磁极同性相斥、异性相吸的特性可知，

装有磁铁的转子会跟随旋转磁场的方向转动，并且转速与磁场的旋转速度相同。

永磁同步伺服电机在转子上安装永久磁铁来形成磁极，磁极的主要结构形式如图 9-7 所示。

（a）表面式磁极　　　　　（b）嵌入式磁极　　　　　（c）环形磁极

图 9-7　永磁同步伺服电机转子磁极的主要结构形式

在定子绕组电源频率不变的情况下，永磁同步伺服电机在运行时转速是恒定的，其转速 n 与电机的磁极对数 p、交流电源的频率 f 有关，**永磁同步伺服电机的转速可用下面的式子计算：**

$$n=60f/p$$

根据上述式子可知，改变转子的磁极对数或定子绕组电源的频率，均可改变电机的转速。永磁同步伺服电机是通过改变定子绕组的电源频率来调节转速的。

9.2.2　编码器

伺服电机通常使用编码器来检测转速和位置。编码器种类很多，主要可分为增量编码器和绝对值编码器。

1．增量编码器

增量编码器的特点是每旋转一定的角度或移动一定的距离会生一个脉冲，即输出脉冲随位移增加而不断增多。

（1）外形

增量编码器的外形如图 9-8 所示。

（2）结构与工作原理

增量型光电编码器是一种较常用的增量编码器，它主要由玻璃码盘、发光管、光电接收管和整形电路组成。玻璃码盘的结构如图 9-9 所示，它从外往内分作三环，依次为 A 环、B 环和 Z 环，各环中的黑色部分不透明，白色部分透明可通过光线，玻璃码盘中间安装转轴，与伺服电机同步旋转。

图 9-8　增量编码器的外形

图 9-9　玻璃码盘的结构

增量型光电编码器的结构与工作原理说明图如图 9-10 所示。编码器的发光管发出光线照射玻璃码盘，光线分别透过 A、B 环的透明孔照射 A、B 相光电接收管，从而得到 A、B 相脉冲，脉冲经放大整形后输出，由于 A、B 环透明孔交错排列，故得到的 A、B 相脉冲相位相差 90°，Z 环只有一个透明孔，码盘旋转一周时只产生一个脉冲，该脉冲称为 Z 脉冲（零位脉冲），用来确定码盘的起始位置。

图 9-10 增量型光电编码器的结构与工作原理说明图

通过增量型光电编码器可以检测伺服电机的转向、转速和位置。由于 A、B 环上的透明孔是交错排列，如果码盘正转时 A 环的某孔超前 B 环的对应孔，编码器得到的 A 相脉冲相位较 B 相脉冲超前，码盘反转时 B 环孔就较 A 环孔超前，B 相脉冲就超前 A 相脉冲，因此了解 A、B 脉冲的相位情况就能判断出码盘的转向（即伺服电机的转向）。如果码盘 A 环上有 100 个透明孔，码盘旋转一周，编码器就会输出 100 个 A 相脉冲，如果码盘每秒转 10 转，编码器每秒就会输出 1000 个脉冲，即输出脉冲的频率为 1kHz，码盘每秒转 50 转，编码器每秒就会输出 5000 个脉冲，即输出脉冲的频率为 5kHz，因此只要了解编码器输出脉冲的频率就能知道电机的转速。如果码盘旋转一周会产生 100 个脉冲，从第一个 Z 相脉冲产生开始计算，若编码器输出 25 个脉冲，表明码盘（电机）已旋转到 1/4 周的位置，若编码器输出 1000 个脉冲，表明码盘（电机）已旋转 10 周，电机驱动执行部件也移动了相应长度的距离。

编码器旋转一周产生的脉冲个数称为分辨率，它与码盘 A、B 环上的透光孔数目有关，透光孔数目越多，旋转一周产生的脉冲数就越多，即编码器分辨率越高。

2. 绝对值编码器

增量编码器通过输出脉冲的频率反映电机的转速，通过 A、B 相脉冲的相位关系反映电机的转向，故检测电机转速和转向非常方便。

增量编码器在检测电机旋转位置时，通过第一个 Z 相脉冲之后出现的 A 相（或 B 相）脉冲的个数来反映电机的旋转位移。由此可见，增量编码器检测电机的旋转位移是采用相对方式，当电机驱动执行机构移到一定位置，增量编码器会输出 N 个相对脉冲来反映该位置。如果系统突然断电，若相对脉冲个数未存储，再次通电后系统将无法知道执行机构的当前位置，需要让电机回到零位重新开始工作并检测位置，即使系统断电时相对脉冲个数被存储，如果人为移动执行机构，通电后，系统也会以为执行机构仍在断电前的位置，继续工作时会出现错误。

绝对值编码器可以解决增量编码器测位时存在的问题，它可分为单圈绝对值编码器和多圈绝对值编码器。

（1）单圈绝对值编码器

图 9-11（a）所示为 4 位二进制单圈绝对值编码器的码盘，该玻璃码盘分为 B3、B2、B1、B0 4 个环，每个环分成 16 等份，环中白色部分透光，黑色部分不透光。码盘的一侧有 4 个发光管照射，另一侧有 B3、B2、B1、B0 共 4 个光电接收管，当码盘处于图 9-11（a）所示位置时，B3、B2、B1、B0 接收管不受光，输出均为 0，即 B3B2B1B0=0000，如果码盘顺时针旋转一周，B3、B2、B1、B0 接收管输出的脉冲如图 9-11（b）所示，B3B2B1B0 的值会从 0000 变化到 1111。

图 9-11　4 位二进制单圈绝对值编码器

4 位二进制单圈绝对值编码器将一个圆周分成 16 个位置点，每个位置点都有唯一的编码，通过编码器输出的代码就能确定电机的当前位置，通过输出代码的变化方向可以确定电机的转向，如由 0000 往 0001 变化为正转，1100 往 0111 变化为反转，通过检测某光电接收管（如 B0 接收管）产生的脉冲频率就能确定电机的转速。单圈绝对值编码器定位不受断电影响，再次通电后，编码器当前位置的编码不变，如当前位置编码为 0111，系统就知道电机停电前处于 1/2 周位置。

（2）多圈绝对值编码器

单圈绝对值编码器只能对一个圆周进行定位，超过一个圆周定位就会发生重复，而多圈绝对值编码器可以对多个圆周进行定位。

多圈绝对值编码器的工作原理类似机械钟表，当中心码盘旋转时，通过减速齿轮带动另一个圈数码盘，中心码盘每旋转一周，圈数码盘转动一格，如果中心码盘和圈数码盘都是 4 位，那么该编码器可进行 16 周定位，定位编码为 00000000～11111111，如果圈数码盘是 8 位，编码器可定位 256 周。

多圈绝对值编码器的优点是测量范围大，如果使用定位范围有富裕，在安装时不必要找零点，只要将某一位置作为起始点就可以了，这样能大大简化安装调试难度。

9.3　伺服驱动器的结构与原理

伺服驱动器又称伺服放大器，是交流伺服系统的核心设备。伺服驱动器的品牌很多，常见的有三菱、安川、松下和三洋等，图 9-12 列出了一些常见的伺服驱动器，本书以三菱 MR-J2S-A 系列通用伺服驱动器为例进行说明。

伺服驱动器的功能是将工频（**50Hz 或 60Hz**）交流电源转换成幅度和频率均可变的交流电源提供给伺服电机。当伺服驱动器工作在速度控制模式时，通过控制输出电源的频率来对电机进行调速；当工作在转矩控制模式时，通过控制输出电源的幅度来对电机进行转矩控制；当工作在位置控制模式时，通过输入脉冲来决定输出电源的通断时间。

B0 个长，每个 P(X)有 16 个长，对共 12 位输出是不各处，它们的值是的。例 B0 以关系增量，B0 一对应 B3、B2、B1、B0 是权加值，即二进制数 P(9-H（Xn）位表位加值中，B37 B2，B1、B0 可以关系十大义。即 B3对应 0，即 B3权中是明明 就增程一因，B3 对应 B0 假为文字权增增程加（图 9-11（Xn）从各自 0000 文件 1111。

图 9-12　一些常见的伺服驱动器

9.3.1　伺服驱动器的内部结构及说明

图 9-13 所示为三菱 MR-J2S-A 系列通用伺服驱动器的内部结构简图。

图 9-13　三菱 MR-J2S-A 系列通用伺服驱动器的内部结构简图

伺服驱动器工作原理说明如下。

三相交流电源（200～230V）或单相交流电源（230V）经断路器 NFB 和接触器触点 MC 送到伺服驱动器内部的整流电路，交流电源经整流电路、开关 S（S 断开时经 R_1）对电容 C 充电，在电容上得到上正下负的直流电压，该直流电压送到逆变电路，逆变电路将直流电压转换成 U、V、W 三相交流电压，输出到伺服电机，驱动电机运转。

R_1、S 为浪涌保护电路，在开机时 S 断开，R_1 对输入电流进行限制，用来保护整流电路中的二极管不被开机冲击电流烧坏，正常工作时 S 闭合，R_1 不再限流；R_2、VD 为电源指示电路，当电容 C 上存在电压时，VD 就会发光；VT、R_3 为再生制动电路，用来加快制动速度，同时避免制动时电机产生的电压损坏有关电路；电流传感器用来检测伺服驱动器输出电流的大小，并通过电流检测电路反馈给控制系统，以便控制系统能随时了解输出电流情况而进行相应控制；有些伺服电机除了带有编码器外，还带有电磁制动器，在制动器线圈未通电时伺服电机转轴被抱闸，线圈通电后抱闸松开，电机可正常运行。

控制系统有单独的电源电路，它除了为控制系统供电外，对于大功率型号的驱动器，它还要为内置的散热风扇供电；主电路中的逆变电路工作时需要提供驱动脉冲信号，它由控制系统提供，主电路中的再生制动电路所需的控制脉冲也由控制系统提供。过压检测电路用来检测主电路中的电压，过流检测电路用来检测逆变电路的电流，控制系统根据反馈回来的信号进行相应的控制（如过压或过流时让驱动器停止工作）。

如果给伺服驱动器接上备用电源（**MR-BAT**），就能构成绝对位置系统，这样在首次原点（零位）设置后，即使驱动器断电或报警后重新运行，也不需要进行原点复位操作。控制系统通过一些接口电路与驱动器的外接端口（如 CN1A、CN1B 和 CN3 等）连接，以便接收外围设备送来的指令，也能将驱动器的有关信息输出给外围设备。

9.3.2　伺服驱动器的主电路

伺服驱动器的主电路是指电源输入至逆变输出之间的电路，它主要包括整流电路、开机浪涌保护电路、滤波电路、再生制动电路和逆变电路等。

1．整流电路

整流电路又称 AC-DC 转换电路，其功能是将交流电源转换成直流电源。整流电路可分为单相整流电路和三相整流电路。

（1）单相整流电路

图 9-14（a）所示为单相桥式整流电路，它采用四个二极管将交流电转换成直流电。

（a）电路　　　　　　　　　　　　　　　　　（b）波形

图 9-14　单相桥式整流电路

U 为输入交流电源，当交流电压 U 为正半周时，其电压极性是上正下负，VD_1、VD_3 导通，有电流流过 R_L，电流途径是：U 上正→VD_1→R_L→VD_3→U 下负；当交流电压负半周来时，其电压极性是上负下正，VD_2、VD_4 导通，电流途径是：U 下正→VD_2→R_L→VD_4→U 上负。如此反复工作，在 R_L 上得到图 9-14（b）所示的脉动直流电压 U_L。

从上面的分析可以看出，单相桥式整流电路在交流电压整个周期内都能导通，即单相桥式整流电路能利用整个周期的交流电压。

（2）三相整流电路

三相整流电路可以将三相交流电压转换成直流电压。三相桥式整流电路是一种应用很广泛的三相整流电路。三相桥式整流电路如图 9-15 所示。

（a）电路　　　　　　　（b）波形

图 9-15　三相桥式整流电路

图 9-15（a）中的 6 个二极管 VD_1～VD_6 构成三相桥式整流电路，VD_1～VD_3 的 3 个阴极连接在一起，称为共阴极组二极管，VD_4～VD_6 的 3 个阳极连接在一起，称为共阳极组二极管，U、V、W 为三相交流电压。

电路工作过程说明如下。

① 在 t_1～t_2 期间，U 相始终为正电压（左负右正）且 a 点正电压最高，V 相始终为负电压（左正右负）且 b 点负电压最低，W 相在前半段为正电压，后半段变为负电压。a 点正电压使 VD_1 导通，E 点电压与 a 点电压相等（忽略二极管导通压降），VD_2、VD_3 正极电压均低于 E 点电压，故都无法导通；b 点负压使 VD_5 导通，F 点电压与 b 点电压相等，VD_4、VD_6 负极电压均高于 F 点电压，故都无法导通。在 t_1～t_2 期间，只有 VD_1、VD_5 导通，有电流流过负载 R_L，电流的途径是：U 相线圈右端（电压极性为正）→a 点→VD_1→R_L→VD_5→b 点→V 相线圈右端（电压极性为负），因 VD_1、VD_5 的导通，a、b 两点电压分别加到 R_L 两端，R_L 上电压 U_L 的大小为 U_{ab}（$U_{ab}=U_a-U_b$）。

② 在 t_2～t_3 期间，U 相始终为正电压（左负右正）且 a 点电压最高，W 相始终为负电压（左正右负）且 c 点电压最低，V 相在前半段负电压，后半段变为正电压。a 点正电压使 VD_1 导通，E 点电压与 a 点电压相等，VD_2、VD_3 正极电压均低于 E 点电压，故都无法导通；c 点负电压使 VD_6 导通，F 点电压与 c 点电压相等，VD_4、VD_5 负极电压均高于 F 点电压，都无法导通。在 t_2～t_3 期间，VD_1、VD_6 导通，有电流流过负载 R_L，电流的途径是：U 相线圈右端（电压极性为正）→a 点→VD_1→R_L→VD_6→c 点→W 相线圈右端（电压极性为负），因 VD_1、VD_6 的导通，a、c 两点电压分别加到 R_L 两端，R_L 上电压 U_L 的大小为 U_{ac}（$U_{ac}=U_a-U_c$）。

③ 在 t_3～t_4 期间，V 相始终为正电压（左负右正）且 b 点正电压最高，W 相始终为负电压（左正右负）且 c 点负电压最低，U 相在前半段为正电压，后半段变为负电压。b 点正电压使 VD_2 导通，E 点电压与 b 点电压相等，VD_1、VD_3 正极电压均低于 E 点电压，都无法导通；c 点负电压使 VD_6 导通，F 点电压与 c 点电压相等，VD_4、VD_5 负极电压均高于 F 点电压，都无法导通。在 t_3～t_4 期间，VD_2、VD_6 导通，有电流流过负载 R_L，电流的途径是：V 相线

圈右端（电压极性为正）→b 点→VD$_2$→R$_L$→VD$_6$→c 点→W 相线圈右端（电压极性为负），因 VD$_2$、VD$_6$ 的导通，b、c 两点电压分别加到 R$_L$ 两端，R$_L$ 上电压 U$_L$ 的大小为 U$_{bc}$（U$_{bc}$=U$_b$−U$_c$）。

电路后面的工作与上述过程基本相同，在 t$_1$～t$_7$ 期间，负载 R$_L$ 上可以得到图 9-15（b）所示的脉动直流电压 U$_L$（实线波形表示）。

在上面的分析中，将交流电压一个周期（t$_1$～t$_7$）分成 6 等份，每等份所占的相位角为 60°，在任意一个 60° 相位角内，始终有两个二极管处于导通状态（一个共阴极组二极管，一个共阳极组二极管），并且任意一个二极管的导通角都是 120°。

如果三相桥式整流电路输入单相电压，如图 9-16 所示，只有 VD$_1$、VD$_2$、VD$_4$、VD$_5$ 工作，VD$_3$ 和 VD$_6$ 始终处于截止状态，此时电路的整流效果与单相桥式整流电路相同。

2. 滤波与浪涌保护电路

（1）滤波电路

从前面介绍的整流电路可以看出，整流电路输出的直流电压波动很大，为了使整流电路输出的电压平滑，需要在整流电路后面设置滤波电路。图 9-17 所示为伺服驱动器常采用的电容滤波电路。

图 9-16　输入单相电压的三相桥式整流电路

图 9-17　电容滤波电路

电容滤波电路采用容量很大的电容作为滤波元件。工频电源经三相整流电路对滤波电容 C 充电，在 C 上充得上正下负的直流电压 U$_d$，同时电容也往后级电路放电，充、放电同时进行，电容两端保持有一定的电压，电容容量越大，两端的 U$_d$ 电压波动越小，即滤波效果越好。

（2）浪涌保护电路

对于采用电容滤波的伺服驱动器，接通电源前电容两端电压为 0，在刚接通电源时，会有很大的开机冲击电流经整流器件对电容充电，这样易烧坏整流器件。**为了保护整流器件不被开机浪涌电流烧坏，通常要采取一些浪涌保护电路。**图 9-18 所示为两种常用的浪涌保护电路。

（a）电感进行浪涌保护　　　　　　　　（b）限流电阻进行浪涌保护

图 9-18　两种常用的浪涌保护电路

图 9-18（a）电路采用了电感进行浪涌保护。在接通电源时，流过电感 L 的电流突然增大，L 会产生左正右负的电动势阻碍电流，由于电感对电流的阻碍，流过二极管并经 L 对电容充电的电流不会很大，有效保护了整流二极管。当电容上充得较高电压后，流过 L 的电流减小，L 产生的电动势低，对电流阻碍减小，L 相当于导线。

图 9-18（b）电路采用限流电阻进行浪涌保护。在接通电源时，开关 S 断开，整流电路通过限流电阻 R 对电容 C 充电，由于 R 的阻碍作用，流过二极管并经 R 对电容充电的电流较小，保护了整流二极管。开关 S 一般由晶闸管或继电器触点取代，在刚接通电源时，晶闸管或继电器触点处于关断（相当于开关断开）状态，待电容上充得较高的电压后让晶闸管或继电器触点导通，相当于开关闭合，电路开始正常工作。

3. 再生制动电路

伺服驱动器是通过改变输出交流电源的频率来控制电动机的转速。当需要电动机减速时，伺服驱动器的逆变器输出交流电频率下降，但由于惯性原因，电动机转子转速会短时高于定子绕组产生的旋转磁场转速（该磁场由伺服驱动器提供给定子绕组的交流电产生），电动机处于再生发电制动状态，它会产生电动势通过逆变电路对滤波电容反充电，使电容两端电压升高。为了防止电动机减速而进入再生发电制动状态时对电容充得的电压过高，同时也为了提高减速制动速度，通常需要在伺服驱动器的主电路中设置制动电路。

图 9-19 中的三极管 VT、电阻 R_3、R 构成再生制动电路。在对电动机进行减速控制的过程中，由于电动机转子转速高于绕组产生的旋转磁场转速，电动机工作在再生发电制动状态，电动机绕组产生的电动势经逆变电路对电容 C 充电，C 上的电压 U_d 升高。为了避免过高的 U_d 电压损坏电路中的元件，在制动或减速时，控制电路会送控制信号到三极管 VT 的基极，VT 导通，电容 C 通过伺服驱动器 P、D 端子之间外接短路片和内置制动电阻 R_3 及 VT 放电，使 U_d 电压下降，同时电动机通过逆变电路送来的反馈电流也经 R_3、VT 形成回路，该电流在流回电动机绕组时，绕组会对转子产生很大的制动力矩，从而使电动机迅速由高速转为低速，回路电流越大，绕组对转子产生的制动力矩越大。如果电动机功率较大或电动机需要频繁调速，可给伺服驱动器外接功率更大的再生制动电阻 R，这时需要去掉 P、D 端之间的短路片，电容放电回路和电动机再生发电制动回路电阻更小，以提高电容 C 放电速度和增加电动机制动力矩。

图 9-19　再生制动电路

4. 逆变电路

逆变电路又称直流-交流变换电路，能将直流电源转换成交流电源。图 9-20 所示是一种典型的三相电压逆变电路，L_1、$R_1 \sim L_3$、R_3 为伺服电机的三相绕组及绕组的直流电阻，在工作时，$VT_1 \sim VT_6$ 基极加有控制电路送来的控制脉冲。

图 9-20　一种典型的三相电压逆变电路

电路工作过程说明如下。

当 VT_1、VT_5、VT_6 基极的控制脉冲均为高电平时，这 3 个三极管都导通，有电流流过三相负载，电流途径是：$U_d+ \rightarrow VT_1 \rightarrow R_1$、$L_1$，再分作两路，一路经 L_2、R_2、VT_5 流到 U_d-，另一路经 L_3、R_3、VT_6 流到 U_d-。

当 VT_2、VT_4、VT_6 基极的控制脉冲均为高电平时，这 3 个三极管不能马上导通，因为 VT_1、VT_5、VT_6 关断后流过三相负载的电流突然减小，L_1 产生左负右正电动势，L_2、L_3 均产生左正右负电动势，这些电动势叠加起来对直流侧电容 C 充电，充电途径是：L_2 左正 $\rightarrow$ $VD_2 \rightarrow C$，L_3 左正 $\rightarrow VD_3 \rightarrow C$，两路电流汇合对 C 充电后，再经 VD_4、$R_1 \rightarrow L_1$ 左负。VD_2 的导通使 VT_2 集射极电压相等，VT_2 无法导通，VT_4、VT_6 也无法导通。当 L_1、L_2、L_3 叠加电动势下降到 U_d 大小，VD_2、VD_3、VD_4 截止，VT_2、VT_4、VT_6 开始导通，有电流流过三相负载，电流途径是：$U_d+ \rightarrow VT_2 \rightarrow R_2$、$L_2$，再分作两路，一路经 L_1、R_1、VT_4 流到 U_d-，另一路经 L_3、R_3、VT_6 流到 U_d-。

当 VT_3、VT_4、VT_5 基极的控制脉冲均为高电平时，这 3 个三极管不能马上导通，因为 VT_2、VT_4、VT_6 关断后流过三相负载的电流突然减小，L_2 产生左负右正电动势，L_1、L_3 均产生左正右负电动势，这些电动势叠加对直流侧电容 C 充电，充电途径是：L_1 左正 $\rightarrow VD_1 \rightarrow C$，$L_3$ 左正 $\rightarrow VD_3 \rightarrow C$，两路电流汇合对 C 充电后，再经 VD_5、$R_2 \rightarrow L_2$ 左负。VD_3 的导通使 VT_3 集射极电压相等，VT_3 无法导通，VT_4、VT_5 也无法导通。当 L_1、L_2、L_3 叠加电动势下降到 U_d 大小，VD_2、VD_3、VD_4 截止，VT_3、VT_4、VT_5 开始导通，有电流流过三相负载，电流途径是：$U_d+ \rightarrow VT_3 \rightarrow R_3$、$L_3$，再分作两路，一路经 L_1、R_1、VT_4 流到 U_d-，另一路经 L_2、R_2、VT_5 流到 U_d-。

电路的后续工作过程与上述相同，这里不再叙述。通过控制开关器件的导通、关断，三相电压逆变电路将直流电压转换成三相交流电压，从而驱动伺服电机运转。

第10章 三菱通用伺服驱动器
的硬件系统

伺服驱动器型号很多，但功能大同小异，本书以三菱 MR-J2S-A 系列通用伺服驱动器为例来介绍伺服驱动器。

10.1 面板与型号说明

10.1.1 面板介绍

1. 外形

图 10-1 所示为三菱 MR-J2S-100A 以下的伺服驱动器的外形，MR-J2S-200A 以上的伺服驱动器的功能与之基本相同，但输出功率更大，并带有冷却风扇，故体积较大。

图 10-1 三菱 MR-J2S-100A 以下的伺服驱动器的外形

2. 面板说明

三菱 MR-J2S-100A 以下的伺服驱动器的面板说明如图 10-2 所示。

电池座
用于放置保存绝对位置数据的电池

电池接头（CON1）
用于连接保存绝对位置数据的电池

显示器
用 5 位 7 段 LED 显示伺服放大器的状态及报警代码

4 个操作按键
可进行状态显示诊断、报警、参数设置等操作

MODE　UP　DOWN　SET

打开外盖

I/O 信号接头（CN₁A）

I/O 信号接头（CN₁B）

通信与模拟量输出接口（CN₃）

铭牌

充电指示灯
当主电路中有电流时，充电指示灯亮，灯亮时请不要接线

编码器接头（CN₂）
用于和伺服电机编码器的连接

主电路端子座（TE₁）
用于连接输入电源和伺服电机

控制电路端子座（TE₂）
用于连接控制电路电源和再生制动选件

保护接地（PE）端子（⏚）

图 10-2　三菱 MR-J2S-100A 以下的伺服驱动器的面板说明

10.1.2　型号说明

三菱 MR-J2S 系列伺服驱动器的型号构成及含义如下。

MR-J2S - □ A □

系列名

电源

记号	电源
无	三相 200 ～ 230V 单相 230V
1	单相 100V

通用接口

额定输出

记号	额定输出（W）	记号	额定输出（W）
10	100	70	700
20	200	100	1000
40	400	200	2000
60	600	350	3500

10.1.3 规格

三菱 MR-J2S 系列伺服驱动器的标准规格见表 10-1。

表 10-1 三菱 MR-J2S 系列伺服驱动器的标准规格

项目	伺服放大器 MR-J2S-□	10A	20A	40A	60A	70A	100A	200A	350A	10A1	20A1	40A1
电源	电压·频率	三相 AC 200~230V，50/60Hz 或单相 AC 230V，50/60Hz					三相 AC 200~230V，50/60Hz			单相 AC 100~120V，50/60Hz		
	容许电压波动范围	三相 AC 200~230V 的场合：AC 170~253V 单相 AC 230 的场合：AC 207~253					三相 AC 170~253V			单相 AC 85~127V		
	容许频率波动范围	±5%以内										
	控制方式	正弦波 PWM 控制，电流控制方式										
	动态制动	内置										
	保护功能	过流、再生制动过压、过载（电子热继电器）、伺服电机过热、编码器异常、再生制动异常、欠压、瞬时停电、超速、误差过大										
	速度频率响应	550Hz 以上										
位置控制模式	最大输入脉冲频率	500kHz（差动输入的场合），200kHz（集电极开路输入的场合）										
	指令脉冲倍率（电子齿轮）	电子齿轮比（A/B）A：1~65535·131072 B：1~65535 1/50＜A/B＜500										
	定位完毕范围设定	0~±10000 脉冲（指令脉冲单位）										
	误差过大	±10 转										
	转矩限制	通过参数设定或模拟量输入指令设定（0~+10V DC/最大转矩）										
速度控制模式	速度控制范围	模拟量速度指令 1:2000，内部速度指令 1:5000										
	模拟量速度指令输入	0~10V DC/额定速度										
	速度波动范围	+0.01%以下（负载变动 0%~100%）0%（电源变动±10%）+0.2%以下（环境温度 25℃±10℃），仅在使用模拟量速度指令时										
	转矩限制	通过参数设定或模拟量输入指令设定（0~10V DC/最大转矩）										
转矩控制模式	模拟量速度指令输入	0~±8V DC/最大转矩（输入阻抗 10~12kΩ）										
	速度限制	通过参数设定或模拟量输入指令设定（0~10V DC/最大额定速度）										
	冷却方式	自冷，开放（IP00）					强冷，开放（IP00）			自冷，开放（IP00）		
环境	环境温度	0~+55℃（不冻结），保存：−20~+65℃（不冻结）										
	湿度	90%RH 以下（不凝结），保存：90%RH（不凝结）										
	周围环境	室内（无日晒）、无腐蚀性气体、无可燃性气体、无油气、无尘埃										
	海拔高度	海拔 1000m 以下										
	振动	5.9m/s² 以下										
质量（kg）		0.7	0.7	1.1	1.1	1.7	1.7	2.0	2.0	0.7	0.7	1.1

10.2 伺服驱动器与辅助设备的总接线

伺服驱动器工作时需要连接伺服电机、编码器、伺服控制器（或控制部件）和电源等设备，如果使用软件来设置参数，则还需要连接计算机。三菱 MR-J2S 系列伺服驱动器有大功率和中、小功率之分，它们的接线端子略有不同。

10.2.1　三菱 MR-J2S-100A 以下的伺服驱动器与辅助设备的总接线

三菱 MR-J2S-100A 以下伺服驱动器与辅助设备的连接如图 10-3 所示，这种小功率的伺服驱动器可以使用 200～230V 的三相交流电压供电，也可以使用 230V 的单相交流电压供电。由于我国三相交流电压通常为 380V，故使用 380V 三相交流电压供电时需要使用三相降压变压器，将 380V 降到 220V 再供给伺服驱动器。如果使用 220V 单相交流电压供电，只需将 220V 电压接到伺服驱动器的 L_1、L_2 端。

图 10-3　三菱 MR-J2S-100A 以下伺服驱动器与辅助设备的连接

10.2.2　三菱 MR-J2S-100A 以上的伺服驱动器与辅助设备的总接线

三菱 MR-J2S-100A 以上伺服驱动器与辅助设备的连接如图 10-4 所示，这类中、大功率的伺服驱动器只能使用 200～230V 的三相交流电压供电，可采用三相降压变压器将 380V 降到 220V 再供给伺服驱动器。

图 10-4　三菱 MR-J2S-100A 以上伺服驱动器与辅助设备的连接

10.3　伺服驱动器的接头引脚功能及内部接口电路

10.3.1　接头引脚的排列规律

三菱 MR-J2S 伺服驱动器有 CN_{1A}、CN_{1B}、CN_2、CN_3 4 个接头与外围设备连接，这 4 个

接头都由 20 个引脚组成，它们不但外形相同，引脚排列规律也相同，引脚排列顺序如图 10-5 所示，CN_2、CN_3 接头有些引脚下方标有英文符号，用来说明该引脚的功能，引脚下方的斜线表示该脚无功能（即空脚）。

图 10-5　CN_{1A}、CN_{1B}、CN_2、CN_3 接头的引脚排列顺序

10.3.2　接头引脚的功能及内部接口电路

三菱 MR-J2S 伺服驱动器有位置、速度和转矩三种控制模式，在这三种模式下，CN_2、CN_3 接头的各引脚功能定义相同，如图 10-5 所示，而 CN_{1A}、CN_{1B} 接头中有些引脚在不同模式时功能有所不同，如图 10-6 所示，P 表示位置模式，S 表示速度模式，T 表示转矩模式，如 CN_{1B} 接头的 2 号引脚在位置模式时无功能（不使用），在速度模式时功能为 VC（模拟量速度指令输入），在转矩模式时的功能为 VLA（模拟量速度限制输入）。在图 10-6 中，左边引脚为输入引脚，右边引脚为输出引脚。

图 10-6　CN1A、CN1B、CN2、CN3 接头的引脚功能及内部接口电路

10.4　伺服驱动器的接线

伺服驱动器的接线主要包括数字量输入引脚的接线、数字量输出引脚的接线、脉冲输入引脚的接线、编码器脉冲输出引脚的接线、模拟量输入引脚的接线、模拟量输出引脚的接线、电源的接线、再生制动器的接线、伺服电机的接线和接地的接线。

10.4.1　数字量输入引脚的接线

伺服驱动器的数字量输入引脚用于输入开关信号，如启动、正转、反转和停止信号等。

根据开关闭合时输入引脚的电流方向不同，可分为漏型输入方式和源型输入方式，不管采用哪种输入方式，伺服驱动器都能接收，这是因为数字量输入引脚的内部采用双向光电耦合器，如图 10-6 所示。

1. 漏型输入方式

漏型输入是指以电流从输入引脚流出的方式输入开关信号。在使用漏型输入方式时，可使用伺服驱动器自身输出的 DC 24V 电源，也可以使用外部的 DC 24V 电源。漏型输入方式的数字量输入引脚的接线如图 10-7 所示。

（a）使用内部电源　　　　　　　　　　　（b）使用外部电源

图 10-7　漏型输入方式的数字量输入引脚的接线

图 10-7（a）所示为使用内部 DC 24V 电源的输入引脚接线图，它将伺服驱动器的 VDD、COM 引脚直接连接起来，将开关接在输入引脚与 SG 引脚之间，如果用三极管 NPN 型代替开关，三极管 C 极应接 SG 引脚，E 极接输入引脚，三极管导通时要求 $U_{CE} \leqslant 1.0$V，电流约为 5mA，截止时 C、E 极之间漏电电流 $I_{CEO} \leqslant 100\mu$A。当输入开关闭合时，伺服驱动器内部 DC 24V 电压从 VDD 引脚输出，从 COM 引脚输入，再流过限流电阻和输入光电耦合器的发光二极管，然后从数字量输入引脚（如 SON 引脚）流出，经外部输入开关后从 SG 引脚输入到伺服驱动器的内部地（内部 DC 24V 电源地），光电耦合器的发光二极管发光，将输入开关信号通过光电耦合器的光敏管（图中未画出）送入内部电路。

图 10-7（b）所示为使用外部 DC 24V 电源的输入引脚接线图，它将外部 DC 24V 电源的正极接 COM 引脚，负极接 SG 引脚，VDD、COM 引脚之间断开，当输入开关闭合时，有电流流经输入引脚内部的光电耦合器的发光二极管，发光二极管发光，将开关信号送入伺服驱动器内部电路。使用外部 DC 电源时，要求电源的输出电压为 24V，输出电流应大于 200mA。

2. 源型输入方式

源型输入是指以电流从输入引脚流入的方式输入开关信号。在使用源型输入方式时，可使用伺服驱动器自身输出的 DC 24V 电源，也可以使用外部的 DC 24V 电源。源型输入方式的数字量输入引脚的接线如图 10-8 所示。

图 10-8（a）所示为使用内部 DC 24V 电源的输入引脚接线图，它将伺服驱动器的 SG、COM 引脚直接连起来，将开关接在输入引脚与 VDD 引脚之间，如果用 NPN 型三极管代替

开关，三极管 C 极应接 VDD 引脚，E 极接输入引脚。当输入开关闭合时，有电流流过输入开关和光电耦合器的发光二极管，电流途径是：伺服驱动器内部 DC 24V 电源正极→VDD 引脚流出→输入开关→数字量输入引脚流入→发光二极管→限流电阻→COM 引脚流出→SG 引脚流入→伺服驱动器内部地。光电耦合器的发光二极管发光，将输入开关信号通过光电耦合器的光敏管送入内部电路。

图 10-8（b）所示为使用外部 DC 24V 电源的输入引脚接线图，它将伺服驱动器的 SG、COM 引脚直接连起来，将开关接在输入引脚与外部 DC 24V 电源的负极之间，DC 24V 电源的正极接数字量输入引脚。输入开关闭合时，电流从输入引脚流入并流过光电耦合器的发光二极管，最终流到 DC 24V 电源的负极。

（a）使用内部电源　　　　　　　　　　（b）使用外部电源

图 10-8　源型输入方式的数字量输入引脚的接线

10.4.2　数字量输出引脚的接线

伺服驱动器的数字量输出引脚是通过内部三极管的导通和截止来输出 0、1 信号的，数字量输出引脚可以连接灯泡和感性负载（线圈）。

1. 灯泡的连接

数字量输出引脚与灯泡的连接如图 10-9 所示。

（a）使用内部电源　　　　　　　　　　（b）使用外部电源

图 10-9　数字量输出引脚与灯泡的连接

图 10-9（a）所示为使用内部 DC 24V 电源的数字量输出引脚接线图，它将 VDD 端与

COM 直接连起来，灯泡接在 COM 与数字量输出引脚（如 ALM 故障引脚）之间。当数字量输出引脚内部的三极管导通时（相当于输出 0），有电流流过灯泡，电流途径是：伺服驱动器内部 DC 24V 电源正极→VDD 引脚→COM 引脚→限流电阻→灯泡→数字量输出引脚→三极管→伺服驱动器内部地。由于灯泡的冷电阻很小，为防止三极管刚导通时因流过的电流过大而损坏，通常需要给灯泡串接一个限流电阻。

图 10-9（b）所示为使用外部 DC 24V 电源的数字量输出引脚接线图，它将外部 DC 24V 电源的正、负极分别接伺服驱动器的 COM、SG 引脚，灯泡接在 COM 与数字量输出引脚之间，VDD、COM 引脚之间断开。当数字量输出引脚内部的三极管导通时，有电流流过灯泡，电流途径是：外部 DC 24V 电源正极→限流电阻→灯泡→数字量输出引脚→三极管→SG 引脚→外部 DC 24V 电源负极。

2．感性负载的连接

感性负载也即是线圈负载，如继电器、电磁铁等。数字量输出引脚与感性负载的连接如图 10-10 所示，它的连接方式与灯泡的连接基本相同，区别在于无须接限流电阻，但要在线圈两端并联一只二极管来吸收线圈产生的反峰电压。

(a) 使用内部电源　　　　　　　　(b) 使用外部电源

图 10-10　数字量输出引脚与感性负载的连接

二极管吸收反峰电压的原理：当三极管由导通转为截止时，线圈会产生很高的上负下正的反峰电压，如果未接二极管，线圈上很高的下正电压会加到三极管的 C 极，三极管易被击穿，在线圈两端并联二极管后，线圈产生的上负下正反峰电压使二极管导通，反峰电压迅速被泄放而降低。在线圈两端并联二极管时，一定不能接错，如果将二极管接反，三极管导通时二极管也会导通，电流不会经过线圈，同时由于二极管导通时电阻小，三极管易被大电流烧坏。线圈两端并联二极管的正确方法是：当三极管导通时二极管不能导通，让电流通过线圈。

10.4.3　脉冲输入引脚的接线

当伺服驱动器工作在位置控制模式时，需要使用脉冲输入引脚来输入脉冲信号，用来控制伺服电机运动的位移和旋转的方向。脉冲输入引脚包括正转脉冲（PP）输入引脚和反转脉冲（NP）输入引脚。脉冲输入有两种方式：集电极开路输入方式和差动输入方式。

1．集电极开路输入方式的接线

集电极开路输入方式的接线与脉冲波形如图 10-11 所示。

图 10-11　集电极开路输入方式的接线与脉冲波形

在接线时，将伺服驱动器的 VDD、OPC 端直接连起来，使用内电源为脉冲输入电路供电。PP 端为正转脉冲输入端，NP 端为反转脉冲输入端，SG 端为公共端，SD 端为屏蔽端。图 10-11 中的 VT_1、VT_2 通常为伺服控制器（如 PLC 或定位控制模块）输出端子内部的晶体管。如果使用外部 DC 24V 电源，应断开 VDD、OPC 端子之间的连线，将 DC 24V 电源接在 OPC 与 SG 端子之间，其中 OPC 端子接电源的正极。

当 VT_1 基极输入图 10-11 所示的脉冲时，经 VT_1 放大并倒相后得到 PP 脉冲信号（正转脉冲）并送入 PP 引脚，在 VT_1 基极为高电平时导通，PP 脉冲为低电平，PP 引脚内部光电耦合器的发光二极管导通；在 VT_1 基极为低电平时截止，PP 脉冲为高电平，PP 引脚内部光电耦合器的发光二极管截止。当 VT_2 基极输入图 10-11 所示的脉冲时，经 VT_1 放大并倒相后得到 NP 脉冲信号（反转脉冲）并送入 NP 引脚。

如果采用集电极开路输入方式，允许输入的脉冲频率最大为 200kHz。

2. 差动输入方式的接线

差动输入方式的接线与脉冲波形如图 10-12 所示。

图 10-12　差动输入方式的接线与脉冲波形

当伺服驱动器采用差动输入方式时，可以利用接口芯片（如 AM26LS31）将单路脉冲信号转换成双路差动脉冲信号，这种输入方式需要使用 PP、PG 和 NP、NG 4 个引脚。以正转脉冲输入为例，当正转脉冲的低电平送到放大器输入端时，放大器同相输出端输出低电平到 PP 引脚，反相输出端输出高电平到 PG 引脚，伺服驱动器 PP、PG 引脚内部的发光二极管截止；当正转脉冲的高电平送到放大器输入端时，PP 引脚则为高电平，PG 引脚为低电平，PP、PG 引脚内部的发光二极管导通发光。

如果伺服驱动器采用差动输入方式，允许输入的脉冲频率最大为 500kHz。

3. 脉冲的输入形式

脉冲可分为正逻辑脉冲和负逻辑脉冲，正逻辑脉冲是以高电平作为脉冲，负逻辑脉冲是以低电平作为脉冲。 伺服驱动器工作在位置控制模式时，是根据脉冲输入引脚送入的脉冲串来控制伺服电机运动的位移和转向，它可接收多种形式的脉冲串输入。

参数 No.21 不同值与对应的脉冲串形式见表 10-2。

表 10-2　　　　　　　　　　　　　**参数 No.21 不同值与对应的脉冲串形式**

	脉冲形式	正转脉冲	反转脉冲	参数 No.21 的值
负逻辑	正转反转脉冲			0010
	脉冲+符号			0011
	A 相脉冲 B 相脉冲			0012
正逻辑	正转脉冲反转脉冲			0000
	脉冲+符号			0001
	A 相脉冲 B 相脉冲			0002

若将伺服驱动器的参数 No.21 设为 0010（参数设置方法在后续章节介绍）时，允许 PP 引脚输入负逻辑正转脉冲，NP 引脚输入负逻辑反转脉冲。

若将伺服驱动器的参数 No.21 设为 0011 时，允许 PP 引脚输入负逻辑脉冲，NP 引脚电平决定 PP 引脚输入脉冲的性质（也即电机的转向），NP 引脚为低电平期间，PP 引脚输入的脉冲均为正转脉冲，NP 引脚为高电平期间，PP 引脚输入的脉冲均为反转脉冲。

若将伺服驱动器的参数 No.21 设为 0012 时，允许 PP、NP 引脚同时输入负逻辑脉冲，当 PP 脉冲相位超前 NP 脉冲 90° 时，控制电机正转，当 PP 脉冲相位落后 NP 脉冲 90° 时，控制电机反转，电机运行的位移由 PP 脉冲或 NP 脉冲的个数决定。

若将伺服驱动器的参数 No.21 设为 0000～0002 时，允许输入三种形式的正逻辑脉冲来确定电机运动的位移和转向。各种形式的脉冲都可以采用集电极开路输入或差动输入方式进行输入。

10.4.4 编码器脉冲输出引脚的接线

伺服驱动器在工作时，可通过编码器脉冲输出引脚送出反映本伺服电机当前转速和位置的脉冲信号，用于其他电机控制器同步和跟踪，单机控制时不使用该引脚。编码器脉冲输出有两种方式：集电极开路输出方式和差动输出方式。

1. 集电极开路输出方式的接线

集电极开路输出方式的接线及接口电路如图 10-13 所示，一路编码器 Z 相脉冲输入采用这种方式。图 10-13（a）采用整形电路作为接口电路，它将 OP 引脚输出的 Z 相脉冲整形后送给其他电机控制器；图 10-13（b）采用光电耦合器作为接口电路，对 OP 引脚输出的 Z 相脉冲进行电-光-电转换，再送给其他电机控制器。

采用集电极开路输出方式时，OP 引脚最大允许流入的电流为 35mA。

（a）采用整形电路作为接口电路　　　　　（b）采用光电耦合器作为接口电路

图 10-13　集电极开路输出方式的接线及接口电路

2. 差动输出方式的接线

差动输出方式的接线及接口电路如图 10-14 所示，编码器 A、B 相和一路 Z 相脉冲采用这种输出方式。图 10-14（a）采用 AM26LS32 芯片作为接口电路，它对 LA（或 LB、LZ）引脚和 LAR（或 LBR、LZR）引脚输出的极性相反的脉冲信号进行放大，再输出单路脉冲信号送给其他电机控制器；图 10-14（b）采用光电耦合器作为接口电路，当 LA 端输出脉冲的高电平时，LAR 引脚输出脉冲的低电平，光电耦合器的发光二极管导通，再通过光敏管和后级电路转换成单路脉冲送给其他电机控制器。

采用差动输出方式时，LA 引脚最大输出电流为 35mA。

（a）采用 AM26LS32 芯片作为接口电路　　　　（b）采用光电耦合器作为接口电路

图 10-14　差动输出方式的接线及接口电路

10.4.5　模拟量输入引脚的接线

模拟量输入引脚可以输入一定范围的连续电压，用来调节和限制电机的速度和转矩。模拟量输入引脚的接线如图 10-15 所示。

伺服驱动器内部的 DC +15V 电压通过 P15R 引脚引出，提供给模拟量输入电路，电位器 RP_1 用来设定模拟量输入的上限电压，一般将上限电压调到 10V，RP_2 用来调节模拟量输入电压，调节 RP_2 可以使 VC 引脚（或 TLA 引脚）在 0～10V 范围内变化，该电压经内部的放大器放大后送给有关电路，用来调节或限制电机的速度或转矩。

图 10-15　模拟量输入引脚的接线

10.4.6　模拟量输出引脚的接线

模拟量输出引脚用于输出反映电机的转速或转矩等信息的电压。例如，输出电压越高，表明电机转速越快，模拟量输出引脚的输出电压所反映的内容可用参数 **No.17** 来设置。模拟量输出引脚的接线如图 10-16 所示，模拟量输出引脚有 MO1 和 MO2 两个，它们内部电路结构相同，图 10-16 中画出了 MO1 引脚的外围接线，当将参数 No.17 设置为 0102 时，MO1 引脚输出 0～8V 电压来反映电机转速，MO2 引脚输出 0～8V 电压来反映电机输出转矩。

图 10-16　模拟量输出引脚的接线

10.4.7　电源、再生制动电阻、伺服电机及启停保护电路的接线

电源、再生制动电阻、伺服电机及启停保护电路的接线如图 10-17 所示。

（1）电源的接线说明

三相交流（200～230V）经三相开关 NFB 和接触器 MC 的三个触点接到伺服驱动器的 L_1、L_2、L_3 端，送给内部的主电路。另外，三相交流中的两相电源接到 L_{11}、L_{21} 端，送给内部的控制电路作为电源。伺服驱动器也可使用单相 AC 230V 电源供电，此时 L_3 端不用接电源线。

（2）伺服电机与驱动器的接线说明

伺服电机通常包括电机、电磁制动器和编码器。在电机接线时，将电机的红、白、黑、绿 4 根线分别与驱动器的 U、V、W 相输出端子和接地端子连接起来；在电磁制动器接线时，

应外接 DC 24V 电源、控制开关和浪涌保护器（如压敏电阻），若要让电机运转，应给电磁制动器线圈通电，让抱闸松开，在电机停转时，可让外部控制开关断开，切断电磁制动器线圈供电，让抱闸对电机刹车；在编码器接线时，应用配套的电缆将编码器与驱动器的 CN_2 接头连接起来。

图 10-17　电源、再生制动电阻、伺服电机及启停保护电路的接线

（3）再生制动选件的接线说明

如果伺服驱动器连接的伺服电机功率较大或电机需要频繁制动调速，可给伺服驱动器外接功率更大的再生制动选件。在外接再生制动选件时，要去掉 P、D 端之间的短路片，将再生制动选件的 P、C 端（内接制动电阻）与驱动器的 P、C 端连接。

（4）启停及保护电路的接线说明

在工作时，伺服驱动器要先接通控制电路的电源，然后再接通主电路电源，在停机或出现故障时，要求能断开主电路电源。

启动控制过程：伺服驱动器控制电路由 L_{11}、L_{21} 端获得供电后，会使 ALM 与 SG 端之间内部接通，继电器 RA 线圈由 VDD 端得到供电，RA 常开触点闭合，如果这时按下 ON 按钮，接触器 MC 线圈得电，MC 自锁触点闭合，锁定线圈供电，同时 MC 主触点闭合，三相交流电源送到 L_1、L_2、L_3 端，为主电路供电，当 SON 端的伺服开启开关闭合时，伺服驱动器开始工作。

紧急停止控制过程：按下紧急停止按钮，接触器 MC 线圈失电，MC 自锁触点断开，MC 主触点断开，切断 L_1、L_2、L_3 端内部主电路的供电，为主电路供电。与此同时，EMG 端子和电磁制动器连接的连轴紧急停止开关均断开，这样一方面使伺服驱动器停止输出，另一方面使电磁制动器线圈失电，对电机进行抱闸。

故障保护控制过程：如果伺服驱动器内部出现故障，ALM 与 SG 端之间内部断开，RA 继电器线圈失电，RA 常开触点断开，MC 接触器线圈失电，MC 主触点断开，伺服驱动器主电路供电切断，主电路停止输出，同时电磁制动器外接控制开关也断开，其线圈失电，抱闸对电机刹车。

10.4.8 接地的接线

伺服驱动器工作时，内部晶体管工作在开关状态，会产生一些干扰信号，可能会影响周围设备的正常工作，为防止这种情况的发生，需要对伺服驱动器进行接地。伺服驱动器与有关设备的典型接地如图 10-18 所示，线噪声滤波器可以防止驱动器的高频干扰信号串入电网，也可以防止电网的高频干扰信号串入驱动器。

图 10-18 伺服驱动器与有关设备的典型接地

第11章 三菱伺服驱动器的显示操作与参数设置

11.1 状态、诊断、报警和参数模式的显示与操作

伺服驱动器面板上有"MODE、UP、DOWN、SET" 4 个按键和一个 5 位 7 段 LED 显示器，如图 11-1 所示，利用它们可以对伺服驱动器进行状态显示、诊断、报警和参数设置等操作。

图 11-1 伺服驱动器的操作显示面板

11.1.1 各种模式的显示与切换

伺服驱动器通电后，LED 显示器处于"状态显示"模式，此时显示为"C"，反复按"MODE"键，可让伺服驱动器的显示模式在"状态显示→诊断→报警→基本参数→扩展参数 1→扩展参数 2→状态显示"之间切换，当显示器处于某种模式时，按"DOWN"或"UP"键即可在该模式中选择不同的项进行详细设置与操作，如图 11-2 所示。

注：电源接通时，状态显示的初始显示内容方式会随着控制模式的不同而异。
位置控制模式：反馈脉冲累积（C）；速度控制模式：电机速度（r）；转矩控制模式：转矩指令电压（c）。
此外，用参数 No.18 可改变电源接通时，状态显示初始显示的内容。

图 11-2　各种模式的显示与操作图

11.1.2　参数模式的显示与操作

接通电源后，伺服驱动器的显示器处于状态显示模式，反复按"MODE"键，切换到基本参数模式，此时显示 No.0 的参数号"P　00"。

下面以将参数 No.0 的值设为 0002 为例来说明参数的设置操作方法，具体过程如图 11-3

所示，参数值设好后按"SET"键确定，显示器又返回显示参数号，按"UP"或"DOWN"键可切换到其他的参数号，再用同样的方法给该参数号设置参数值。对于带"*"号的参数，参数值设定后，需断开驱动器的电源再重新接通电源，参数的设定值才能生效。

在设置扩展参数 1 和扩展参数 2 时，需先设置基本参数 No.19 的值，以确定扩展参数的读写性，如果 No.19 的值为 0000，将无法设置扩展参数 1 和扩展参数 2。参数 No.19 的设置在后面会详细介绍。

图 11-3　参数的设置操作方法

11.1.3　状态模式的显示与操作

在伺服驱动器工作时，可通过 5 位 LED 显示器查看其运行状态。

1. 状态项的查看

伺服驱动器运行时，显示器通常处于状态显示模式，此时显示器会显示状态项的符号，如显示"r"表示当前为伺服电机的转速状态项，按"SET"键可将伺服电机的转速值显示出来，要切换其他状态项，可按"UP"或"DOWN"键。

表 11-1 列出了一些状态项的符号、显示值和含义，如当显示器显示"dC"符号表示当前项为负载转动惯量比，按"SET"键，当前显示变为"15.5"，其含义是伺服驱动器当前的负载转动惯量比为 15.5 倍。

表 11-1　　　　　　　　　　一些状态项的符号、显示值和含义

状态项符号	状态项名称	显示值	显示值含义
r	伺服电机速度	**2500**	以 2500r/min 的速度正转
		-3000 反转时用"–"显示	以 3000r/min 的速度反转
dC	负载转动惯量比	**15.5**	15.5 倍
LS	ABC 计数器	**11252**	11252rev
		1.2.5.6.6 ↑↑↑↑ 变亮 负数时，高 4 位数字下方的小数点变亮	-12566rev

2. 各状态项的代表符号及说明

伺服驱动器的各状态项的代表符号及说明见表 11-2。

表 11-2　　　　　　　　　　伺服驱动器的各状态项的代表符号及说明

状态项	符号	单位	说明	显示范围
反馈脉冲累积	C	脉冲	统计并显示从伺服电机编码器中反馈的脉冲。反馈脉冲数超过 99999 时也能计数，但是由于伺服放大器的显示器只有 5 位，所以实际显示出来的是最后 5 位数字。如果按"SET"键，则显示内容变成 0。反转时，高 4 位的小数点变亮	-99999～99999
伺服电机的速度	r	r/min	显示伺服电机的速度。 以 0.1r/min 为单位，经四舍五入后进行显示	-5400～5400
滞留脉冲	E	脉冲	显示偏差计数器的滞留脉冲。反转时，高 4 位的小数点变亮，由于伺服放大器的显示器只有 5 位，所以实际显示出来的是最后 5 位数字。显示的脉冲数为经电子齿轮放大之前的脉冲数	-99999～99999
指令脉冲累积	P	脉冲	统计并显示位置指令输入脉冲的个数。显示的是经电子齿轮放大之前的脉冲数，显示内容可能与反馈脉冲累积的显示内容不一致。位置指令输入脉冲超过 ±99999 时也能计数，但是由于伺服放大显示器只有 5 位，所以实际显示出来的是最后 5 位数字。如果按"SET"键，则显示内容变成 0。反转时，高 4 位的小数点变亮	-99999～99999
指令脉冲频率	n	kHz	显示位置指令脉冲的频率。 显示的脉冲频率为经电子齿轮放大之前的值	-800～800
模拟量速度指令电压 模拟量速度限制电压	F	V	（1）转矩控制模式 显示模拟量速度限制（VLA）的输入电压。 （2）速度控制模式 显示模拟量速度指令（VC）的输入电压	-10.00～+10.00
模拟量转矩指令电压 模拟量转矩限制电压	U	V	（1）位置控制模式/速度控制模式 显示模拟量转矩限制（TLA）的输入电压	0～+10.00
			（2）转矩控制模式 显示模拟量转矩指令（TC）的输入电压	-10.00～+10.00
再生制动负载率	L	%	显示再生制动功率相对于最大再生最大功率的百分比	0～100
实际负载率	J	%	显示连续实际负载转矩。 以额定转矩作为 100%，将实际值换算成百分比显示	0～300
最大负载率	b	%	显示最大的输出转矩以额定转矩作为 100%，将过去 15s 内的最大的输出转矩换算成百分比显示	0～400
瞬时输出转矩	T	%	显示瞬时输出转矩。以额定转矩作为 100%，将实际值换算成百分比显示	0～400
在 1 转内的位置（低位）	Cy1	脉冲	显示在 1 转内的位置，以脉冲为单位显示。 如果超过大脉冲数，则显示数回到 0。逆时针方向旋转时用加法计算	0～99999
在 1 转内的位置（高位）	Cy2	100脉冲	显示在 1 转内的位置，以 100 脉冲为单位。 如果超过最大脉冲数则显示数回到 0。逆时针方向旋转时用加法计算	0～1310
ABS 计数器	LS	rev	显示离开编码器系统原点的移动量，显示值为绝对位置编码器累积旋转周数计数器的内容	-32768～32767
负载转动惯量比	dC	倍	实时地显示伺服电机和折算到伺服电机轴上的负载的转动惯量之比的推断值	0.0～300.0
母线电压	Pn	V	显示主电路直流母线（P-N 间）的电压	0～450

11.1.4　报警模式的显示与操作

利用报警模式可查看伺服驱动器当前的报警、报警履历（历史记录）和参数出错代码。按压"MODE"键，切换到报警模式，如果未发生报警，显示器显示为"AL—"，如果发生了报警，后 2 位会显示报警代码，出现过压报警会显示"AL.33"，按"DOWN"键可查看先前的报警代码。表 11-3 列出了一些常见的报警代码及含义。

表 11-3　　　　　　　　　　　　　一些常见的报警代码及含义

报警名称	报警代码	代码含义
当前报警信息	⊟L --	未发生报警
	AL. 33	发生过压报警（AL.33）。报警时，显示屏会闪动
报警履历	A0 50	此前第 1 次发生的报警为过载（AL.50）
	A1 33	此前第 2 次所发生的报警为过压（AL.33）
	A2 10	此前第 3 次所发生的报警为欠压（AL.10）
	A3 31	此前第 4 次所发生的报警为超速（AL.31）
	A4 --	此前第 5 次未发生报警
	A5 --	此前第 6 次未发生报警
参数出错	E. --	未发生参数异常（AL.37）报警
	E. 01	参数 No.1 设置错误报警

当伺服驱动器发生报警时，显示器有以下特点。

（1）无论先前处于何种显示模式，都会自动切换到报警模式并显示当前报警代码。

（2）处于报警模式时，也可以切换到其他模式，但显示器的第 4 位小数点会闪动。

（3）报警原因排除后，可采用三种方法进行报警复位：①断开电源再重新接通；②在显示现在报警画面时按"SET"键；③将报警复位（RES）信号设为 ON。

（4）可用参数 No.16 清除报警历史记录。

（5）在显示现在报警画面时按"SET"键 2s 以上，会显示报警详细内容代码，供维修伺服驱动器和伺服电机时参阅。

11.1.5　诊断模式的显示与操作

利用诊断模式可查看伺服驱动器当前的伺服状态、外部 I/O 端口的 ON/OFF 状态、软件版本信息、电机及编码器信息等。在该模式下，也可对伺服驱动器进行试运行操作和强制某端口输出信号。

按"MODE"键，切换到诊断模式，显示器显示"rd-oF"，按"UP"或"DOWN"键，可以切换到其他诊断项，如图 11-4 所示，各诊断项说明见表 11-4。

表 11-4　　　诊断模式下的各诊断项说明

诊断项名称		显示代码	说明
伺服状态		`r d - o F`	准备未完成。 正在初始化或有报警发生
		`r d - o n`	准备完毕。 初始化完成，伺服放大器处于可运行的状态
外部 I/O 信号的显示		参照 11.1.6	用于显示外部 I/O 的 ON/OFF 状态。各段上部对应输入信号，下部对应输出信号。 输出/输入信号的内容可用参数No.43～No.49 改变
输出信号强制输出		`d o - o n`	用于把输出信号强制输出置为 ON 和 OFF
试运行模式	点动运行	`r E S r 1`	在外部没有指令输入的状态下进行点动运行
	定位运行	`r E S r 2`	在外部没有指令的状态下可进行一次定位运行。进行定位运行时，必须使用伺服设置软件
	无电机运行	`r E S r 3`	在没有连接伺服电机时，可以模拟连接有伺服电机的情况，根据外部输入信号进行输出和状态显示
	机械分析器运行	`r E S r 4`	只要连接伺服放大器，就能测定机械系统的共振频率。机械分析器运行时，必须使用伺服设置软件（MRZJW3-SETUP111E）
软件版本（低位）		`- A 0`	用于显示软件版本
软件版本（高位）		`- n n n`	用于显示软件系统编号
自动 VC 补偿		`H 1　　 0`	如果伺服放大器内部和/或外部的模拟电路中的偏置电压导致伺服电机即使在模拟量速度指令（VC）或模拟量速度限制（VLA）为 0V 时也缓慢转动，则使用此功能会自动补偿偏置电压。 此功能生效之后，参数 No.29 的值变为自动调整后的补偿电压。 使用时请按照以下步骤进行设置。 ① 按 1 次 "SET" 键。 ② 按 "UP" "DOWN" 键，选择 "1"。 ③ 按 "SET" 键。 VC 或 VLA 的输入电压为±0.4V 以上时，不能使用这个功能
电机系列 ID		`H 2　　 0`	按 1 次 "SET" 键，就能显示当前连接的伺服电机系列 ID。 显示的内容请参照另售的 MELSERVO 伺服电机技术资料集
电机机种 ID		`H 3　　 0`	按 1 次 "SET" 键，就能显示当前连接的伺服电机机种 ID。 显示的内容请参照另售的 MELSERVO 伺服电机技术资料集
编码器 ID		`H 4　　 0`	按 1 次 "SET" 键，就能显示当前连接的伺服电机编码器 ID。 显示的内容请参照另售的 MELSERVO 伺服电机技术资料集

图 11-4　诊断模式的显示与
　　　　操作方法

11.1.6　外部 I/O 信号的显示

当伺服驱动器处于诊断模式时，可以通过查看显示器来了解数字量输入/输出引脚的状态。

伺服驱动器接通电源后，按"MODE"键将显示器显示画面切换到诊断模式，再按一次"UP"键，将画面切换到外部 I/O 信号的显示，如图 11-5 所示。

◉ 按 1 次"UP"键
UP

······ 外部 I/O 信号的显示画面

图 11-5　诊断模式下的外部 I/O 信号显示

5 位 7 段 LED 显示器的各段与数字量输入/输出引脚对应关系如图 11-6 所示，显示器上半部对应数字输入引脚，下半部对应数字输出引脚，中间一段始终亮，某段亮表示该段对应引脚状态为 ON，不亮则表示状态为 OFF。例如，显示器的第 1 位 b 段亮，说明 CN_{1B} 接头的 15 脚输入为 ON。

图 11-6　5 位 7 段 LED 显示器的各段与数字量输入/输出引脚的对应关系

11.1.7　信号强制输出

当伺服驱动器处于诊断模式时，可以强制某输出引脚产生输出信号，常用于检查输出引脚接线是否正常。在使用该功能时，伺服驱动器应处于停止状态（即 SON 信号为 OFF）。

伺服驱动器接通电源后，按"MODE"键将显示器的显示画面切换到诊断模式，按 2 次"UP"键，切换到信号强制输出画面"do-on"，如图 11-7 所示，按"SET"键 2s 以上，显示器右下角 CN_{1A}-19 引脚对应段的上方段变亮，按 1 次"MODE"键，CN_{1A}-18 脚对应段的上方段变亮，按 1 次"UP"键，CN_{1A}-18 引脚对应段变亮，强制 CN_{1A}-18 引脚输出为 ON（即让 CN_{1A}-18 引脚与 SG 引脚强制接通），按 1 次"DOWN"键，CN_{1A}-18 引脚对应段变暗，强制 CN_{1A}-18 引脚输出为 OFF，按"SET"键 2s 以上可使之强制生效，并返回到"do-on"画面。

图 11-7　诊断模式下的强制信号输出操作

11.2　参数设置

在使用伺服驱动器时，需要设置有关的参数，**根据参数的安全性和设置频度，可将参数分为基本参数（No.0～No.19）、扩展参数 1（No.20～No.49）和扩展参数 2（No.50～No.84）**。在设置参数时，既可以直接操作伺服驱动器面板上的按键来设置，也可在计算机中使用专用的伺服参数设置软件来设置，再通过通信电缆将设置好的各参数值传送到伺服驱动器中。

11.2.1 参数操作范围的设定

为了防止参数被误设置，伺服驱动器使用参数 **No.19** 来设定各参数的读写性。当 No.19 的值设为 000A 时，除参数 No.19 外，其他所有参数均被锁定，无法设置；当 No.19 的值设为 0000（初始值）时，可设置基本参数（No.0～No.19）；当 No.19 的值设为 000C 时，可设置基本参数（No.0～No.19）和扩展参数 1（No.20～No.49）；当 No.19 的值设为 000E 时，所有的参数（No.0～No.84）均可设置。

参数 No.19 的设定值与参数的操作范围对应关系见表 11-5。表中的"〇"表示可操作，"\"表示不可操作。

表 11-5　　　　　　　　参数 No.19 的设定值与参数的操作范围

参数 No.19 的 设定值	设定值的操作	基本参数 No.0～No.19	扩展参数 1 No.20～No.49	扩展参数 2 No.50～No.84
0000（初始值）	可读	〇		
	可写	〇		
000A	可读	仅 No.19		
	可写	仅 No.19		
000B	可读	〇	〇	
	可写	〇		
000C	可读	〇	〇	
	可写	〇	〇	
000E	可读	〇	〇	〇
	可写	〇	〇	〇
100B	可读	〇		
	可写	仅 No.19		
100C	可读	〇	〇	
	可写	仅 No.19		
100E	可读	〇	〇	〇
	可写	仅 No.19		

11.2.2 基本参数

1. 基本参数表

No.1～No.19 基本参数表见表 11-6。

表 11-6　　　　　　　　No.1～No.19 基本参数表

类型	No.	符号	名称	控制模式	初始值	单位	用户设定值
基本参数	0	*STY	控制模式，再生制动选件选择	P・S・T	0000		
	1	*OP1	功能选择 1	P・S・T	0002		
	2	ATU	自动调整	P・S	0105		
	3	CMX	电子齿轮（指令脉冲倍率分子）	P	1		
	4	CDV	电子齿轮（指令脉冲倍率分母）	P	1		
	5	INP	定位范围	P	100	脉冲	

续表

类型	No.	符号	名称	控制模式	初始值	单位	用户设定值
基本参数	6	PG1	位置环增益 1	P	35	rad/s	
	7	PST	位置指令加减速时间常数（位置斜坡功能）	P	3	ms	
	8	SC1	内部速度指令 1	S	100	r/min	
			内部速度限制 1	T	100	r/min	
	9	SC2	内部速度指令 2	S	500	r/min	
			内部速度限制 2	T	500	r/min	
	10	SC3	内部速度指令 3	S	1000	r/min	
			内部速度限制 3	T	1000	r/min	
	11	STA	加速时间常数	S・T	0	ms	
	12	STB	减速时间常数	S・T	0	ms	
	13	STC	S 字加减速时间常数	S・T	0	ms	
	14	TQC	转矩指令时间常数	T	0	ms	
	15	*SNO	站号设定	P・S・T	0		
	16	*BPS	通信波特率选择，报警履历清除	P・S・T	0000		
	17	MOD	模拟量输出选择	P・S・T	0100		
	18	*DMD	状态显示选择	P・S・T	0000		
	19	*BLK	参数范围选择	P・S・T	0000		

　　表中的*表示该参数设置后，需要断开伺服驱动器的电源再接通电源才能生效；P、S、T分别表示位置、速度和转矩控制模式。

　　2. 基本参数详细说明

　　（1）参数 No.0、No.1

　　参数 No.0、No.1 说明见表 11-7。

表 11-7　　　　　　　　　　　　　　参数 No.0 和 No.1 说明

参数号、符号与名称	功能说明	初始值	设定范围	单位	控制模式
No.0 *STY 控制模式、再生制动选件选择	用于设置控制模式和再生制动选件类型 控制模式的选择 0：位置 1：位置和速度 2：速度 3：速度和转矩 4：转矩 5：转矩和位置 选择再生制动选件 0：不用 1：备用（请不要设定） 2：MR-RB032 3：MR-RB12 4：MR-RB32 5：MR-RB30 6：MR-RB50 如果再生制动选件设定错误，可能会损坏选件	0000	0000～0605	无	P/S/T

续表

参数号、符号与名称	功能说明	初始值	设定范围	单位	控制模式
No.1 *OP1 功能选择1	用于设置输入滤波器、CN$_{1B}$-19 引脚功能和绝对位置系统 （设定框：□ 0 □ □） └─ 输入滤波器 输入信号受到噪声干扰时，用输入滤波器抑制干扰。 0：不用 1：1.77（ms） 2：3.555（ms） 3：5.333（ms） └─ CN$_{1B}$-19引脚功能选择 0：零速信号 1：电磁制动器连锁信号 └─ 绝对位置系统的选择 0：使用增量位置系统 1：使用绝对位置系统	0002	0000 ～ 1013	无	P/S/T

（2）参数 No.2～No.5

参数 No.2～No.5 说明见表 11-8。

表 11-8　　　　　　　　　　　　　参数 No.2～No.5 说明

参数号、符号与名称	功能说明	初始值	设定范围	单位	控制模式
No.2 AUT 自动调整	用于设置自动调整的响应速度 （设定框：0 □ 0 □） └─ 自动调整响应速度设定 表见下： 	设定值	响应速度	机械共振频率
I	低响应	15Hz
2		20Hz
3		25Hz
4		30Hz
5		35Hz
6		45Hz
7		55Hz
8	中响应	70Hz
9		80Hz
A		105Hz
B		130Hz
C		160Hz
D		200Hz
E		240Hz
F	高响应	300Hz	 ·发生机械振荡或齿轮声过大时，应将设定值减小 ·为了提高性能，如缩短定位调整时间等场合，应增大设定值 └─ 自动调整选择 	设定值	增益调整	调整内容
0	插补模式	固定位置环增益（参数No.6）
1	自动调整模式1	通常的自动调整模式
2	自动调整模式2	在参数No.34中设定固定的转动惯量比 响应速度设定可以手动调整
3	手动模式1	用简易的手动模式进行调整
4	手动模式2	用手动模式调整全部的增益		0105	0001 ～ 040F	无	P/S

参数号、符号与名称	功能说明	初始值	设定范围	单位	控制模式
No.3 CMX 电子齿轮分子	用于设置电子齿轮比的分子。详细设置方法见 11.2.3	1	1 ～ 65535	无	P
No.4 CMV 电子齿轮分母	用于设置电子齿轮比的分母。详细设置方法见 11.2.3	1	1 ～ 65535	无	P
No.5 INP 定位范围	用于设置输出定位完毕信号的范围，用电子齿轮计算前的指令脉冲为单位设定	100	0 ～ 10000	脉冲	P

（3）参数 No.6、No.7

参数 No.6、No.7 说明见表 11-9。

表 11-9　　参数 No.6、No.7 说明

参数号、符号与名称	功能说明	初始值	设定范围	单位	控制模式
No.6 PG1 位置环增益 1	用于设置位置环 1 的增益，如果增益大，对位置指令的跟踪能力会增强。在自动调整时，该参数值会被自动设定	35	4 ～ 2000	rad/s	P
No.7 PST 位置指令的加/减速时间常数	用于设置位置指令的低通滤波器的时间常数。该参数值设置越大，伺服电机由启动加速到指令脉冲速度所需时间越长。 通过设置参数 No.55 可将 No.7 定义为起调时间或线性加/减速时间，当定义为线性加/减速时间时，No.7 设定范围为 0～10ms，若设置值超过 10ms，也认为是 10ms	3	0 ～ 20000	ms	P

（4）参数 No.8～No.10

参数 No.8～No.10 说明见表 11-10。

表 11-10　　参数 No.8～No.10 说明

参数号与符号	名称与功能说明	初始值	设定范围	单位	控制模式
No.8 SC1	内部速度指令 1，用于设置内部速度 1	100	0～ 瞬时允许速度	r/min	S
	内部速度限制 1，用于设置内部速度限制 1				T
No.9 SC2	内部速度指令 2，用于设置内部速度 2	500	0～ 瞬时允许速度	r/min	S
	内部速度限制 2，用于设置内部速度限制 2				T
No.10 SC1	内部速度指令 3，用于设置内部速度 3	1000	0～ 瞬时允许速度	r/min	S
	内部速度限制 3，用于设置内部速度限制 3				T

（5）参数 No.11～No.14

参数 No.11～No.14 说明见表 11-11。

表 11-11　　参数 No.11～No.14 说明

参数号、符号与名称	功能说明	初始值	设定范围	单位	控制模式
No.11 STA 加速时间常数	用于设置从零速加速到额定速度（由模拟量速度指令或内部速度指令 1～3 决定）所需的时间。 例如，伺服电机的额定速度为 3000r/min，设定的加速时间为 3s，电机从零速加速到 3000r/min 需 3s，加速到 1000 r/min 则需 1s	0	0 ～ 20000	ms	S/T

参数号、符号与名称	功能说明	初始值	设定范围	单位	控制模式
No.12 STB 减速时间常数	用于设置从额定速度减速到零速所需的时间				
No.13 STC S 字加/减速时间常数	用于设置 S 字加/减速时间曲线部分的时间，使伺服电机能平稳启动和停止。 STC（No.13）、STA（No.11）、STB（No.12）的关系如下图所示。 如果 STA 或 STB 的值设置较大，曲线部分的实际时间值与 STC 的值可能会不一致。曲线的实际时间可用下面两个值来限制。 加速曲线时间=2000000/STA，减速曲线时间=2000000/STB 例如，STA=20000，STB=5000，STC=200，由于 2000000/20000=100ms，该值小于 STC 值（200），则实际加速曲线时间为 2000000/STA=100ms，而 2000000/5000=400ms，该值大于 STC 值（200），则实际减速曲线时间被限制为 200ms	0	0~1000	ms	S/T
No.14 TQC 转矩指令常数	用于设置转矩指令的低通滤波器的时间常数。该参数的功能如下图所示。	0	0~20000	ms	T

（6）参数 No.15、No.16

参数 No.15、No.16 说明见表 11-12。

表 11-12 　　　　　　　　　　　　　　参数 No.15、No.16 说明

参数号、符号与名称	功能说明	初始值	设定范围	单位	控制模式
No.15 *SNO 站号设定	用于设置串行通信时本机的站号。每台伺服驱动器应设置一个唯一的站号，如果多台伺服驱动器站号相同，将无法通信	0	0~31	无	P/S/T

续表

参数号、符号与名称	功能说明	初始值	设定范围	单位	控制模式
No.16 *BPS 通信设置及报警履历清除	用于设置通信和报警履历清除。具体说明如下。 选择 RS-422/RS-232C 通信的波特率 0：9600bit/s 1：19200bit/s 2：38400bit/s 3：57600bit/s 报警履历清除 0：无效 1：有效 如果此位设置为有效 那么在下一次接通电源时， 报警履历就会被清除。 RS-422/RS-232C 通信选择 0：使用 RS-232C 1：使用 RS-422 通信等待时间 0：无效 1：有效、延迟 800ms 以后返回应答信号	0000	0000 ～ 1113	ms	P/S/T

（7）参数 No.17～No.19

参数 No.17～No.19 说明见表 11-13。

表 11-13　　　　　　　　　　　　参数 No.17～No.19 说明

参数号、符号与名称	功能说明	初始值	设定范围	单位	控制模式
No.17 MOD 模拟量输出选择	用于设置模拟量输出引脚的输出信号内容。具体说明如下。 模拟量输出选择 	设定值	通道 2	通道 1
0	电机速度（±8V/ 最大速度）	
1	输出转矩（±8V/ 最大转矩）	
2	电机速度（±8V/ 最大速度）	
3	输出转矩（±8V/ 最大转矩）	
4	电流指令（±8V/ 最大指令电流）	
5	指令脉冲频率（±8V/500kHz）	
6	滞留脉冲（±10V/128 脉冲）	
7	滞留脉冲（±10V/2048 脉冲）	
8	滞留脉冲（±10V/8192 脉冲）	
9	滞留脉冲（±10V/32768 脉冲）	
A	滞留脉冲（±10V/131072 脉冲）	
B	母线电压（±8V/400V） ||	0000	0000 ～ 0B0B	无	P/S/T

续表

参数号、符号 与名称	功能说明	初始 值	设定 范围	单 位	控制 模式
No.18 *DMD 状态显示选择	用于设置接通电源时显示器的状态显示内容。具体说明如下。 用于选择电源接通时状态显示的内容 0: 反馈脉冲累积 1: 伺服电机速度 2: 滞留脉冲 3: 指令脉冲累积 4: 指令脉冲频率 5: 模拟量速度指令电压（注1） 6: 模拟量转矩指令电压（注2） 7: 再生制动负载率 8: 实际负载率 9: 峰值负载率 A: 瞬时转矩 B: 在1转内的位置（低位） C: 在1转内的位置（高位） D: ABS计数器 E: 负载转动惯量比 F: 母线电压 注: 1. 用于速度控制模式。在转距控制模式中为模拟量速度限制电压。 　　2. 用于转矩控制模式。在速度控制模式和位置控制模式中为模拟量转矩限制电压。 各控制模式下电源接通后的状态显示 0: 各控制模式的状态显示 	控制模式	电源接通后的状态显示
---	---
位置	反馈脉冲累积
位置/速度	反馈脉冲累积/伺服电机速度
速度	伺服电机速度
速度/转矩	伺服电机速度/模拟量转矩指令电压
转矩	模拟量指令电压
转矩/位置	模拟量转矩指令电压/反馈脉冲累积 | 1: 根据此参数第1位的设定值决定状态显示的内容	0000	0000 ~ 1113	ms	P/S/T
No.19 *BLK 参数范围选择	用于设置参数的可读写范围。具体说明如下。（见下表）	0000	0000 000A 000B 000C 000E 100B 100C 100E	无	P/S/T

No.19 参数范围说明表：

参数No.19 的设定值	设定值的 操作	基本参数 No.0~No.19	扩展参数1 No.20~No.49	扩展参数2 No.50~No.84
0000 （初始值）	可读	○		
	可写	○		
000A	可读	仅No.19		
	可写	仅No.19		
000B	可读	○	○	
	可写	○	○	
000C	可读	○	○	
	可写	○	○	
000E	可读	○	○	○
	可写	○	○	○
100B	可读	○		
	可写	仅No.19		
100C	可读	○	○	
	可写	仅No.19		
100E	可读	○	○	○
	可写	仅No.19		

11.2.3　电子齿轮的设置

1. 关于电子齿轮

在位置控制模式时，通过上位机（如 PLC）给伺服驱动器输入脉冲来控制伺服电机的转数，进而控制执行部件移动的位移，输入脉冲个数越多，电机旋转的转数越多。

伺服驱动器的位置控制示意图如图 11-8 所示，当输入脉冲串的第一个脉冲送到比较器时，由于电机还未旋转，故编码器无反馈脉冲送到比较器，两者比较偏差为 1，偏差计数器输出控制信号让驱动电路驱动电机旋转一个微小的角度，同轴旋转的编码器产生一个反馈脉冲到比较器，比较器偏差变为 0，计数器停止输出控制信号，电机停转，当输入脉冲串的第二个脉冲来时，电机又会旋转一定角度，随着脉冲串的不断输入，电机不断旋转。

图 11-8　伺服驱动器的位置控制示意图

伺服电机的编码器旋转一周通常会产生很多脉冲，三菱伺服电机的编码器每旋转一周会产生 131072 个脉冲，如果采用图 11-8 所示的控制方式，要让电机旋转一周，则需输入 131072个脉冲，旋转 10 周则需输入 1310720 个脉冲，脉冲数量非常多。为了解决这个问题，**伺服驱动器通常内部设有电子齿轮来减少或增多输入脉冲的数量。电子齿轮实际上是一个倍率器，其大小可通过参数 No.3（CMX）、No.4（CDV）来设置。**

$$电子齿轮值 = \frac{CMX}{CDV} = \frac{No.3}{No.4}$$

电子齿轮值的设定范围为：$\dfrac{1}{50} < \dfrac{CMX}{CDV} < 500$

带有电子齿轮的位置控制示意图如图 11-9 所示，如果编码器旋转一周产生的脉冲个数为 131072，若将电子齿轮的值设为 16，那么只要输入 8192 个脉冲就可以让电机旋转一周。也就是说，**在设置电子齿轮值时需满足：**

$$输入脉冲数 \times 电子齿轮值 = 编码器产生的脉冲数$$

图 11-9　带有电子齿轮的位置控制示意图

2. 电子齿轮设置举例

（1）举例一

如图 11-10 所示，伺服电机通过连轴器带动丝杆旋转，而丝杆旋转时会驱动工作台左右移动，丝杆的螺距为 5mm，当丝杆旋转一周时工作台会移动 5mm，如果要求脉冲当量为 1μm/脉冲（即伺服驱动器每输入一个脉冲时会使工作台移动 1μm），需给伺服驱动器输入多少个脉冲才能使工作台移动 5mm（电机旋转一周）？如果编码器分辨率为 131072 脉冲/转，应如何设置电子齿轮值？

图 11-10　电子齿轮设置例图一

分析：由于脉冲当量为 1μm/脉冲，一个脉冲对应工作台移动 1μm，工作台移动 5mm（电机旋转一周）需要的脉冲数量为 $\dfrac{5mm}{1μm/脉冲}$ =5000 脉冲；输入 5000 个脉冲会让伺服电机旋转一周，而电机旋转一周时编码器会产生 131072 个脉冲，根据"输入脉冲数×电子齿轮值=编码器产生的脉冲数"可得

$$电子齿轮值=\frac{编码器产生的脉冲数}{输入脉冲数}=\frac{131072}{5000}=\frac{16384}{625}$$

$$电子齿轮分子（No.3）=16384$$
$$电子齿轮分母（No.4）=625$$

（2）举例二

如图 11-11 所示，伺服电机通过变速机构带动丝杆旋转，与丝杆同轴齿轮直径为 3cm，与电机同轴齿轮直径为 2cm，丝杆的螺距为 5mm，如果要求脉冲当量为 1μm/脉冲，需给伺服驱动器输入多少个脉冲才能使工作台移动 5mm，电机旋转多少周？如果编码器分辨率为 131072 脉冲/转，应如何设置电子齿轮值？

分析：由于脉冲当量为 1μm/脉冲，一个脉冲对应工作台移动 1μm，工作台移动 5mm（丝杆旋转一周）需要的脉冲数量为 $\dfrac{5mm}{1μm/脉冲}$ =5000 脉冲；输入 5000 个脉冲

图 11-11　电子齿轮设置例图二

会让丝杆旋转一周，由于丝杆与电机之间有变速机构，丝杆旋转一周需要电机旋转 3/2 周，而电机旋转 3/2 周时编码器会产生 131072×3/2=196608 个脉冲，根据"输入脉冲数×电子齿轮值=编码器产生的脉冲数"可得

$$电子齿轮值=\frac{编码器产生的脉冲数}{输入脉冲数}=\frac{131072×3/2}{5000}=\frac{196608}{5000}=\frac{24576}{625}$$

$$电子齿轮分子（No.3）=24576$$
$$电子齿轮分母（No.4）=625$$

（3）举例三

如图 11-12 所示，伺服电机通过皮带驱动转盘旋转，与转盘同轴的传动轮直径为 10cm，

与电机同轴传动轮直径为 5cm，如果要求脉冲当量为 0.01°/脉冲，需给伺服驱动器输入多少个脉冲才能使转盘旋转一周，电机旋转多少周？如果编码器分辨率为 131072 脉冲/转，应如何设置电子齿轮值？

分析：由于脉冲当量为 0.01°/脉冲，一个脉冲对应转盘旋转 0.01°，工作台转盘旋转一周需要的脉冲数量为 $\dfrac{360°}{0.01°/脉冲}$ =36000 脉冲；因为电机传动轮与转盘传动轮直径比为 5/10= 1/2，故电机旋转两周才能使转盘旋转一周，而电机旋转两周时编码器会产生

图 11-12　电子齿轮设置例图三

131072×2= 262144 个脉冲，根据"输入脉冲数×电子齿轮值=编码器产生的脉冲数"可得

$$电子齿轮值=\frac{编码器产生的脉冲数}{输入脉冲数}=\frac{131072×2}{36000}=\frac{262144}{36000}=\frac{8192}{1125}$$

$$电子齿轮分子（No.3）=8192$$

$$电子齿轮分母（No.4）=1125$$

11.2.4　扩展参数

扩展参数分为扩展参数 1（No.20～No.49）和扩展参数 2（No.50～No.84）。

1. 扩展参数 1（No.20 ~ No.49）

扩展参数 1 简要说明见表 11-14。

表 11-14　　　　　　　　　　　　　　扩展参数 1 简要说明

类型	No.	符号	名称	控制模式	初始值	单位	用户设定值
扩展参数 1	20	*OP2	功能选择 2	P·S·T	0000		
	21	*OP3	功能选择 3（指令脉冲选择）	P	0000		
	22	*OP4	功能选择 4	P·S·T	0000		
	23	FFC	前馈增益	P	0	%	
	24	ZSP	零速	P·S·T	50	r/min	
	25	VCM	模拟量速度指令最大速度	S	（注 1）0	r/min	
			模拟量速度限制最大速度	T	（注 1）0	r/min	
	26	TLC	模拟量转矩指令最大输出	T	100	%	
	27	*ENR	编码器输出脉冲	P·S·T	4000	脉冲	
	28	TL1	内部转矩限制 1	P·S·T	100	%	
	29	VCO	模拟量速度指令偏置	S	（注 2）	mV	
			模拟量速度限制偏置	T	（注 2）	mV	
	30	TLO	模拟量速度指令偏置	T	0	mV	
			模拟量速度限制偏置		0	mV	
	31	MO1	模拟量输出通道 1 偏置	P·S·T	0	mV	
	32	MO2	模拟量输出通道 2 偏置	P·S·T	0	mV	
	33	MBR	电磁制动器程序输出	P·S·T	100	ms	
	34	GD2	负载和伺服电机的转动惯量比	P·S	70	0.1 倍	

续表

类型	No.	符号	名称	控制模式	初始值	单位	用户设定值
扩展参数1	35	PG2	位置环增益 2	P	35	rad/s	
	36	VG1	速度环增益 1	P・S	177	rad/s	
	37	VG2	速度环增益 2	P・S	817	rad/s	
	38	VIC	速度积分补偿	P・S	48	ms	
	39	VDC	速度微分补偿	P・S	980		
	40		备用		0		
	41	*DIA	输入信号自动 ON 选择	P・S・T	0000		
	42	*DI1	输入信号选择 1	P・S・T	0003		
	43	*DI2	输入信号选择 2（CN$_{1B}$-5 引脚）	P・S・T	0111		
	44	*DI3	输入信号选择 3（CN$_{1B}$-14 引脚）	P・S・T	0222		
	45	*DI4	输入信号选择 4（CN$_{1B}$-8 引脚）	P・S・T	0665		
	46	*DI5	输入信号选择 5（CN$_{1B}$-7 引脚）	P・S・T	0770		
	47	*DI6	输入信号选择 6（CN$_{1B}$-8 引脚）	P・S・T	0883		
	48	*DI7	输入信号选择 7（CN$_{1B}$-9 引脚）	P・S・T	0994		
	49	*DI1	输出信号选择 1	P・S・T	0000		

注：1. 设定值 "0" 对应伺服电机的额定速度。
　　2. 伺服驱动器不同时初始值也不同。

2. 扩展参数 2（No.50 ~ No84）

扩展参数 2 简要说明见表 11-15。

表 11-15　　　　　　　　　　　扩展参数 2 简要说明

类型	No.	符号	名称	控制模式	初始值	单位	用户设定值
扩展参数2	50		备用		0000		
	51	*OP6	功能选择 6	P・S・T	0000		
	52		备用		0000		
	53	*OP8	功能选择 8	P・S・T	0000		
	54	*OP9	功能选择 9	P・S・T	0000		
	55	*OPA	功能选择 A	P	0000		
	56	SIC	串行通信超时选择	P・S・T	0	s	
	57		备用		10		
	58	NH1	机械共振抑制滤波器 1	P・S・T	0000		
	59	NH2	机械共振抑制滤波器 2		0000		
	60	LPF	低通滤波器，自适应共振抑制控制	P・S・T	0000		
	61	GD2B	负载和伺服电机的转动惯量比 2	P・S	70	0.1 倍	
	62	PG2B	位置环增益 2 改变比率	P	100	%	
	63	VG2B	速度环增益 2 改变比率	P・S	100	%	
	64	VICB	速度积分补偿 2 改变比率	P・S	100	%	

类型	No.	符号	名称	控制模式	初始值	单位	用户设定值
	65	*CDP	增益切换选择	P · S	0000		
	66	CDS	增益切换阈值	P · S	10	（注 1）	
	67	CDT	增益切换时间常数	P · S	1	ms	
	68		备用		0		
	69	CMX2	指令脉冲倍率分子 2	P	1		
	70	CMX3	指令脉冲倍率分子 3	P	1		
	71	CMX4	指令脉冲倍率分子 4	P	1		
扩展参数2	72	SC4	内部速度指令 4	S	200	r/min	
			内部速度限制 4	T			
	73	SC5	内部速度指令 5	S	300	r/min	
			内部速度限制 5	T			
	74	SC6	内部速度指令 6	S	500	r/min	
			内部速度限制 6	T			
	75	SC7	内部速度指令 7	S	800	r/min	
			内部速度限制 7	T			
	76	TL2	内部转矩限制 2	P · S · T	100	%	
	77				100		
	78				1000		
	79				10		
	80		备用		10		
	81				100		
	82				100		
	83				100		
	84				0		

注 1：由参数 No.65 的设定值决定。

第12章 伺服驱动器三种工作模式的应用举例与标准接线

12.1 速度控制模式的应用举例及标准接线

12.1.1 伺服电机多段速运行控制实例

1. 控制要求

采用 PLC 控制伺服驱动器，使之驱动伺服电机按图 12-1 所示的速度曲线运行，主要运行要求如下。

① 按下启动按钮后，在 0～5s 范围内停转，在 5～15s 范围内以 1000r/min（转/分）的速度运转，在 15～21s 范围内以 800r/min 的速度运转，在 21～30s 范围内以 1500r/min 的速度运转，在 30～40s 范围内以 300r/min 的速度运转，在 40～48s 范围内以 900r/min 的速度反向运转，48s 后重复上述运行过程。

② 在运行过程中，若按下停止按钮，要求运行完当前周期后再停止。

③ 由一种速度转为下一种速度运行的加、减速时间均为 1s。

图 12-1 伺服电机多段速运行的速度曲线

2．控制线路图

伺服电机多段速运行控制的线路图如图 12-2 所示。

图 12-2 伺服电机多段速运行控制的线路图

电路工作过程说明如下。

（1）电路的工作准备

220V 的单相交流电源经开关 NFB 送到伺服驱动器的 L_{11}、L_{21} 端，伺服驱动器内部的控制电路开始工作，ALM 端内部变为 ON，VDD 端输出电流经继电器 RA 线圈进入 ALM 端，电磁制动器外接 RA 触点闭合，制动器线圈得电而使抱闸松开，停止对伺服电机刹车，同时驱动器启停保护电路中的 RA 触点也闭合，如果这时按下启动 ON 触点，接触器 MC 线圈得电，MC 自锁触点闭合，锁定 MC 线圈供电，另外，MC 主触点也闭合，220V 电源送到伺服驱动器的 L_1、L_2 端，为内部的主电路供电。

（2）多段速运行控制

按下启动按钮 SB_1，PLC 中的程序运行，按设定的时间从 Y003～Y001 端输出速度选择信号到伺服驱动器的 SP_3～SP_1 端，从 Y004、Y005 端输出正反转控制信号到伺服驱动器的 ST_1、ST_2 端，选择伺服驱动器中已设置好的 6 种速度。ST_1、ST_2 端和 SP_3～SP_1 端的控制信号与伺服驱动器的速度对应关系见表 12-1。例如，当 ST_1=1、ST_2=0、SP_3～SP_1 为 011 时，选择伺服驱动器的速度 3 输出（速度 3 的值由参数 No.10 设定），伺服电机按速度 3 设定的值运行。

3．参数设置

由于伺服电机运行速度有 6 种，故需要给伺服驱动器设置 6 种速度值，另外还要对相关参数进行设置。伺服驱动器的参数设置内容见表 12-2。

表 12-1　　　ST₁、ST₂端、SP₃～SP₁端的控制信号与伺服驱动器的速度对应关系

ST₁ （Y004）	ST₂ （Y005）	SP₃ （Y003）	SP₂ （Y002）	SP₁ （Y001）	对应速度
0	0	0	0	0	电机停止
1	0	0	0	1	速度 1（No.8=0）
1	0	0	1	0	速度 2（No.9=1000）
1	0	0	1	1	速度 3（No.10=800）
1	0	1	0	0	速度 4（No.72=1500）
1	0	1	0	1	速度 5（No.73=300）
0	1	1	1	0	速度 6（No.74=900）

说明：0—OFF，该端子与 SG 端断开；1—ON，该端子与 SG 端接通。

表 12-2　　　　　　　　　　　伺服驱动器的参数设置内容

参数	名称	初始值	设定值	说明
No.0	控制模式选择	0000	0002	设置成速度控制模式
No.8	内部速度 1	100	0	0r/min
No.9	内部速度 2	500	1000	1000 r/min
No.10	内部速度 3	1000	800	800 r/min
No.11	加速时间常数	0	1000	1000ms
No.12	减速时间常数	0	1000	1000ms
No.41	用于设定 SON、LSP、LSN 的 自动置 ON	0000	0111	SON、LSP、LSN 内部自动置 ON
No.43	输入信号选择 2	0111	0AA1	在速度模式、转矩模式下把 CN₁B-5 （SON）改成 SP₃
No.72	内部速度 4	200	1500	速度是 1500 r/min
No.73	内部速度 5	300	300	速度是 300 r/min
No.74	内部速度 6	500	900	速度是 900 r/min

在表中，将 No.0 参数设为 0002，让伺服驱动器工作在速度控制模式；No.8～No.10 和 No.72～No.74 用来设置伺服驱动器的 6 种输出速度；将 No.11、No.12 参数均设为 1000，让速度转换的加、减速度时间均为 1s（1000ms）；由于伺服驱动器默认无 SP₃端子，这里将 No.43 参数设为 0AA1，这样在速度和转矩模式下 SON 端（CN₁B-5 引脚）自动变成 SP₃端；因为 SON 端已更改成 SP₃端，无法通过外接开关给伺服驱动器输入伺服开启 SON 信号，为此将 No.41 参数设为 0111，让伺服驱动器在内部自动产生 SON、LSP、LSN 信号。

4. 编写 PLC 控制程序

根据控制要求，PLC 程序可采用步进指令编写，为了更容易编写梯形图，通常先绘出状态转移图，再依据状态转移图编写梯形图。

（1）绘制状态转移图

图 12-3 所示为伺服电机多段速运行控制的状态转移图。

（2）绘制梯形图

启动编程软件，按照图 12-3 所示的状态转移图编写梯形图，伺服电机多段速运行控制的梯形图如图 12-4 所示。

图 12-3　伺服电机多段速运行控制的状态转移图

图 12-4　伺服电机多段速运行控制的梯形图

图 12-4 伺服电机多段速运行控制的梯形图（续）

下面对照图 12-2 来说明图 12-4 梯形图的工作原理。

PLC 上电时，[0]M8002 触点接通一个扫描周期，"SET　S0"指令执行，状态继电器 S0 置位，[7]S0 常开触点闭合，为启动做好准备。

① 启动控制。

按下启动按钮 SB₁，梯形图中的[7]X000 常开触点闭合，"SET　S20"指令执行，状态继电器 S20 置位，[17]S20 常开触点闭合，Y001、Y004 线圈得电，Y001、Y004 端子的内部硬触点闭合，同时 T0 定时器开始 5s 计时，伺服驱动器 SP₁ 端通过 PLC 的 Y001、COM 端之间的内部硬触点与 SG 端接通，相当于 SP₁=1，同理 ST₁=1，伺服驱动器选择设定好的速度 1（0r/min）驱动伺服电机运行。

5s 后，T0 定时器动作，[23]T0 常开触点闭合，"SET　S21"指令执行，状态继电器 S21 置位，[26]S21 常开触点闭合，Y002、Y004 线圈得电，Y002、Y004 端子的内部硬触点闭合，同时 T1 定时器开始 10s 计时，伺服驱动器 SP₂ 端通过 PLC 的 Y002、COM 端之间的内部硬触点与 SG 端接通，相当于 SP₂=1，同理 ST₁=1，伺服驱动器选择设定好的速度 2（1000r/min）驱动伺服电机运行。

10s 后，T1 定时器动作，[32]T1 常开触点闭合，"SET　S22"指令执行，状态继电器 S22 置位，[35]S22 常开触点闭合，Y001、Y002、Y004 线圈得电，Y001、Y002、Y004 端子的内部硬触点闭合，同时 T2 定时器开始 6s 计时，伺服驱动器的 SP₁=1、SP₂=1、ST₁=1，伺服驱动器选择设定好的速度 3（800r/min）驱动伺服电机运行。

6s 后，T2 定时器动作，[42]T2 常开触点闭合，"SET　S23"指令执行，状态继电器 S23 置位，[45]S23 常开触点闭合，Y003、Y004 线圈得电，Y003、Y004 端子的内部硬触点闭合，同时 T3 定时器开始 9s 计时，伺服驱动器的 SP₄=1、ST₁=1，伺服驱动器选择设定好的速度 4（1500r/min）驱动伺服电机运行。

9s 后，T3 定时器动作，[51]T3 常开触点闭合，"SET　S24"指令执行，状态继电器 S24 置位，[54]S24 常开触点闭合，Y001、Y003、Y004 线圈得电，Y001、Y003、Y004 端子的内部硬触点闭合，同时 T4 定时器开始 10s 计时，伺服驱动器的 SP₁=1、SP₃=1、ST₁=1，伺服驱动器选择设定好的速度 5（300r/min）驱动伺服电机运行。

10s 后，T4 定时器动作，[61]T4 常开触点闭合，"SET　S25"指令执行，状态继电器 S25 置位，[64]S25 常开触点闭合，Y002、Y003、Y005 线圈得电，Y002、Y003、Y005 端子的内部硬触点闭合，同时 T5 定时器开始 8s 计时，伺服驱动器的 SP₂=1、SP₃=1、ST₂=1，伺服驱动选择设定好的速度 6（900r/min）驱动伺服电机运行。

8s 后，T5 定时器动作，[75]T5 常开触点均闭合，"SET　S20"指令执行，状态继电器 S20 置位，[17]S20 常开触点闭合，开始下一个周期的伺服电机多段速控制。

② 停止控制。

在伺服电机多段速运行时，如果按下停止按钮 SB₂，[3]X001 常开触点闭合，M0 线圈得电，[4]、[11]、[71]M0 常开触点闭合，[71]M0 常闭触点断开，当程序运行[71]梯级时，由于[71]M0 常开触点闭合，"SET　S0"指令执行，状态继电器 S0 置位，[7]S0 常开触点闭合，因为[11]M0 常开触点闭合，"ZRST　Y001　Y005"指令执行，Y001～Y005 线圈均失电，Y001～Y005 端输出均为 0，同时线圈 Y000 得电，Y000 端子的内部硬触点闭合，伺服驱动器 RES 端通过 PLC 的 Y000、COM 端之间的内部硬触点与 SG 端接通，即 RES 端输入为 ON，伺服驱动器主电路停止输出，伺服电机停转。

12.1.2 工作台往返限位运行控制实例

1. 控制要求

采用 PLC 控制伺服驱动器来驱动伺服电机运转，通过与电机同轴的丝杆带动工作台移动，如图 12-5（a）所示，具体要求如下。

① 在自动工作时，按下启动按钮后，丝杆带动工作台往右移动，当工作台到达 B 位置（该处安装有限位开关 SQ_2）时，工作台停止 2s，然后往左返回，当到达 A 位置（该处安装有限位开关 SQ_1）时，工作台停止 2s，又往右运动，如此反复，运行速度/时间曲线如图 12-5（b）所示。按下停止按钮，工作台停止移动。

② 在手动工作时，通过操作慢左、慢右按钮，可使工作台在 A、B 间慢速移动。

③ 为了安全起见，在 A、B 位置的外侧再安装两个极限保护开关 SQ_3、SQ_4。

(a) 工作示意图

(b) 速度曲线图

图 12-5　工作台往返限位运行控制

2. 控制线路图

工作台往返限位运行控制的线路图如图 12-6 所示。

电路工作过程说明如下。

（1）电路的工作准备

220V 的单相交流电源经开关 NFB 送到伺服驱动器的 L_{11}、L_{21} 端，伺服驱动器内部的控制电路开始工作，ALM 端内部变为 ON，VDD 端输出电流经继电器 RA 线圈进入 ALM 端，RA 线圈得电，电磁制动器外接 RA 触点闭合，制动器线圈得电而使抱闸松开，停止对伺服电机刹车，同时附属电路中的 RA 触点也闭合，接触器 MC 线圈得电，MC 主触点闭合，220V 电源送到伺服驱动器的 L_1、L_2 端，为内部的主电路供电。

（2）工作台往返限位运行控制

① 自动控制过程。

将手动/自动开关 SA 闭合，选择自动控制，按下自动启动按钮 SB_1，PLC 中的程序运行，让 Y000、Y003 端输出为 ON，伺服驱动器 SP_1、ST_2 端输入为 ON，选择已设定好的高速度驱动伺服电机反转，伺服电机通过丝杆带动工作台快速往右移动，当工作台碰到 B

位置的限位开关 SQ₂，SQ₂ 闭合，PLC 的 Y000、Y003 端输出为 OFF，电机停转，2s 后，PLC 的 Y000、Y002 端输出为 ON，伺服驱动器 SP₁、ST₁ 端输入为 ON，伺服电机通过丝杆带动工作台快速往左移动，当工作台碰到 A 位置的限位开关 SQ₁，SQ₁ 闭合，PLC 的 Y000、Y002 端输出为 OFF，电机停转，2s 后，PLC 的 Y000、Y003 端输出为 ON，以后重复上述过程。

图 12-6　工作台往返限位运行控制的线路图

在自动控制时，按下停止按钮 SB₂，Y000～Y003 端输出均为 OFF，伺服驱动器停止输出，电机停转，工作台停止移动。

② 手动控制过程。

将手动/自动开关 SA 断开，选择手动控制，按住慢右按钮 SB₄，PLC 的 Y001、Y003 端输出为 ON，伺服驱动器 SP₂、ST₂ 端输入为 ON，选择已设定好的低速度驱动伺服电机反转，伺服电机通过丝杆带动工作台慢速往右移动，当工作台碰到 B 位置的限位开关 SQ₂，SQ₂ 闭合，PLC 的 Y000、Y003 端输出为 OFF，电机停转；按住慢左按钮 SB₃，PLC 的 Y001、Y002 端输出为 ON，伺服驱动器 SP₂、ST₁ 端输入为 ON，伺服电机通过丝杆带动工作台慢速往左移动，当工作台碰到 A 位置的限位开关 SQ₁，SQ₁ 闭合，PLC 的 Y000、Y002 端输出为 OFF，电机停转。在手动控制时，松开慢左、慢右按钮时，工作台马上停止移动。

③ 保护控制。

为了防止 A、B 位置限位开关 SQ₁、SQ₂ 出现问题无法使工作台停止而发生事故，在 A、B 位置的外侧再安装正、反向行程末端保护开关 SQ₃、SQ₄，如果限位开关出现问题、工作台继续往外侧移动时，会使保护开关 SQ₃ 或 SQ₄ 断开，LSN 端或 LSP 端输入为 OFF，伺服驱动器主电路会停止输出，从而使工作台停止。

在工作时，如果伺服驱动器出现故障，故障报警 ALM 端输出会变为 OFF，继电器 RA 线圈会失电，附属电路中的常开 RA 触点断开，接触器 MC 线圈失电，MC 主触点断开，切断伺服驱动器的主电源。故障排除后，按下报警复位按钮 SB₅，RES 端输入为 ON，进行报警复位，ALM 端输出变为 ON，继电器 RA 线圈得电，附属电路中的常开 RA 触点闭合，接触器 MC 线圈得电，MC 主触点闭合，重新接通伺服驱动器的主电源。

3. 参数设置

由于伺服电机运行速度有快速和慢速，故需要给伺服驱动器设置两种速度值，另外还要对相关参数进行设置。伺服驱动器的参数设置内容见表 12-3。

在表 12-3 中，将 No.20 参数设为 0010，其功能是在停电再通电后不让伺服电机重新启动，且停止时锁定伺服电机；将 No.41 参数设为 0001，其功能是让 SON 信号由伺服驱动器内部自动产生，LSP、LSN 信号则由外部输入。

表 12-3　　　　　　　　　　　　　　　　伺服驱动器的参数设置内容

参数	名称	出厂值	设定值	说明
No.0	控制模式选择	0000	0002	设置成速度控制模式
No.8	内部速度 1	100	1000	1000r/min
No.9	内部速度 2	500	300	300 r/min
No.11	加速时间常数	0	500	1000ms
No.12	减速时间常数	0	500	1000ms
No.20	功能选择 2	0000	0010	停止时伺服锁定，停电时不能自动重新启动
No.41	用于设定 SON、LSP、LSN 是否内部自动置 ON	0000	0001	SON 能内部自动置 ON，LSP、LSN 依靠外部置 ON

4. 编写 PLC 控制程序

根据控制要求，PLC 程序可采用步进指令编写，为了更容易编写梯形图，通常先绘出状态转移图，然后依据状态转移图编写梯形图。

（1）绘制状态转移图

图 12-7 所示为工作台往返限位运行控制的状态转移图。

（2）绘制梯形图

启动编程软件，按照图 12-7 所示的状态转移图编写梯形图，工作台往返限位运行控制的梯形图如图 12-8 所示。

下面对照图 12-6 来说明图 12-8 梯形图的工作原理。

PLC 上电时，[0]M8002 触点接通一个扫描周期，"SET　S0"指令执行，状态继电器 S0 置位，[15]S0 常开触点闭合，为启动做好准备。

① 自动控制。

将自动/手动切换开关 SA 闭合，选择自动控制，[20]X000 常闭触点断开，切断手动控制程序，[15]X000

图 12-7　工作台往返限位运行控制的
状态转移图

常开触点闭合，为接通自动控制程序做好准备，如果按下自动启动按钮 SB₁，[3]X001 常开触点闭合，M0 线线圈得电，[4]M0 自锁触点闭合，[15]M0 常开触点闭合，"SET　S20" 指令执行，状态继电器 S20 置位，[31]S20 常开触点闭合，开始自动控制程序。

图 12-8　工作台往返限位运行控制的梯形图

[31]S20 常开触点闭合后，Y000、Y003 线圈得电，Y000、Y003 端子输出为 ON，伺服驱动器的 SP_1、ST_2 输入为 ON，伺服驱动选择设定好的高速度（1000r/min）驱动电机反转，工作台往右移动。当工作台移到 B 位置时，限位开关 SQ_2 闭合，[34]X006 常开触点闭合，"SET S21"指令执行，状态继电器 S21 置位，[37]S21 常开触点闭合，T0 定时器开始 2s 计时，同时上一步程序复位，Y000、Y003 端子输出为 OFF，伺服电机停转，工作台停止移动。

2s 后，T0 定时器动作，[41]T0 常开触点闭合，"SET S22"指令执行，状态继电器 S22 置位，[44]S22 常开触点闭合，Y000、Y002 线圈得电，Y000、Y002 端子输出为 ON，伺服驱动器的 SP_1、ST_1 输入为 ON，伺服驱动选择设定好的高速度（1000r/min）驱动电机正转，工作台往左移动。当工作台移到 A 位置时，限位开关 SQ_1 闭合，[47]X005 常开触点闭合，"SET S23"指令执行，状态继电器 S23 置位，[50]S23 常开触点闭合，T1 定时器开始 2s 计时，同时上一步程序复位，Y000、Y002 端子输出为 OFF，伺服电机停转，工作台停止移动。

2s 后，T1 定时器动作，[54]T0 常开触点闭合，"SET S0"指令执行，状态继电器 S0 置位，[15]S0 常开触点闭合，由于 X000、M0 常开触点仍闭合，"SET S20"指令执行，状态继电器 S20 置位，[31]S20 常开触点闭合，以后重复上述控制过程，结果工作台在 A、B 位置之间进行往返限位运行。

② 停止控制。

在伺服电机自动往返限位运行时，如果按下停止按钮 SB_2，[7]X002 常开触点闭合，"ZRST S20 S23"指令法执行，S20～S23 均被复位，Y000、Y002、Y003 线圈均失电，这些线圈对应的端子输出均为 OFF，伺服驱动器控制伺服电机停转。另外，[3]X002 常闭触点断开，M0 线圈失电，[4]M0 自锁触点断开，解除自锁，同时[15]M0 常开触点断开，"SET S20"指令无法执行，无法进入自动控制程序。

当按下停止按钮 SB_2 时，同时会执行"SET S0"指令，让[15]S0 常开触点闭合，这样在松开停止按钮 SB_2 后，可以重新进行自动或手动控制。

③ 手动控制。

将自动/手动切换开关 SA 断开，选择手动控制，[15]X000 常开触点断开，切断自动控制程序，[20]X000 常闭触点闭合，接通手动控制程序。

当按下慢右按钮 SB_4 时，[20]X004 常开触点闭合，Y001、Y003 线圈得电，Y001、Y003 端子输出为 ON，伺服驱动器的 SP_2、ST_2 端输入为 ON，伺服驱动选择设定好的低速度（300r/min）驱动电机反转，工作台往右慢速移动，当工作台移到 B 位置时，限位开关 SQ_2 闭合，[20]X006 常开触点断开，Y001、Y003 线圈失电，伺服驱动器的 SP_2、ST_2 端输入为 OFF，伺服电机停转，工作台停止移动。当按下慢左按钮 SB_3 时，X003 常开触点闭合，其控制过程与手动右移控制相似。

12.1.3　速度控制模式的标准接线

速度控制模式的标准接线如图 12-9 所示。

图 12-9　速度控制模式的标准接线

注：1．为防止触电，必须将伺服放大器保护接地（PE）端子（标有⏚）连接到控制柜的保护接地端子上。

2．二极管的方向不能接错，否则紧急停止和其他保护电路可能无法正常工作。

3．必须安装紧急停止开关（常闭）。

4．CN_{1A}、CN_{1B}、CN_2 和 CN_3 为同一形状，如果将这些接头接错，可能会引起故障。

5．外部继电器线圈中的电流总和应控制在 80mA 以下。如果超过 80mA，I/O 接口使用的电源应由外部提供。

6．运行时，异常情况下的紧急停止信号（EMG）、正向/反向行程末端（LSP、LSN）与 SG 端之间必须接通（常闭接点）。

7．故障端子（ALM）在无报警（正常运行）时与 SG 之间是接通的。

8．同时使用模拟量输出通道 1/2 和个人计算机通信时，请使用维护用接口卡（MR-J2CN3TM）。

9．同名信号在伺服放大器内部是接通的。

10．通过设定参数 No.43～No.48，能使用 TL（转矩限制选择）和 TLA 功能。

11．伺服设置软件应使用 MRAJW3-SETUP111E 或更高版本。

12．使用内部电源（VDD）时，必须将 VDD 连到 COM 上，当使用外部电源时，VDD 不要与 COM 连接。

13．微小电压输入的场合，请使用外部电源。

12.2 转矩控制模式的应用举例及标准接线

12.2.1 卷纸机的收卷恒张力控制实例

1. 控制要求

图 12-10 所示为卷纸机的结构示意图，在卷纸时，压纸辊将纸压在托纸辊上，卷纸辊在伺服电机驱动下卷纸，托纸辊与压纸辊也随之旋转，当收卷的纸达到一定长度时切刀动作，将纸切断，然后开始下一个卷纸过程，卷纸的长度由与托纸辊同轴旋转的编码器来测量。

图 12-10 卷纸机的结构示意图

卷纸系统由 PLC、伺服驱动器、伺服电机和卷纸机组成，控制要求如下。

① 按下启动按钮后，开始卷纸，在卷纸过程中，要求卷纸张力保持不变，即卷纸开始时要求卷纸辊快速旋转，随着卷纸直径不断增大，要求卷纸辊逐渐变慢，当卷纸长度达到 100m 时切刀动作，将纸切断。

② 按下暂停按钮时，机器工作暂停，卷纸辊停转，编码器记录的纸长度保持，按下启动按钮后机器工作，在暂停前的卷纸长度上继续卷纸，直到 100m 为止。

③ 按下停止按钮时，机器停止工作，不记录停止前的卷纸长度，按下启动按钮后机器重新从 0 开始卷纸。

2. 控制线路图

卷纸机的收卷恒张力控制线路图如图 12-11 所示。

图 12-11 卷纸机的收卷恒张力控制线路图

电路工作过程说明如下。

（1）电路的准备工作

220V 的单相交流电源经开关 NFB 送到伺服驱动器的 L_{11}、L_{21} 端，伺服驱动器内部的控制电路开始工作，ALM 端内部变为 ON，VDD 端输出电流经继电器 RA 线圈进入 ALM 端，RA 线圈得电，电磁制动器外接 RA 触点闭合，制动器线圈得电而使抱闸松开，停止对伺服电机刹车，同时附属电路中的 RA 触点也闭合，接触器 MC 线圈得电，MC 主触点闭合，220V 电源送到伺服驱动器的 L_1、L_2 端，为内部的主电路供电。

（2）收卷恒张力控制

① 启动控制。

按下启动按钮 SB_1，PLC 的 Y000、Y001 端输出为 ON，伺服驱动器的 SP_1、ST_1 端输入为 ON，伺服驱动器按设定的速度输出驱动信号，驱动伺服电机运转，电机带动卷纸辊旋转进行卷纸。在卷纸开始时，伺服驱动器 U、V、W 端输出的驱动信号频率较高，电机转速较快，随着卷纸辊上的卷纸直径不断增大时，伺服驱动器输出的驱动信号频率自动不断降低，电机转速逐渐下降，卷纸辊的转速变慢，这样可保证卷纸时卷纸辊对纸的张力（拉力）恒定。在卷纸过程中，可调节 RP_1、RP_2 电位器，使伺服驱动器的 TC 端输入电压在 0～8V 范围内变化，TC 端输入电压越高，伺服驱动器输出的驱动信号幅度越大，伺服电机运行转矩（转力）越大。在卷纸过程中，PLC 的 X000 端不断输入测量卷纸长度的编码器送来的脉冲，脉冲数量越多，表明已收卷的纸张越长，当输入脉冲总数达到一定值时，说明卷纸已达到指定的长度，PLC 的 Y005 端输出为 ON，KM 线圈得电，控制切刀动作，将纸张切断，同时 PLC 的 Y000、Y001 端输出为 OFF，伺服电机停止输出驱动信号，伺服电机停转，停止卷纸。

② 暂停控制。

在卷纸过程中，若按下暂停按钮 SB_2，PLC 的 Y000、Y001 端输出为 OFF，伺服驱动器的 SP_1、ST_1 端输入为 OFF，伺服驱动器停止输出驱动信号，伺服电机停转，停止卷纸，与此同时，PLC 将 X000 端输入的脉冲数量纪录保持下来。按下启动按钮 SB_1 后，PLC 的 Y000、Y001 端输出又为 ON，伺服电机又开始运行，PLC 在先前记录的脉冲数量上累加计数，直到达到指定值时才让 X005 端输出 ON，进行切纸动作，并从 Y000、Y001 端输出 OFF，让伺服电机停转，停止卷纸。

③ 停止控制。

在卷纸过程中，若按下停止按钮 SB_3，PLC 的 Y000、Y001 端输出为 OFF，伺服驱动器的 SP_1、ST_1 端输入为 OFF，伺服驱动器停止输出驱动信号，伺服电机停转，停止卷纸，与此同时，X005 端输出 ON，切刀动作，将纸切断，另外 PLC 将 X000 端输入反映卷纸长度的脉冲数量清零，这时可取下卷纸辊上的卷纸，再按下启动按钮 SB_1 后，可重新开始卷纸。

3. 参数设置

伺服驱动器的参数设置内容见表 12-4。

在表中，将 No.0 参数设为 0004，让伺服驱动器的工作在转矩控制模式；将 No.8 参数均设为 1000，让输出速度为 1000r/min；将 No.11、No.12 参数均设为 1000，让速度转换的加、减速度时间均为 1s（1000ms）；将 No.20 参数设为 0010，其功能是在停电再通电后不让伺服电机重新启动，且停止时锁定伺服电机；将 No.41 参数设为 0001，其功能是让 SON 信号由伺服驱动器内部自动产生，LSP、LSN 信号则由外部输入。

表12-4   **伺服驱动器的参数设置内容**

参数	名称	出厂值	设定值	说明
No.0	控制模式选择	0000	0004	设置成转矩控制模式
No.8	内部速度1	100	1000	1000r/min
No.11	加速时间常数	0	1000	1000ms
No.12	减速时间常数	0	1000	1000ms
No.20	功能选择2	0000	0010	停止时伺服锁定，停电时不能自动重新启动
No.41	用于设定SON、LSP、LSN是否内部自动置ON	0000	0001	SON能内部自动置ON，LSP、LSN依靠外部置ON

4. 编写PLC控制程序

图12-12所示为卷纸机的收卷恒张力控制梯形图。

图12-12 卷纸机的收卷恒张力控制梯形图

下面对照图12-11来说明图12-12梯形图的工作原理。

卷纸系统采用与托纸辊同轴旋转的编码器来测量卷纸的长度，托纸辊每旋转一周，编码器会产生N个脉冲，同时会传送与托纸辊周长S相同长度的纸张。

传送纸张的长度L、托纸辊周长S、编码器旋转一周产生的脉冲个数N与编码器产生的脉冲总个数D满足下面的关系：

$$编码器产生的脉冲总个数 D = \frac{传送纸张的长度 L}{托纸辊周长 S} \cdot 编码器旋转一周产生的脉冲个数 N$$

对于一个卷纸系统，N、S值一般是固定的，而传送纸张的长度L可以改变，为了程序编写方便，可将上式变形为 $D=L \cdot \dfrac{N}{S}$。例如，托纸辊的周长 S 为 0.05m，编码器旋转一周产生

的脉冲个数 N 为 1000 个脉冲，那么传送长度 L 为 100m 的纸张时，编码器产生的脉冲总个数

$D=100 \cdot \dfrac{1000}{0.05}=100 \cdot 20000=2000000$。

PLC 采用高速计数器 C235 对输入脉冲进行计数，该计数器对应的输入端子为 X000。

① 启动控制。

按下启动按钮 SB_1→梯形图中的 [0]X001 常开触点闭合→辅助继电器 M0 线圈得电

- [1]M0 触点闭合→锁定 M0 线圈得电
- [6]M0 触点闭合→MUL 乘法指令执行，将传送纸张长度值 100 与 20000 相乘，得到 2000000 作为脉冲总数存入数据存储器 D0
- [14]M0 触点闭合→Y000、Y001 线圈得电，Y000、Y001 端子输出为 ON，伺服驱动器驱动伺服电机运转开始卷纸
- [21]M0 触点闭合→G235 计数器对 X000 端子输入的脉冲进行计数，当卷纸长度达到 100m 时，G235 的计数值会达到 D0 中的值（2000000），G235 动作

[27]G235 常开触点闭合
- [27]Y005 线圈得电，Y005 端子输出为 ON，KM 线圈得电，切刀动作切断纸张
- [29]Y005 自锁触点闭合，锁定 Y005 线圈得电
- [28]T0 定时器开始 1s 计时，1s 后 T0 动作，[27]T0 常闭触点断开，Y005 线圈失电，KM 线圈失电，切刀返回

[0]C235 常闭触点断开，M0 线圈失电
- [1]M0 触点断开，解除 M0 线圈自锁
- [6]M0 触点断开，MUL 乘法指令无法执行
- [14]M0 触点断开，Y000、Y001 线圈失电，Y000、Y001 端子输出为 OFF，伺服驱动器使伺服电机停转，停止卷纸
- [21]M0 触点断开，C235 计数器停止计数

[18]C235 常开触点闭合，RST 指令执行，将计数器 C235 复位清零

② 暂停控制。

按下暂停按钮 SB_2，[0]X002 常闭触点断开

M0 线圈失电
- [1]M0 触点断开，解除 M0 线圈自锁
- [6]M0 触点断开，MUL 乘法指令无法执行
- [14]M0 触点断开，Y000、Y001 线圈失电，Y000、Y001 端子输出为 OFF，伺服驱动器使伺服电机停转，停止卷纸
- [21]M0 触点断开，C235 计数器停止计数

在暂停控制时，只是让伺服电机停转而停止卷纸，不会对计数器的计数值复位，切刀也不会动作，当按下启动按钮时，会在先前卷纸长度的基础上继续卷纸，直到纸张长度达到 100m。

③ 停止控制。

[0]X003 常闭触点断开，M0 线圈失电
- [1]M0 触点断开，解除 M0 线圈自锁
- [6]M0 触点断开，MUL 乘法指令无法执行
- [14]M0 触点断开，Y000、Y001 线圈失电，Y000、Y001 端子输出为 OFF，伺服驱动器使伺服电机停转，停止卷纸
- [21]M0 触点断开，C235 计数器停止计数

按下停止按钮 SB_3

[17]X003 常开触点闭合，RST 指令执行，将计数器 C235 复位清零

[28]X003 常开触点闭合
- [27]Y005 线圈得电，Y005 端子输出为 ON，KM 线圈得电，切刀动作切断纸张
- [29]Y005 自锁触点闭合，锁定 Y005 线圈得电
- [28]T0 定时器开始 1s 计时，1s 后 T0 动作，[27]T0 常闭触点断开，Y005 线圈失电，KM 线圈失电，切刀返回

12.2.2 转矩控制模式的标准接线

转矩控制模式的标准接线如图 12-13 所示。

图 12-13 转矩控制模式的标准接线

注：1. 为防止触电，必须将伺服放大器保护接地（PE）端子（标有⏚）连接到控制柜的保护接地端子上。

2. 二极管的方向不能接错，否则紧急停止和其他保护电路可能无法正常工作。

3. 必须安装紧急停止开关（常闭）。

4. CN_{1A}、CN_{1B}、CN_2 和 CN_3 为同一形状，如果将这些接头接错，可能会引起故障。

5. 外部继电器线圈中的电流总和应控制在 80mA 以下。如果超过 80mA，I/O 接口使用的电源应由外部提供。

6. 故障端子（ALM）在无报警（正常运行时）与 SG 之间是接通的。

7. 同时使用模拟量输出通道 1/2 和个人计算机通信时，请使用维护用接口卡（MR-J2CN3TM）。

8. 同名信号在伺服放大器内部是接通的。

9. 伺服设置软件应使用 MRAJW3-SETUP111E 或更高版本。

10. 使用内部电源 VDD 时，必须将 VDD 连到 COM 上，当使用外部电源时，VDD 不要与 COM 连接。

11. 微小电压输入的场合，请使用外部电源。

12.3　位置控制模式的应用举例及标准接线

12.3.1　工作台往返定位运行控制实例

1. 控制要求

采用 PLC 控制伺服驱动器来驱动伺服电机运转，通过与电机同轴的丝杆带动工作台移动，如图 12-14 所示，具体要求如下。

① 按下启动按钮，伺服电机通过丝杆驱动工作台从 A 位置（起始位置）往右移动，当移动 30mm 后停止 2s，然后往左返回，当到达 A 位置，工作台停止 2s，又往右运动，如此反复。

② 在工作台移动时，按下停止按钮，工作台运行完一周后返回到 A 点并停止移动。

③ 要求工作台移动速度为 10mm/s，已知丝杆的螺距为 5mm。

图 12-14　工作台往返定位运行控制示意图

2. 控制线路图

工作台往返定位运行控制线路图如图 12-15 所示。

图 12-15　工作台往返定位运行控制线路图

电路工作过程说明如下。

（1）电路的工作准备

220V 的单相交流电源经开关 NFB 送到伺服驱动器的 L_{11}、L_{21} 端，伺服驱动器内部的控制电路开始工作，ALM 端内部变为 ON，VDD 端输出电流经继电器 RA 线圈进入 ALM 端，RA 线圈得电，电磁制动器外接 RA 触点闭合，制动器线圈得电而使抱闸松开，停止对伺服电机刹车，同时附属电路中的 RA 触点也闭合，接触器 MC 线圈得电，MC 主触点闭合，220V 电源送到伺服驱动器的 L_1、L_2 端，为内部的主电路供电。

（2）往返定位运行控制

按下启动按钮 SB_1，PLC 的 Y001 端子输出为 ON（Y001 端子内部三极管导通），伺服驱动器 NP 端输入为低电平，确定伺服电机正向旋转，与此同时，PLC 的 Y000 端子输出一定数量的脉冲信号进入伺服驱动器的 PP 端，确定伺服电机旋转的转数。在 NP、PP 端输入信号控制下，伺服驱动器驱动伺服电机正向旋转一定的转数，通过丝杆带动工作台从起始位置往右移动 30mm，然后 Y000 端子停止输出脉冲，伺服电机停转，工作台停止，2s 后，Y001 端子输出为 OFF（Y001 端子内部三极管截止），伺服驱动器 NP 端输入为高电平，同时 Y000 端子又输出一定数量的脉冲到 PP 端，伺服驱动器驱动伺服电机反向旋转一定的转数，通过丝杆带动工作台往左移动 30mm 返回起始位置，停止 2s 后又重复上述过程，从而使工作台在起始位置至右方 30mm 之间往返运行。

在工作台往返运行过程中，若按下停止按钮 SB_2，PLC 的 Y000、Y001 端并不会马上停止输出，而是必须等到 Y001 端输出为 OFF，Y000 端的脉冲输出完毕，这样才能确保工作台停在起始位置。

3. 参数设置

伺服驱动器的参数设置内容见表 12-5。在表 12-5 中，将 No.0 参数设为 0000，让伺服驱动器的工作在位置控制模式；将 No.21 参数设为 0000，其功能是将伺服电机转数和转向的控制形式设为脉冲（PP）+方向（NP），将 No.41 参数设为 0001，其功能是让 SON 信号由伺服驱动器内部自动产生，LSP、LSN 信号则由外部输入。

在位置控制模式时需要设置伺服驱动器的电子齿轮值。电子齿轮设置规律为：电子齿轮值=编码器产生的脉冲数/输入脉冲数。由于使用的伺服电机编码器分辨率为 131072（即编码器每旋转一周会产生 131072 个脉冲），如果要求伺服驱动器输入 5000 个脉冲电机旋转一周，电子齿轮值应为 131072/5000=16384/625，故将电子齿轮分子 No.3 设为 16384，电子齿轮分母 No.4 设为 625。有关电子齿轮值的设置详细说明可参见 11.2.3。

表 12-5　　　　　　　　　　伺服驱动器的参数设置内容

参数	名称	出厂值	设定值	说明
No.0	控制模式选择	0000	0000	设定位置控制模式
No.3	电子齿轮分子	1	16384	设定上位机 PLC 发出 5000 个脉冲电机转一周
No.4	电子齿轮分母	1	625	
No.21	功能选择 3	0000	0001	用于设定电机转数和转向的脉冲串输入形式为脉冲+方向
No.41	用于设定 SON、LSP、LSN 是否自动为 ON	0000	0001	设定 SON 内部自动置 ON，LSP、LSN 需外部置 ON

4. 编写 PLC 控制程序

图 12-16 所示为工作台往返定位运行控制梯形图。

0	X000 启动 / M0 ┤├─┤│─── X001 停止 ─┤├─── (M0)
	M8002 [4] ─┤├────────────[SET S0]	PLC 上电时，M8002 触点接通一个扫描周期
	S0 [7] ─┤STL├─ M0 ─┤├────[SET S20]	运行时 M0 触点闭合，信止时 M0 触点断开，程序无法往下执行
	S20 [11] ─┤STL├────────────(Y001)	Y001 线圈得电，电机正向运行
	─────────────────(M1)	M1 线圈得电，[37]M1 触点闭合，脉冲输出 DPLSY 指令执行
	M8029 [14] ─┤├────────────[SET S21]	脉冲输出完毕，M8029 触点闭合
	S21 [17] ─┤STL├────────────(T0 K20)	2s 计时，电机停转 2s
	T0 [21] ─┤├────────────[SET S22]	
	S22 [24] ─┤STL├────────────(M2)	M2 线圈得电，[38]M2 触点闭合，脉冲输出 DPLSY 指令执行
	M8029 [26] ─┤├────────────[SET S23]	脉冲输出完毕，M8029 触点闭合
	S23 [29] ─┤STL├────────────(T1 K20)	2s 计时，电机停转 2s
	T1 [33] ─┤├────────────[SET S0]	
	[36] ──────────────────[RET]	
	M1 [37] ─┤├─[DPLSY K10000 K30000 Y000] 脉冲输出指令 频率 脉冲数量 脉冲输出端 M2 ─┤├─	M1 或 M2 触点闭合，脉冲输出 DPLSY 指令执行，从 Y000 端输出频率为 10000Hz、数量为 30000 个的脉冲信号
	[52] ──────────────────[END]	

图 12-16　工作台往返定位运行控制梯形图

下面对照图 12-15 来说明图 12-16 梯形图的工作原理。

在 PLC 上电时，[4]M8002 常开触点接通一个扫描周期，"SET　S0"指令执行，状态继电器 S0 被置位，[7]S0 常开触点闭合，为启动做好准备。

① 启动控制。

按下启动按钮 SB₁，[0]X000 常开触点闭合，M0 线圈得电，[1]、[7]M0 常开触点均闭合，[1]M0 常开触点闭合，锁定 M0 线圈供电，[7]M0 常开触点闭合，"SET S20"指令执行，状态继电器 S20 被置位，[11]S20 常开触点闭合，Y001 线圈得电，Y001 端子内部三极管导通，伺服驱动器 NP 端输入为低电平，确定伺服电机正向旋转，同时 M1 线圈得电，[37]M1 常开触点闭合，脉冲输出 DPLSY 指令执行，PLC 从 Y000 端子输出频率为 10000Hz、数量为 30000 个脉冲信号，该脉冲信号进入伺服驱动器的 PP 端。因为伺服驱动器的电子齿轮设置值对应 5000 个脉冲使电机旋转一周，当 PP 端输入 30000 个脉冲信号时，伺服驱动器驱动电机旋转 6 周，丝杆也旋转 6 周，丝杆螺距为 5mm，丝杆旋转 6 周会带动工作台右移 30mm。PLC 输出脉冲信号频率为 10000Hz，即 1s 会输出 10000 个脉冲进入伺服驱动器，输出 30000 个脉冲需要 3s，也即电机和丝杆旋转 6 周需要 3s，工作台的移动速度为 30mm/3s=10mm/s。

当 PLC 的 Y000 端输出完 30000 个脉冲后，伺服驱动器 PP 端无脉冲输入，电机停转，工作台停止移动，同时 PLC 的完成标志继电器 M8029 置 1，[14]M8029 常开触点闭合，"SET S21"指令执行，状态继电器 S21 被置位，[17]S21 常开触点闭合，T0 定时器开始 2s 计时，2s 后，T0 定时器动作，[21]T0 常开触点闭合，"SET S22"指令执行，状态继电器 S22 被置位，[24]S22 常开触点闭合，M2 线圈得电，[38]M2 常开触点闭合，DPLSY 指令又执行，PLC 从 Y000 端子输出频率为 10000Hz、数量为 30000 个脉冲信号，由于此时 Y001 线圈失电，Y001 端子内部三极管截止，伺服驱动器 NP 端输入高电平，它控制电机反向旋转 6 周，工作台往左移动 30mm，当 PLC 的 Y000 端输出完 30000 个脉冲后，电机停止旋转，工作台停在左方起始位置，同时完成标志继电器 M8029 置 1，[26]M8029 常开触点闭合，"SET S23"指令执行，状态继电器 S23 被置位，[29]S23 常开触点闭合，T1 定时器开始 2s 计时，2s 后，T1 定时器动作，[33]T1 常开触点闭合，"SET S0"指令执行，状态继电器 S0 被置位，[7]S0 常开触点闭合，开始下一个工作台运行控制。

② 停止控制。

在工作台运行过程中，如果按下停止按钮 SB₂，[0]X001 常闭触点断开，M0 线圈失电，[1]、[7]M0 常开触点均断开，[1]M0 常开触点断开，解除 M0 线圈供电，[7]M0 常开触点断开，"SET S20"指令无法执行，也就是说工作台运行完一个周期后执行"SET S0"指令，使[7]S0 常开触点闭合，但由于[7]M0 常开触点断开，下一个周期的程序无法开始执行，工作台停止起始位置。

12.3.2 位置控制模式的标准接线

当伺服驱动器工作在位置控制模式时，需要接收脉冲信号来定位，脉冲信号可以由 PLC 产生，也可以由专门的定位模块来产生。图 12-17 所示为伺服驱动器在位置控制模式时与定位模块 FX-10GM 的标准接线图。

图 12-17　伺服驱动器在位置控制模式时与定位模块 FX-10GM 的标准接线

注：1．为防止触电，必须将伺服放大器保护接地（PE）端子（标有⏚）连接到控制柜的保护接地端子上。
　　2．二极管的方向不能接错，否则紧急停止和其他保护电路可能无法正常工作。
　　3．必须安装紧急停止开关（常闭）。
　　4．CN_{1A}、CN_{1B}、CN_2 和 CN_3 为同一形状，如果将这些接头接错，可能会引起故障。
　　5．外部继电器线圈中的电流总和应控制在 80mA 以下。如果超过 80mA，I/O 接口使用的电源应由外部提供。
　　6．运行时，异常情况下的紧急停止信号（EMG）、正向/反向行程末端（LSP、LSN）与 SG 端之间必须接通（常闭）。
　　7．故障端子（ALM）在无报警（正常运行）时与 SG 之间是接通的，OFF（发生故障）时请通过程序停止伺服放大器的输出。
　　8．同时使用模拟量输出通道 1/2 和个人计算机通信时，请使用维护用接口卡（MR-J2CN3TM）。
　　9．同名信号在伺服放大器内部是接通的。
　　10．指令脉冲串的输入采用集电极开路的方式，差动驱动方式为 10m 以下。
　　11．伺服设置软件应使用 MRAJW3-SETUP111E 或更高版本。
　　12．使用内部电源 VDD 时，必须将 VDD 连到 COM 上，当使用外部电源时，VDD 不要与 COM 连接。
　　13．使用中继端子台的场合，需连接 CN_{1A}-10。

第13章 步进电机与步进驱动器的使用及应用实例

13.1 步进电机

步进电机是一种用电脉冲控制运转的电动机，每输入一个电脉冲，电机就会旋转一定的角度，因此步进电机又称为脉冲电机。步进电机的转速与脉冲频率成正比，脉冲频率越高，单位时间内输入电机的脉冲个数越多，旋转角度越大，即转速越快。步进电机广泛应用在雕刻机、激光制版机、贴标机、激光切割机、喷绘机、数控机床、机械手等各种中、大型自动化设备和仪器中。

13.1.1 外形

步进电机的外形如图 13-1 所示。

图 13-1 步进电机的外形

13.1.2 结构与工作原理

1. 与步进电机有关的实验

在说明步进电机的工作原理前，先来分析图 13-2 所示的实验现象。

(a) 示意图一　　　　　(b) 示意图二　　　　　　　(c) 示意图三　　　　　　　(d) 示意图四

图 13-2　与步进电机有关的实验现象

在图 13-2 所示的实验中，一根铁棒斜放在支架上，若将一对磁铁靠近铁棒，N 极磁铁产生的磁感线会通过气隙、铁棒和气隙到达 S 极磁铁，如图 13-2（b）所示。**由于磁感线总是力图通过磁阻最小的途径**，它对铁棒产生作用力，使铁棒旋转到水平位置，如图 13-2（c）所示，此时磁感线所经磁路的磁阻最小（磁阻主要由 N 极与铁棒的气隙和 S 极与铁棒间的气隙大小决定，气隙越大，磁阻越大，铁棒处于图 13-2（c）所示位置时的气隙最小，因此磁阻也最小）。这时若顺时针旋转磁铁，为了保持磁路的磁阻最小，磁感线对铁棒产生作用力使之也顺时针旋转，如图 13-2（d）所示。

2. 工作原理

步进电机种类很多，根据运转方式可分为旋转式、直线式和平面式，其中旋转式应用最为广泛。旋转式步进电机又分为永磁式和反应式，永磁式步进电机的转子采用永久磁铁制成，反应式步进电机的转子采用软磁性材料制成。由于反应式步进电机具有反应快、惯性小和速度高等优点，因此应用更为广泛。

（1）反应式步进电机

图 13-3 所示是一个三相六极反应式步进电机，它主要由凸极式定子、定子绕组和带有 4 个齿的转子组成。

(a) 示意图一　　　　　　　　　（b）示意图二　　　　　　　　（c）示意图三

图 13-3　三相六极反应式步进电机

反应式步进电机的工作原理分析如下。

① 当 A 相定子绕组通电时，如图 13-3（a）所示，绕组产生磁场，由于磁场磁感线力图通过磁阻最小的路径，在磁场的作用下，转子旋转使齿 1、3 分别正对 A、A′极。

② 当 B 相定子绕组通电时，如图 13-3（b）所示，绕组产生磁场，在绕组磁场的作用下，转子旋转使齿 2、4 分别正对 B、B′极。

③ 当 C 相定子绕组通电时，如图 13-3（c）所示，绕组产生磁场，在绕组磁场的作用下，转子旋转使 3、1 齿分别正对 C、C′极。

从图 13-3 中可以看出，当 A、B、C 相按 A→B→C 顺序依次通电时，转子逆时针旋转，并且转子齿 1 由正对 A 极运动到正对 C'极；若按 A→C→B 顺序通电，转子则会顺时针旋转。给某定子绕组通电时，步进电机会旋转一个角度；若按 A→C→B→A→B→C→···顺序依次不断给定子绕组通电，转子就会连续不断地旋转。

图 13-3 中的步进电机为三相单三拍反应式步进电机，其中"三相"是指定子绕组为三组，"单"是指每次只有一相绕组通电，"三拍"是指在一个通电循环周期内绕组有 3 次供电切换。

步进电机的定子绕组每切换一相电源，转子就会旋转一定的角度，该角度称为步距角。在图 13-3 中，步进电机定子圆周上平均分布着 6 个凸极，任意两个凸极之间的角度为 60°，转子每个齿由一个凸极移到相邻的凸极需要前进两步，因此该转子的步距角为 30°。步进电机的步距角可用下面的公式计算：

$$\theta = \frac{360°}{ZN}$$

式中，Z 为转子的齿数，N 为一个通电循环周期的拍数。

图 13-3 中的步进电机的转子齿数 $Z=4$，一个通电循环周期的拍数 $N=3$，则步距角 $\theta=30°$。

（2）三相单双六拍反应式步进电机

三相单三拍反应式步进电机的步距角较大，稳定性较差；而三相单双六拍反应式步进电机的步距角较小，稳定性更好。三相单双六拍反应式步进电机结构示意图如图 13-4 所示。

（a）示意图一　　　　　　（b）示意图二　　　　　　（c）示意图三

（d）示意图四　　　　　　（e）示意图五

图 13-4　三相单双六拍反应式步进电机结构示意图

三相单双六拍反应式步进电机的工作原理分析如下。

① 当 A 相定子绕组通电时，如图 13-4（a）所示，绕组产生磁场，由于磁场磁感线力图通过磁阻最小的路径，在磁场的作用下，转子旋转使齿 1、3 分别正对 A、A'极。

② 当 A、B 相定子绕组同时通电时，绕组产生图 13-4（b）所示的磁场，在绕组磁场的

作用下，转子旋转使齿 2、4 分别向 B、B′极靠近。

③ 当 B 相定子绕组通电时，如图 13-4（c）所示，绕组产生磁场，在绕组磁场的作用下，转子旋转使 2、4 齿分别正对 B、B′极。

④ 当 B、C 相定子绕组同时通电时，如图 13-4（d）所示，绕组产生磁场，在绕组磁场的作用下，转子旋转使齿 3、1 分别向 C、C′极靠近。

⑤ 当 C 相定子绕组通电时，如图 13-4（e）所示，绕组产生磁场，在绕组磁场的作用下，转子旋转使 3、1 齿分别正对 C、C′极。

从图 13-4 中可以看出，当 A、B、C 相按 A→AB→B→BC→C→CA→A…顺序依次通电时，转子逆时针旋转，每一个通电循环分为 6 拍，其中 3 个单拍通电，3 个双拍通电，因此这种反应式步进电机称为三相单双六拍反应式步进电机。三相单双六拍反应式步进电机的步距角为 15°。

3. 结构

不管是三相单三拍步进电机还是三相单双六拍步进电机，它们的步距角都比较大，若用它们作为传动设备动力源时往往不能满足精度要求。为了减小步距角，实际的步进电机通常在定子凸极和转子上开很多小齿，这样可以大大减小步距角。三相步进电机的结构示意图如图 13-5 所示。步进电机的实际结构如图 13-6 所示。

图 13-5　三相步进电机的结构示意图

（a）电机结构

（b）定子结构

图 13-6　步进电机的实际结构

13.2　步进驱动器

步进电机工作时需要提供脉冲信号，并且提供给定子绕组的脉冲信号要不断切换，这些需要专门的电路来完成。为了使用方便，通常将这些电路做成一个成品设备——步进驱动器。

步进驱动器的功能就是在控制设备（如 **PLC** 或单片机）的控制下，为步进电机提供工作所需的幅度足够的脉冲信号。

步进驱动器种类很多，使用方法大同小异，下面主要以 HM275 型步进驱动器为例进行说明。

13.2.1 外形

图 13-7 列出了两种常见的步进驱动器，其中左方为 HM275D 型步进驱动器。

图 13-7 两种常见的步进驱动器

13.2.2 内部组成与原理

图 13-8 虚线框内部分为步进驱动器，其内部主要由环形分配器和功率放大器组成。

图 13-8 步进驱动器的组成框图

步进驱动器有三种输入信号，分别是脉冲信号、方向信号和使能信号，这些信号来自控制器（如 PLC、单片机等）。在工作时，步进驱动器的环形分配器将输入的脉冲信号分成多路脉冲，再送到功率放大器进行功率放大，然后输出大幅度脉冲去驱动步进电机；方向信号的功能是控制环形分配器分配脉冲的顺序，比如先送 A 相脉冲再送 B 相脉冲会使步进电机逆时针旋转，那么先送 B 相脉冲再送 A 相脉冲则会使步进电机顺时针旋转；使能信号的功能是允许或禁止步进驱动器工作，当使能信号为禁止时，即使输入脉冲信号和方向信号，步进驱动器也不会工作。

13.2.3　步进驱动器的接线及说明

步进驱动器的接线包括输入信号接线、电源接线和电机接线。HM275D 型步进驱动器的典型接线如图 13-9 所示，图 13-9（a）为 HM275D 与 NPN 三极管输出型控制器的接线图，图 13-9（b）为 HM275D 与 PNP 三极管输出型控制器的接线图。

（a）HM275D 与 NPN 型三极管输出型控制器的接线

（b）HM275D 与 PNP 型三极管输出型控制器的接线

图 13-9　HM275D 型步进驱动器的典型接线

1. 输入信号接线

HM275D 型步进驱动器输入信号有 6 个接线端子，如图 13-10 所示，这 6 个端子分别是 R/S+、R/S−、DIR+、DIR−、PUL+和 PUL−。

（1）R/S+（+5V）、R/S−（R/S）端子：使能信号。此信号用于使能和禁止，R/S+接+5V，R/S−接低电平时，驱动器切断电机各相电流使电机处于自由状态，此时步进脉冲不被响应。如不需要这项功能，悬空此信号输入端子即可。

（2）DIR+（+5V）、DIR−（DIR）端子：单脉冲控制方式时为方向信号，用于改变电机的转向；双脉冲控制方式时为反转脉冲信号。单、双脉冲控制方式由 SW5 控制，为了保证电机可靠响应，方向信号应先于脉冲信号至少 5μs 建立。

（3）PUL+（+5V）、PUL−（PUL）端子：单脉冲控制时为步进脉冲信号，上升沿有效；双脉冲控制时为正转脉冲信号，脉冲上升沿有效。脉冲信号的低电平时间应大于 3μs，以保证电机可靠响应。

2. 电源与输出信号接线

HM275D 型步进驱动器电源与输出信号有 6 个接线端子，如图 13-11 所示，这 6 个端子分别是 DC+、DC−、A+、A−、B+和 B−。

图 13-10 HM275D 型步进驱动器的 6 个输入接线端子

图 13-11 HM275D 型步进驱动器电源与输出接线端子

（1）DC−端子：直流电源负极，也即电源地。

（2）DC+端子：直流电源正极，电压范围+24～+90V，推荐理论值+70V DC 左右。电源电压在 DC 24～90V 都可以正常工作，本驱动器最好采用无稳压功能的直流电源供电，也可以采用变压器降压＋桥式整流＋电容滤波，电容可取＞2200μF。但注意应使整流后电压纹波峰值不超过 95V，避免电网波动超过驱动器的电压工作范围。

在连接电源时要特别注意如下几点。

① 接线时电源正负极切勿反接。

② 最好采用非稳压型电源。

③ 采用非稳压电源时，电源电流输出能力应大于驱动器设定电流的 60%，采用稳压电源时，应大于驱动器设定电流。

④ 为了降低成本，两、三个驱动器可共用一个电源。

（3）A+、A−端子：A 相脉冲输出。A+，A−互调，电机运转方向会改变。

（4）B+、B−端子：B 相脉冲输出。B+，B−互调，电机运转方向会改变。

13.2.4 步进电机的接线及说明

HM275D 型步进驱动器可驱动所有相电流为 7.5A 以下的四线、六线和八线的两相、四相步进电机。由于 HM275D 型步进驱动器只有 A+、A−、B+ 和 B−4 个脉冲输出端子，故连接四线以上的步进电机时需要先对步进电机进行必要的接线。步进电机的接线如图 13-12 所示，NC 表示该接线端悬空不用。

四线电机的接线　　六线电机的高速模式接线　六线电机的高力矩模式接线

八线电机的高速模式接线（并联接线）　八线电机的高力矩模式接线（串联接线）

图 13-12　步进电机的接线

为了达到最佳的电机驱动效果，需要给步进驱动器选取合理的供电电压并设定合适的输出电流值。

（1）供电电压的选择

一般来说，供电电压越高，电机高速时力矩越大，越能避免高速时掉步。但电压太高也会导致过压保护，甚至可能损害驱动器，而且在高压下工作时，低速运动振动较大。

（2）输出电流的设定

对于同一电机，电流设定值越大，电机输出的力矩越大，同时电机和驱动器的发热也比较严重。因此，一般情况下应把电流设定成电机长时间工作出现温热但不过热的数值。

输出电流的具体设置如下。

① 四线电机和六线电机高速模式：输出电流设成等于或略小于电机额定电流值。

② 六线电机高力矩模式：输出电流设成电机额定电流的 70%。

③ 八线电机串联接法：由于串联时电阻增大，输出电流应设成电机额定电流的 70%。

④ 八线电机并联接法：输出电流可设成电机额定电流的 1.4 倍。

注意：电流设定后应让电机运转 15～30min，如果电机温度太高，应降低电流设定值。

13.2.5　细分设置

为了提高步进电机的控制精度，现在的步进驱动器都具备细分设置功能。**所谓细分是指通过设置驱动器来减小步距角**。例如，步进电机的步距角为 1.8°，旋转一周需要 200 步，若将细分设为 10，则步距角被调整为 0.18°，旋转一周需要 2000 步。

HM275D 型步进驱动器面板上有 SW$_1$～SW$_9$ 共 9 个开关，如图 13-13 所示，SW$_1$～SW$_4$ 用来设置驱动器的输出工作电流，SW$_5$ 用来设置驱动器的脉冲输入方式，SW$_6$～

图 13-13　面板上的 SW$_1$～SW$_9$ 开关及功能

SW$_9$用来设置细分。SW$_6$～SW$_9$开关的位置与细分关系见表 13-1，如当 SW$_6$～SW$_9$ 分别为 ON、ON、OFF、OFF 位置时，将细分数设为 4，电机旋转一周需要 800 步。

表 13-1　　　　　　　　　　　　SW$_6$～SW$_9$开关的位置与细分关系

SW$_6$	SW$_7$	SW$_8$	SW$_9$	细分数	步数/圈（1.8°/整步）
ON	ON	ON	OFF	2	400
ON	ON	OFF	OFF	4	800
ON	OFF	ON	OFF	8	1600
ON	OFF	OFF	OFF	16	3200
OFF	ON	ON	OFF	32	6400
OFF	ON	OFF	OFF	64	12800
OFF	OFF	ON	OFF	128	25600
OFF	OFF	OFF	OFF	256	51200
ON	ON	ON	ON	5	1000
ON	ON	OFF	ON	10	2000
ON	OFF	ON	ON	25	5000
ON	OFF	OFF	ON	50	10000
OFF	ON	ON	ON	125	25000
OFF	ON	OFF	ON	250	50000

在设置细分时要注意以下事项。

① 一般情况下，细分不能设置过大，因为在步进驱动器输入脉冲不变的情况下，细分设置越大，电机转速越慢，而且电机的输出力矩会变小。

② 步进电机的驱动脉冲频率不能太高，否则电机输出力矩会迅速减小，而细分设置过大会使步进驱动器输出的驱动脉冲频率过高。

13.2.6　工作电流的设置

为了能驱动多种功率的步进电机，大多数步进驱动器具有工作电流（也称动态电流）设置功能，当连接功率较大的步进电机时，应将步进驱动器的输出工作电流设大一些。对于同一电机，工作电流设置越大，电机输出力矩越大，但发热越严重，因此通常将工作电流设定在电机长时间工作出现温热但不过热的数值。

HM275D 型步进驱动器面板上 SW$_1$～SW$_4$ 4 个开关用来设置工作电流的大小，SW$_1$～SW$_4$ 开关的位置与工作电流值关系见表 13-2。

表 13-2　　　　　　　　　　　　SW$_1$～SW$_4$开关的位置与工作电流值关系

SW$_1$	SW$_2$	SW$_3$	SW$_4$	电流值
ON	ON	ON	ON	3.0A
OFF	ON	ON	ON	3.3A
ON	OFF	ON	ON	3.6A
OFF	OFF	ON	ON	4.0A
ON	ON	OFF	ON	4.2A
OFF	ON	OFF	ON	4.6A
ON	OFF	OFF	ON	4.9A
ON	ON	ON	OFF	5.1A

SW$_1$	SW$_2$	SW$_3$	SW$_4$	电流值
OFF	OFF	OFF	ON	5.3A
OFF	ON	ON	OFF	5.5A
ON	OFF	ON	OFF	5.8A
OFF	OFF	ON	OFF	6.2A
ON	ON	OFF	OFF	6.4A
OFF	ON	OFF	OFF	6.8A
ON	OFF	OFF	OFF	7.1A
OFF	OFF	OFF	OFF	7.5A

13.2.7　静态电流的设置

在停止时，为了锁住步进电机，步进驱动器仍会输出一路电流给电机的某相定子线圈，该相定子凸极产生的磁场像磁铁一样吸引住转子，使转子无法旋转。**步进驱动器在停止时提供给步进电机的单相锁定电流称为静态电流。**

HM275D 型步进驱动器的静态电流由内部 S$_3$ 跳线来设置，如图 13-14 所示，当 S$_3$ 接通时，静态电流与设定的工作电流相同，即静态电流为全流；当 S$_3$ 断开（出厂设定）时，静态电流为待机自动半电流，即静态电流为半流。一般情况下，如果步进电机负载为提升类负载（如升降机），静态电流应设为全流，对于平移动类负载，静态电流可设为半流。

S$_3$ 开路时静态电流为半流（出厂设定）　　S$_3$ 短路时静态电流为全流

图 13-14　S$_3$ 跳线设置静态电流

13.2.8　脉冲输入模式的设置

HM275D 型步进驱动器的脉冲输入模式有单脉冲和双脉冲两种。脉冲输入模式由 SW$_5$ 开关来设置，当 SW$_5$ 为 OFF 时为单脉冲输入模式，即脉冲+方向模式，PUL 端定义为脉冲输入端，DIR 端定义为方向控制端；当 SW$_5$ 为 ON 时为双脉冲输入模式，即脉冲+脉冲模式，PUL 端定义为正向（CW）脉冲输入端，DIR 端定义为反向（CCW）脉冲输入端。

单脉冲输入模式和双脉冲输入模式的输入信号波形如图 13-15 所示，下面对照图 13-9（a）来说明两种模式的工作过程。

（a）单脉冲输入模式　　　　　　　（b）双脉冲输入模式

图 13-15　两种脉冲输入模式的信号波形

当步进驱动器工作在单脉冲输入模式时，控制器首先送高电平（控制器内的三极管截止）

到驱动器的 R/S-端，R/S+、R/S-端之间的内部光电耦合器不导通，驱动器内部电路被允许工作，然后控制器送低电平（控制器内的三极管导通）到驱动器的 DIR-端，DIR+、DIR-端之间的内部光电耦合器导通，让驱动器内部电路控制步进电机正转，接着控制器输出脉冲信号送到驱动器的 PUL-端，当脉冲信号为低电平时，PUL+、PUL-端之间的光电耦合器导通，当脉冲信号为高电平时，PUL+、PUL-端之间的光电耦合器截止，光电耦合器不断导通、截止，为内部电路提供脉冲信号，在 R/S、DIR、PUL 端输入信号的控制下，驱动器控制电机正向旋转。

当步进驱动器工作在双脉冲输入模式时，控制器先送高电平到驱动器的 R/S-端，驱动器内部电路被允许工作，然后控制器输出脉冲信号送到驱动器的 PUL-端，同时控制器送高电平到驱动器的 DIR-端，驱动器控制步进电机正向旋转，如果驱动器 PUL-端变为高电平、DIR-端输入脉冲信号，驱动器则控制电机反向旋转。

为了让步进驱动器和步进电机均能可靠运行，应注意以下要点。

① R/S 端要提前 DIR 端至少 5μs 为高电平，通常建议 R/S 端悬空。

② DIR 端要提前 PUL 端下降沿至少 5μs 确定其状态高或低。

③ 输入脉冲的高、低电平宽度均不能小于 2.5μs。

④ 输入信号的低电平要低于 0.5V，高电平要高于 3.5V。

13.3 PLC 控制步进驱动器驱动步进电机的应用实例

13.3.1 步进电机正、反向定角循环运行的控制线路及编程

1. 控制要求

采用 PLC 作为上位机来控制步进驱动器，使之驱动步进电机定角循环运行。具体控制要求如下。

① 按下启动按钮，控制步进电机顺时针旋转 2 周（720°），停 5s，再逆时针旋转 1 周（360°），停 2s，如此反复运行。按下停止按钮，步进电机停转，同时电机转轴被锁住。

② 按下脱机按钮，松开电机转轴。

2. 控制线路图

步进电机正、反向定角循环运行的控制线路图如图 13-16 所示。

电路工作过程说明如下。

① 启动控制。

按下启动按钮 SB₁，PLC 的 X000 端子输入为 ON，内部程序运行，从 Y002 端输出高电平（Y002 端子内部三极管处于截止），从 Y001 端输出低电平（Y001 端子内部三极管处于导通），从 Y000 端子输出脉冲信号（Y000 端子内部三极管导通、截止状态不断切换），结果驱动器的 R/S-端得到高电平、DIR-端得到低电平、PUL-端输入脉冲信号，驱动器输出脉冲信号驱动步进电机顺时针旋转 2 周，然后 PLC 的 Y000 端停止输出脉冲、Y001 端输出高电平、Y002 端输出仍为高电平，驱动器只输出一相电流到电机，锁住电机转轴，电机停转；5s 后 PLC 的 Y000 端又输出脉冲、Y001 端输出高电平、Y002 端仍输出高电平，驱动器驱动电机逆时针旋转 1 周，接着 PLC 的 Y000 端又停止输出脉冲、Y001 端输出高电平、Y002 端输出

仍为高电平，驱动器只输出一相电流锁住电机转轴，电机停转；2s 后，又开始顺时针旋转 2 周控制，以后重复上述过程。

图 13-16　步进电机正、反向定角循环运行的控制线路图

② 停止控制。

在步进电机运行过程中，如果按下停止按钮 SB₂，PLC 的 Y000 端停止输出脉冲（输出为高电平）、Y001 端输出高电平、Y003 端输出为高电平，驱动器只输出一相电流到电机，锁住电机转轴，电机停转，此时手动无法转动电机转轴。

③ 脱机控制。

在步进电机运行或停止时，按下脱机按钮 SB₃，PLC 的 Y002 端输出低电平，R/S–端得到低电平，如果步进电机先前处于运行状态，R/S–端得到低电平后驱动器马上停止输出两相电流，电机处于惯性运转；如果步进电机先前处于停止状态，R/S–端得到低电平后驱动器马上停止输出一相锁定电流，这时可手动转动电机转轴。松开脱机按钮 SB₃，步进电机又开始运行或进入自锁停止状态。

3. 细分、工作电流和脉冲输入模式的设置

驱动器配接的步进电机的步距角为 1.8°，工作电流为 3.6A，驱动器的脉冲输入模式为单脉冲输入模式，可将驱动器面板上的 SW₁～SW₉ 开关按图 13-17 所示进行设置，其中将细分设定为 4。

图 13-17　细分、工作电流和脉冲输入模式的设置

4. 编写 PLC 控制程序

根据控制要求，PLC 程序可采用步进指令编写，为了更容易编写梯形图，通常先绘出状态转移图，然后依据状态转移图编写梯形图。

（1）绘制状态转移图

图 13-18 所示为步进电机正、反向定角循环运行的控制状态转移图。

（2）绘制梯形图

启动编程软件，按照图 13-18 所示的状态转移图编写梯形图，步进电机正、反向定角循环运行的控制梯形图如图 13-19 所示。

下面对照图 13-16 来说明图 13-19 梯形图的工作原理。

步进电机的步距角为 1.8°，如果不设置细分，电机旋转 1 周需要走 200 步（360°/1.8°=200），步进驱动器相应要求需要输入 200 个脉冲，当步进驱动器细分设定为 4 时，需要输入 800 个脉冲才能让电机旋转 1 周，旋转 2 周则要输入 1600 个脉冲。

图 13-18　步进电机正、反向定角循环运行的控制状态转移图

图 13-19　步进电机正、反向定角循环运行的控制梯形图

图 13-19　步进电机正、反向定角循环运行的控制梯形图（续）

PLC 上电时，[0]M8002 触点接通一个扫描周期，"SET　S0" 指令执行，状态继电器 S0 置位，[3]S0 常开触点闭合，为启动做好准备。

① 启动控制。

按下启动按钮 SB$_1$，梯形图中的[3]X000 常开触点闭合，"SET　S20" 指令执行，状态继电器 S20 置位，[7]S20 常开触点闭合，M0 线圈和 Y001 线圈均得电，另外 "MOV　K1600　D0" 指令执行，将 1600 送入数据存储器 D0 中作为输出脉冲的个数值，M0 线圈得电使[43]M0 常开触点闭合，"DPLSY　K800　D0　Y000" 指令执行，从 Y000 端子输出频率为 800Hz、个数为 1600（D0 中的数据）的脉冲信号，送到驱动器的 PUL-端，Y001 线圈得电，Y001 端子内部的三极管导通，Y001 端子输出低电平，送到驱动器的 DIR-端，驱动器驱动电机顺时针旋转，当脉冲输出指令 DPLSY 送完 1600 个脉冲后，电机正好旋转 2 周，[15]完成标志继电器 M8029 常开触点闭合，"SET　S21" 指令执行，状态继电器 S21 置位，[18]S21 常开触点闭合，T0 定时器开始 5s 计时，计时期间电机处于停止状态。

5s 后，T0 定时器动作，[22]T0 常开触点闭合，"SET　S22" 指令执行，状态继电器 S22 置位，[25]S22 常开触点闭合，M1 线圈得电，"MOV　K800　D0" 指令执行，将 800 送入数据存储器 D0 中作为输出脉冲的个数值，M1 线圈得电使[44]M1 常开触点闭合，DPLSY 指令执行，从 Y000 端子输出频率为 800Hz、个数为 800（D0 中的数据）的脉冲信号，送到驱动器的 PUL-端，由于此时 Y001 线圈已失电，Y001 端子内部的三极管截止，Y001 端子输出高电平，送到驱动器的 DIR-端，驱动器驱动电机逆时针旋转，当 DPLSY 送完 800 个脉冲后，电机正好旋转 1 周，[32]完成标志继电器 M8029 常开触点闭合，"SET　S23" 指令执行，状态继电器 S23 置位，[35]S23 常开触点闭合，T1 定时器开始 2s 计时，计时期间电机处于停止状态。

2s 后，T1 定时器动作，[39]T1 常开触点闭合，"SET　S20" 指令执行，状态继电器 S20 置位，[7]S20 常开触点闭合，开始下一个周期的步进电机正、反向定角运行控制。

② 停止控制。

在步进电机正、反向定角循环运行时，如果按下停止按钮 SB$_2$，[52]X001 常开触点闭合，ZRST 指令执行，将 S20～S23 状态继电器均复位，S20～S23 常开触点均断开，[7]～[42]之间的程序无法执行，[43]程序也无法执行，PLC 的 Y000 端子停止输出脉冲，Y001 端输出高电平，驱动器仅输出一相电流给电机绕组，锁住电机转轴。另外，[52]X001 常开触点闭合同时会使 "SET　S0" 指令执行，将[3]S0 常开触点闭合，为重新启动电机运行做好准备，如果按下启动按钮 SB₁，X000 常开触点闭合，程序会重新开始电机正、反向定角运行控制。

③ 脱机控制。

在步进电机运行或停止时，按下脱机按钮 SB₃，[60]X002 常开触点闭合，Y002 线圈得电，PLC 的 Y002 端子内部的三极管导通，Y002 端输出低电平，R/S–端得到低电平，如果步进电机先前处于运行状态，R/S–端得到低电平后驱动器马上停止输出两相电流，PUL–端输入脉冲信号无效，电机处于惯性运转；如果步进电机先前处于停止状态，R/S–端得到低电平后驱动器马上停止输出一相锁定电流，这时可手动转动电机转轴。松开脱机按钮 SB₃，步进电机又开始运行或进入自锁停止状态。

13.3.2 步进电机定长运行的控制线路及编程

1. 控制要求

图 13-20 所示是一个自动切线装置，采用 PLC 作为上位机来控制步进驱动器，使之驱动步进电机运行，让步进电机抽送线材，每抽送完指定长度的线材后切刀动作，将线材切断。具体控制要求如下。

① 按下启动按钮，步进电机运转，开始抽送线材，当达到设定长度时电机停转，切刀动作，切断线材，然后电机又开始抽送线材，如此反复，直到切刀动作次数达到指定值时，步进电机停转并停止剪切线材。在切线装置工作过程中，按下停止按钮，步进电机停转自锁转轴并停止剪切线材。按下脱机按钮，步进电机停转并松开转轴，可手动抽拉线材。

② 步进电机抽送线材的压辊周长为 50mm。剪切线材（即短线）的长度值用两位 BCD 数字开关来设定。

图 13-20 自动切线装置

2. 控制线路图

步进电机定长运行控制的线路图如图 13-21 所示。

下面对照图 13-20 来说明图 13-21 线路图的工作原理，具体如下。

（1）设定移动的长度值

步进电机通过压辊抽拉线材，抽拉的线材长度达到设定值时切刀动作，切断线材。本系统采用两位 BCD 数字开关来设定切割线材的长度值。**BCD 数字开关是一种将十进制数 0～9 转换成 BCD 数 0000～1001 的电子元件**。常见的 BCD 数字开关外形如图 13-22 所示，其内部等效结构如图 13-21 所示，1 位 BCD 数字开关内部由 4 个开关组成，当 BCD 数字开关拨到某个十进制数字时，如拨到数字 6 位置，内部 4 个开关通断情况分别为 d7 断、d6 通、d5 通、d4 断，X007～X004 端子输入分别为 OFF、ON、ON、OFF，也即给 X007～X004 端子输入 BCD 数 0110。如果高、低位 BCD 数字开关分别拨到 7、2 位置时，则 X007～X004 输入为 0111，X003～X000 输入为 0010，即将 72 转换成 01110010 并通过 X007～X000 端子送入 PLC 内部的输入继电器 X007～X000。

图 13-21　步进电机定长运行控制的线路图

（2）启动控制

按下启动按钮 SB_1，PLC 的 X010 端子输入为 ON，内部程序运行，从 Y003 端输出高电平（Y003 端子内部三极管处于截止），从 Y001 端输出低电平（Y001 端子内部三极管处于导通），从 Y000 端子输出脉冲信号（Y000 端子内部三极管导通、截止状态不断切换），结果驱动器的 R/S−端得到高电平、DIR−端得到低电平、PUL−端输入脉冲信号，驱动器驱动步进电机顺时针旋转，通过压辊抽拉线材，当 Y000 端子发送完指定数量的脉冲信号后，线材会抽拉到设定长度值，电机停转并自锁转轴，同时 Y004 端子内

图 13-22　常见的 BCD 数字开关外形

部三极管导通，有电流流过 KA 继电器线圈，控制切刀动作，切断线材，然后 PLC 的 Y000 端又开始输出脉冲，驱动器又驱动电机抽拉线材，以后重新上述工作过程，当切刀动作次数达到指定值时，Y001 端输出低电平、Y003 端输出仍为高电平，驱动器只输出一相电流到电机，锁住电机转轴，电机停转。更换新线盘后，按下启动按钮 SB_1，又开始按上述过程切割线材。

（3）停止控制

在步进电机运行过程中，如果按下停止按钮 SB_2，PLC 的 X011 端子输入为 ON，PLC 的 Y000 端停止输出脉冲（输出为高电平）、Y001 端输出高电平、Y003 端输出为高电平，驱动器只输出一相电流到电机，锁住电机转轴，电机停转，此时手动无法转动电机转轴。

（4）脱机控制

在步进电机运行或停止时，按下脱机按钮 SB_3，PLC 的 X012 端子输入为 ON，Y003 端子输出低电平，R/S−端得到低电平，如果步进电机先前处于运行状态，R/S−端得到低电平后驱动器马上停止输出两相电流，电机处于惯性运转；如果步进电机先前处于停止状态，R/S−端得到低电平后驱动器马上停止输出一相锁定电流，这时可手动转动电机转轴来抽拉线材。松开脱机按钮 SB_3，步进电机又开始运行或进入自锁停止状态。

3. 细分、工作电流和脉冲输入模式的设置

驱动器配接的步进电机的步距角为 1.8°，工作电流设定为 5.5A，驱动器的脉冲输入模式为单脉冲输入模式，可将驱动器面板上的 SW₁～SW₉ 开关按图 13-23 所示进行设置，其中细分设定为 5。

图 13-23 细分、工作电流和脉冲输入模式的设置

4. 编写 PLC 控制程序

步进电机定长运行控制的梯形图如图 13-24 所示。

图 13-24 步进电机定长运行控制的梯形图

下面对照图 13-20 和图 13-21 来说明图 13-24 梯形图的工作原理。

步进电机的步距角为 1.8°，如果不设置细分，电机旋转 1 周需要走 200 步（360°/1.8° = 200），步进驱动器相应要求输入 200 个脉冲，当步进驱动器细分设定为 5 时，需要输入 1000 个脉冲才能让电机旋转 1 周，与步进电机同轴旋转的用来抽送线材的压辊周长为 50mm，它旋转一周会抽送 50mm 线材，如果设定线材的长度为 D0 mm，则抽送 D0 mm 长度的线材需旋转 D0/50 周，需要给驱动器输入脉冲数为 $\dfrac{D0}{50} \times 1000 = D0 \times 20$。

（1）设定线材的切割长度值

在控制步进电机工作前，先用 PLC 输入端子 X007～X000 外接的两位 BCD 数字开关设定线材的切割长度值，如设定的长度值为 75，则 X007～X000 端子输入为 01110101，该 BCD 数据由输入端子送入内部的输入继电器 X007～X000 保存。

（2）启动控制

按下启动按钮 SB₁，PLC 的 X010 端子输入为 ON，梯形图中的 X010 常开触点闭合，[0]M0 线圈得电，[1]M0 常开自锁触点闭合，锁定 M0 线圈供电，X010 触点闭合还会使 Y001 线圈得电和使 MOV、BIN、MUL、DPLSY 指令相继执行。Y001 线圈得电，Y001 端子内部三极管导通，步进驱动器的 DIR−端输入为低电平，驱动器控制步进电机顺时针旋转，如果电机旋转方向不符合线材的抽拉方向，可删除梯形图中的 Y001 线圈，让 DIR−端输入高电平，使电机逆时针旋转，另外将电机的任意一相绕组的首尾端互换，也可以改变电机的转向；MOV 指令执行，将 200 送入 D4 中作为线材切割的段数值；BIN 指令执行，将输入继电器 X007～X000 中的 BCD 数长度值 01110101 转换成 BIN 数长度值 01001011，存入数据存储器 D0 中；MUL 指令执行，将 D0 中的数据乘以 20，所得结果存入 D11、D10（使用 MUL 指令进行乘法运算时，操作结果为 32 位，故结果存入 D11、D10）中作为 PLC 输出脉冲的个数；DPLSY 指令执行，从 Y000 端输出频率为 1000Hz、个数为 D11、D10 值的脉冲信号送入驱动器，驱动电机旋转，通过压辊抽拉线材。

当 PLC 的 Y000 端发送脉冲完毕，电机停转，压辊停止抽拉线材，同时[39]完成标志继电器上升沿触点 M8029 闭合，M1 线圈得电，[40]、[52]M1 常开触点均闭合，[40]M1 常开触点闭合，锁定 M1 线圈及定时器 T0、T1 供电，T0 定时器开始 0.5s 计时，T1 定时器开始 1s 计时，[52]M1 常开触点闭合，Y004 线圈得电，Y004 端子内部三极管导通，继电器 KA 线圈通电，控制切刀动作，切断线材，0.5s 后，T0 定时器动作，[52]T0 常闭触点断开，Y004 线圈失电，切刀回位，1s 后，T1 定时器动作，[39]T1 常闭触点断开，M1 线圈失电，[40]、[52]M1 常开触点均断开，[40]M1 常开触点断开，会使 T0、T1 定时器均失电，[38]、[39]T1 常闭触点闭合，[52]T0 常闭触点闭合，[40]M1 常开触点断开还可使[39]T1 常闭触点闭合后 M1 线圈无法得电，[52]M1 常开触点断开，可保证[52]T0 常闭触点闭合后 Y004 线圈无法得电，[38]T1 常闭触点由断开转为闭合，DPLSY 指令又开始执行，重新输出脉冲信号来抽拉下一段线材。

在工作时，Y004 线圈每得电一次，[55]Y004 上升沿触点会闭合一次，自增 1 指令 INC 会执行一次，这样使 D2 中的值与切刀动作的次数一致，当 D2 值与 D4 值（线材切断的段数值）相等时，=指令使 M2 线圈得电，[0]M2 常闭触点断开，[0]M0 线圈失电，[1]M0 常开自锁触点断开，[1]～[39]之间的程序不会执行，即 Y001 线圈失电，Y001 端输出高电平，驱动器 DIR−端输入高电平，DPLSY 指令也不执行，Y000 端停止输出脉冲信号，电机停转并自锁，M2 线圈得电还会使[60]M2 常开触点闭合，RST 指令执行，将 D2 中的切刀动作次数值清零，以便下一次启动时从零开始重新计算切刀动作次数，清零后，D2、D4 中的值不再相等，=指令使 M2 线圈失电，[0]M2 常闭触点闭合，为下一次启动做准备，[60]M2 常开触点断开，停止对 D2 复位清零。

（3）停止控制

在自动切线装置工作过程中，若按下停止按钮 SB₂，[0]X011 常开触点断开，M0 线圈失电，[1]M0 常开自锁触点断开，[1]～[64] 之间的程序都不会执行，即 Y001 线圈失电，Y000 端输出高电平，驱动器 DIR–端输入高电平，DPLSY 指令也不执行，Y000 端停止输出脉冲信号，电机停转并自锁。

（4）脱机控制

在自动切线装置工作或停止时，按下脱机按钮 SB₃，[70]X012 常开触点闭合，Y003 线圈得电，PLC 的 Y003 端子内部的三极管导通，Y003 端输出低电平，R/S–端得到低电平，如果步进电机先前处于运行状态，R/S–端得到低电平后驱动器马上停止输出两相电流，PUL–端输入脉冲信号无效，电机处于惯性运转；如果步进电机先前处于停止状态，R/S–端得到低电平后驱动器马上停止输出一相锁定电流，这时可手动转动电机转轴。松开脱机按钮 SB₃，步进电机又开始运行或进入自锁停止状态。

第 14 章　三菱定位模块的使用

在位置控制时，伺服驱动器需要提供脉冲信号，步进驱动器在工作时也需要提供脉冲信号，它们需要的脉冲既可以由 PLC 提供，也可以由专用的定位模块来提供。三菱定位模块型号很多，常用的有 FX-1PG、FX₂N-1PG、FX-10GM 和 FX-20GM，FX-1PG 型定位模块为 FX₂C 系列 PLC 的扩展定位模块，FX₂N-1PG 型定位模块为 FX₂N 系列 PLC 的扩展定位模块，由于 FX₂C 系列 PLC 远不如 FX₂N 系列 PLC 使用广泛，故本章主要以 FX₂N-1PG 型定位模块为例来介绍定位控制技术。

FX₂N-1PG 型定位模块与其他设备的连接如图 14-1 所示，FX₂N 系列 PLC 基本单元通过扩展电缆与 FX₂N-1PG 型定位模块连接，PLC 可使用 FROM 和 TO 指令对定位模块进行操作和设置，在 PLC 的控制下，定位模块向伺服驱动器或步进驱动器发送脉冲和控制信号，使之驱动伺服电机或步进电机工作。

图 14-1　FX₂N-1PG 型定位模块与其他设备的连接

14.1　FX₂N-1PG 型定位模块的外形面板及端子说明

FX₂N-1PG 型定位模块用来产生伺服或步进驱动器工作所需的脉冲信号，故又称为脉冲发生单元，简称 PGU，它可以为驱动器提供最高频率为 200kHz 的脉冲信号。FX₂N-1PG 型定位模块与 PLC 连接时，会占用 8 个输入或输出点，一台 PLC 最多可以连接 8 台 PGU，从而可进行 8 个独立的操作控制。

14.1.1 外形结构

FX$_{2N}$-1PG 型定位模块的外形如图 14-2 所示，它带有一个扩展电缆，该电缆可插入 PLC 基本模块的扩展槽中，也可以插入上一台已经与 PLC 基本模块连接的定位模块（或其他类型的扩展模块）中。

图 14-2 FX$_{2N}$-1PG 型定位模块的外形

14.1.2 面板指示灯说明

FX$_{2N}$-1PG 型定位模块的面板上有 8 个 LED 指示灯，如图 14-3（a）所示，各指示灯的功能说明如图 14-3（b）所示。

POWER	显示 PGU 的供电状态 当由 PLC 提供 5V 电压时亮	
STOP	当输入 STOP 命令时亮 由 STOP 端子或 BFM#25b1 使用时亮	
DOG	当有 DOG 输入时亮	
PGO	当输入 0 点信号时亮	
FP	当输出前向脉冲或脉冲时，闪烁	可以使用 BFM#3b8 调整输出格式
RP	当输出反向脉冲或方向时，闪烁	
CLR	当输出 CLR 信号时亮	
ERR	当发生错误时，闪烁；当发生错误时，不接收启始命令	

（a）面板指示灯　　　　　　　　　　　　　　　　　（b）指示灯功能说明

图 14-3 FX$_{2N}$-1PG 型定位模块的面板指示灯及功能说明

14.1.3　接线端子功能说明

取下 FX$_{2N}$-1PG 型定位模块的面板盖，可以看出内部有 12 个接线端子，这些端子名称及功能说明如图 14-4 所示。

FX$_{2N}$-1PG

1PG
POWER

（a）接线端子

端子名称	功能说明
STOP	减速停止输入。 在外部命令操作模式下可作为停止命令输入起作用
DOG	根据操作模式提供以下不同功能。 • 机器原位返回操作：近点挡块输入 • 中断单速操作：中断输入 • 外部命令操作：减速停止输入
S/S	24V DC 电源端子，用于 STOP 输入和 DOG 输入 连接到 PC 的传感器电源或外部电源
PG0+	0 点信号的电源端子 连接伺服放大器或外部电源（5～24V DC，20mA 或更小）
PG0-	从驱动单元或伺服放大器输入 0 点信号 响应脉冲宽度：4ms 或更大
VIN	脉冲输出的电源端子（由伺服放大器或外部单元供电） 5～24V DC，35mA 或更少
FP	输出前向脉冲或脉冲的端子，100kHz，20mA 或更少（5～24V DC）
COM0	用于脉冲输出的通用端子
RP	输出反向脉冲或方向的端子，100kHz，20mA 或更少（5～24V DC）
COM1	CLR 输出的公共端
CLR	清除漂移计数器的输出。5～24V DC，20mA 或更少，输出脉冲宽度：20ms （在返回原位结束或 LIMIT SEITCH 输入被给出时输出）

（b）接线端子功能说明

图 14-4　FX$_{2N}$-1PG 型定位模块的面板接线端子及功能说明

14.1.4　性能规格

FX$_{2N}$-1PG 型定位模块的性能规格见表 14-1 。

表 14-1　　　　　　　　　　　　**FX$_{2N}$-1PG 型定位模块的性能规格**

项目	规格
驱动电源	① +24V（用于输入信号）：24V DC±10%消耗的电流：40mA 或更少，由外部电源或 PLC 的+24V 输出供电 ② +5V（用于内部控制）：5VDC，55mA 由 PLC 通过扩展电缆供电 ③ 用于脉冲输出：　　　　　　　5～24V DC 消耗的电流：35mA 或更少
占用的 I/O 点数	每一个 PGU 占用 8 点输入或输出
控制轴的数目	1 个（一个 PLC 最多可以控制 8 个独立的轴）
指令速度	• 当脉冲速度在 10Hz～100kHz 时允许操作 • 指令单位可以在 HZ.cm/min，10deg/min 和 inch/min 中进行选择
设置脉冲	• 0 到 ±999.999 • 可以选择绝对位置规格或相对移动规格 • 可以在脉冲.Nm，mdeg 和 10^{-4}inch 之中选择指令单位 • 可以为定位数据设置倍数 10^0、10^1、10^2 或 10^3

项目	规格
脉冲输出格式	可以选择前向（FP）和反向（RP）脉冲或带方向（DIR）的脉冲（PLS）。 集电极开路的晶体管输出。5～24V DC，20mA 或更少
外部 I/O	• 为每一点提供光耦隔离和 LED 操作指示。 • 3 点输入：（STOP/DOG）24V DC，7mA 和（PGO#1）24V DC，20mA。 • 3 点输出（FR/RP/CLR）：5～24V DC，20mA 或更少。
与 PLC 的通信	在 PGV 中有 16 位 RAM（无备用电池）缓存（BFM）#0 到#31。 使用 FROM/TO 指令可以执行与 PLC 间的数据通信。 当两个 BFM 合在一起时可以处理 32 位数据

14.2 定位模块与外围设备的连接

14.2.1 输入/输出端子的内部接口电路

FX$_{2N}$-1PG 型定位模块输入/输出端子的内部接口电路及说明如图 14-5 所示。

图 14-5 FX$_{2N}$-1PG 型定位模块输入/输出端子的内部接口电路及说明

14.2.2 定位模块与步进驱动器的连接

FX_{2N}-1PG 型定位模块与步进驱动器的典型连接如图 14-6 所示。

图 14-6 FX_{2N}-1PG 型定位模块与步进驱动器的典型连接

14.2.3 定位模块与伺服驱动器的连接

FX_{2N}-1PG 型定位模块与三菱 MR-J2S 型伺服驱动器的典型连接如图 14-7 所示。

图 14-7　FX$_{2N}$-1PG 型定位模块与三菱 MR-J2S 型伺服驱动器的典型连接

14.3　定位模块的参数说明

伺服驱动器在工作时需要设置有关参数，同样地，**FX$_{2N}$-1PG** 型定位模块在工作时也需要设置参数，伺服驱动器的参数可通过操作其面板上的按键来设置，**FX$_{2N}$-1PG** 型定位模块的面板上没有按键，其参数是通过 PLC 编程来设置的，在 PLC 程序中执行 **FROM** 或 **TO** 指令，通过扩展电缆来读取或设置定位模块中的参数。

14.3.1　BFM（缓冲寄存器）表

FX$_{2N}$-1PG 型定位模块的参数存放在 **BFM**（缓冲寄存器）中，定位模块有 **32 个 BFM**，编号为**#0～#31**，每个 **BFM** 有 **16 位**。FX$_{2N}$-1PG 型定位模块 32 个 BFM 的功能见表 14-2。例如，#0 BFM 的功能是设置脉冲速度，设置范围是 1～32767PLS/REV（脉冲数/转），#2、#1 BFM 组成一个 32 位寄存器，用来设置进给速率，#3 BFM 的第 15 位用来设置 STOP 输入模式，第 9 位用来设置旋转方向。

表 14-2　**FX₂ₙ-1PG 型定位模块 32 个 BFM 的功能**

BFM编号	功能(b15)	符号(b12)	范围 / 位定义	初始值	R:读 / W:写
#0	脉冲速率	A	1 到 32767PLS/REV（脉冲数/转）	初始值: 2000 PLS/REV	R/W
#1	进给速率	B	1 到 999999	初始值: 1000 PLS/REV	
#2 / #3	STOP输入模式	DOG	b15 STOP输入模式；b14 STOP输入极性；b13 计数开始定时；b12 DOG输入极性；b10 原位返回方向；b9 旋转方向；b8 脉冲输出格式；b4~b7 定位数据倍数 $10^{0}\sim10^{3}$；b0~b1 系统单位 [马达系统、机器系统、合并的系统]	初始值: —	
#4 / #5	最大速率	V_{max}	10~10000Hz	初始值: 100000Hz	R/W
#6	基速	V_{bia}	0~1000Hz	初始值: 0Hz	
#7 / #8	JOG速率	V_{JOG}	10~10000Hz	初始值: 10000Hz	
#9 / #10	原点返回速率（高速）	V_{RT}	10~10000Hz	初始值: 50000Hz	
#11	原点返回速率（爬行速度）	V_{CR}	10~1000Hz	初始值: 1000Hz	
#12	用于原点返回的 0 点信号数目	N	0~32.767PLS	初始值: 10PLS	
#13 / #14	原点位置	HP	0~±999999	初始值: 0	
#15	加速/减速时间	T_a	50~5000ms	初始值: 100ms	
#16	保留				
#17 / #18	设置位置（I）	P_{I}	0~±999999	初始值: 0	
#19 / #20	操作速率（I）	V_{I}	10~10000Hz	初始值: 10Hz	
#21 / #22	设置位置（II）	P_{II}	0~±999999	初始值: 0	
#23 / #24	操作速率（II）	V_{II}	10~10000Hz（CP）	初始值: 10Hz	
#25	变速操作启动	变速操作启动	b12 变速操作启动；b11 外部命令定位启动；b10 双速定位启动；b9 中断单速定位启动；b8 单速定位启动；b7 相对/绝对定位启动；b6 原点返回启动；b5 JOG-操作；b4 JOG+操作；b3 反向脉冲停止；b2 正向脉冲停止；b0 错误复位		R/W
#26 / #27	当前位置	当前位置	自动写 -2147483648~2147483647		
#28	—	—	b8 定位结束标志；b7 错误标志；b6 当前位置溢出；b5 PG0输入ON；b4 PG0输入ON；b3 STOP输入ON；b2 原点返回结束；b1 反向旋转；b0 正向旋转；准备好		R
#29	错误代码		当错误发生时，错误代码被自动写入		
#30	样式代码		"5110" 被自动写入		
#31	保留				—

14.3.2 BFM 读/写（FROM/TO）指令

如果 PLC 连接了扩展单元（如定位模块），在 PLC 程序中执行 FROM/TO 指令就可以读/写扩展单元中的数据。读/写 FX$_{2N}$-1PG 型定位模块 BFM 中的参数也是通过执行 FROM/TO 指令来实现的。

1. 读 BFM（FROM）指令

（1）指令格式

读 BFM（FROM）指令格式如下。

指令名称	助记符	功能号	操作数			
			$m1$ （特殊模块编号）	$m2$ （BFM 编号）	D （目标首地址）	n （传送的字点数）
读 BFM （FROM）指令	FROM	FNC78	K、H $m1$=0～7	K、H $m2$=0～32767	KnY、KnM、KnS、 T、C、D、V、Z	K、H n=0～32767

（2）使用说明

FROM 指令的使用如图 14-8 所示。当常开触点 X000 闭合时，FROM 指令执行，将第[$m1$]1 个特殊功能模块中的[$m2$]#29 BFM（缓冲存储器）中的[n]16 位数据读入 K4M0（M0～M16）。在 X000=ON 时执行 FROM 指令，X000=OFF 时，不传送数据，传送地点的数据不变。脉冲指令执行也一样。

注：当 PLC 连接有多个特殊模块时，与基本单元第一个连接的特殊模块编号为 0，然后依次逐增编号。在 FROM（16 位）指令中，n=K1 表示传送 16 位，n=K2 表示传送 32 位；在 DFROM（32 位）指令中，n=K1 表示传送 32 位，n=K2 表示传送 64 位。

2. 写 BFM（TO）指令

（1）指令格式

写 BFM（TO）指令格式如下。

指令名称	助记符	功能号	操作数			
			$m1$ （特殊模块编号）	$m2$ （BFM 编号）	S （源首地址）	n （传送的字点数）
写 BFM（TO） 指令	TO	FNC79	K、H $m1$=0～7	K、H $m2$=0～32767	KnY、KnM、KnS、 T、C、D、V、Z	K、H n=0～32767

（2）使用说明

TO 指令的使用如图 14-9 所示。当常开触点 X000 闭合时，TO 指令执行，将[S]D0 中的[n]16 位数据写入第[$m1$]1 个特殊功能模块的[$m2$]#12 BFM 中。

图 14-8　FROM 指令的使用　　　　　图 14-9　TO 指令的使用

如果要将 FX$_{2N}$-1PG 型定位模块的进给速度设为 1000，应往#2、#1 BFM 中写入 1000，可用图 14-9 指令来完成，即当常开触点 X000 闭合时，DTO 指令（32 位操作指令）执行，将[S]1000 写入第[m1]0 个定位模块的[m2]#2、#1 BFM 中。

14.3.3　BFM 参数说明

1. #0 BFM——脉冲速率

#0 BFM 用来设置驱动器使电机旋转一周所需要输入的脉冲数，驱动器的电子齿轮值不同，该参数值也会有相应的改变。

参数设置范围：1～32767P/R（脉冲数/转）。

2. #2、#1 BFM——进给速率

#2、#1 BFM 用来设置电机旋转一周时机器的移动量，该参数的单位可以是 μm/R（微米/转）、mdeg/R（角度/转）、10^{-4}inch/R（英寸/转）。

参数设置范围：1～999999。

3. #3 BFM——系统参数

#3 BFM 有 b15～b0 共 16 位，它是一个位设置参数，其各位功能定义如下。

b15	b14	b13	b12	b11	b10	b9	b8	b7	b6	b5	b4	b3	b2	b1	b0
停止输入模式	停止输入极性	计数开始点	DOG 输入的极性	0	原点返回方向	旋转方向	脉冲格式	0	0	定位的倍数		0	0	单元系统	

（1）位 b1、b0

位 b1、b0 用来设置单元系统，具体如下。

b1	b0	单元系统	备注
0	0	马达系统	以脉冲为单位
0	1	机器系统	以长度和角度为单位
1	0	复合系统	以长度或角度作为长度单位
1	1		以每秒脉冲数作为速度单位

（2）位 b5、b4

位 b5、b4 用来设置定位数据的倍数，具体如下。

b5	b4	倍数
0	0	10^0
0	1	10^1
1	0	10^2
1	1	10^3

举例：当将#18、#17 BFM 中的位置值设为 123，并且#3 BFM 的 b5=1、b4=1 时，实际位置（或移动量）如下。

马达系统单位	123×10^3=123000（脉冲）
机器系统单位	123×10^3=123000（μm, mdeg, 10^{-4}inch）
复合系统单位	

（3）位 b8

位 b8 用来设置脉冲输出格式。

当 b8=0 时，定位模块的脉冲输出格式为双脉冲（正向脉冲+反向脉冲），如图 14-10（a）所示，FP 端输出正向脉冲，RP 端输出反向脉冲。

当 b8=1 时，定位模块的脉冲输出格式为脉冲+方向，如图 14-10（b）所示，FP 端输出脉冲，RP 端输出方向。

图 14-10　两种脉冲输出格式

（4）位 b9

位 b9 用来设置旋转方向。

当 b9=0，每输出一个正向脉冲（FP）时，当前位置（CP）值就增加一次。

当 b9=1，每输出一个正向脉冲（FP）时，当前位置（CP）值就减少一次。

该位用于初始设置，在每个实际操作中不需要改变旋转方向。

（5）位 b10

位 b10 用来设置原点返回方向。

当 b10=0 时，在返回原点的过程中当前位置（CP）值减少。

当 b10=1 时，在返回原点的过程中当前位置（CP）值增加。

（6）位 b12

位 b12 用来设置 DOG（近原点信号）输入极性。

当 b12=0，工件接近原点时，DOG 打开。

当 b12=1 时，当工件接近原点时，DOG 关闭。

（7）位 b13

位 b13 用来设置 0 点标志为开始计数的点。

当 b13=0，给出 DOG 输入（b12 设置为 0 或为 1）时，开始计数 0 点信号，当 0 点信号数量多于#12 BFM 中的值时，停止输出脉冲，并输出清除滞留脉冲信号，同时将原点地址写入当前地址单元。

当 b13=1，当给出 DOG 输入一次时，0 点标志计数开始，随后停止。

（8）位 b14

位 b14 用来设置 STOP 输入极性。

当 b14=0，输入闭合（运行时为 OFF）时停止操作。

当 b14=1，输入断开（运行时为 ON）时停止操作。

（9）位 b15

位 b15 用来设置 STOP 输入模式。

当 b15=0 时，在操作过程中，如果给出停止命令（由 PGU 或 PLC），该操作中断，随后给出重启命令时，剩余距离继续被执行（即走完剩余距离）。但是，如果在操作由停止命令中断时，有任何 BFM（#25 BFM 除外）被重写，剩余距离的操作将不会执行，通过脉冲操作写 BFM（#25 BFM 除外）。

当 b15=1 时，剩余距离的操作不被执行，而是执行下一个定位操作。

#3 BFM 参数设置举例如图 14-11 所示，当 PLC 上电时，M8002 触点接通一个扫描周期，TO 指令执行，将十六制数 200E 写入第 0 个扩展模块（定位模块）的#3 BFM 中，结果#3 BFM 的 b15～b0 位被设为 0010000000001110。

```
  M8002
──┤├──────────[ TO      K0      K3      H200E      K1  ]
```

图 14-11　#3 BFM 参数设置举例

4. #5、#4 BFM——最大速度 V_{max}

#5、#4 BFM 用来设置最大速度。在设置基速（#6 BFM）、JOG 速度（#8、#7 BFM）、原点返回速度（#10、#9 BFM）、爬行速度（#11 BFM）、操作速度 I（#20、#19 BFM）和操作速度 II（#24、#23 BFM）的值时，这些速度值应小于或等于最大速度值。

对于马达系统和复合系统，设置范围为 10～100000Hz；对于机器系统，设置范围为 1～153000Hz。

5. #6 BFM——基速 V_{bia}

#6 BFM 用来设置启动时的速度。

对于马达系统和复合系统，设置范围为 0～10000Hz；对于机器系统，设置范围为 0～15300Hz。

当 FX$_{2N}$-1PG 和步进电机一起使用时，在考虑共振区和步进电机自启动频率的情况下，可设为一个较 0 大的速度值。

6. #8、#7 BFM——JOG 速度 V_{JOG}

#8、#7 BFM 用来设置手动前进/后退（JOG+/JOG−）的速度。

对于马达系统和复合系统，设置范围为 10～10000Hz；对于机器系统，设置范围为 1～153000Hz。该参数值应设在基速和最大速度值之间。

7. #10、#9 BFM——原点返回速度（高速）V_{RT}

#10、#9 BFM 用来设置原点返回速度。

对于马达系统和复合系统，设置范围为 10～10000Hz；对于机器系统，设置范围为 1～153000Hz。该参数值应设在基速和最大速度值之间。

8. #11 BFM——原点返回速度（爬行）V_{CR}

#11 BFM 用来设置模块接收到近点标志（DOG）信号后的输出速度，该速度是在机器原点前停止的瞬间速度，为了使返回原点的精度尽量高，该速度尽可能设慢一些。

对于马达系统和复合系统，设置范围为 10～10000Hz；对于机器系统，设置范围为 1～153000Hz。

9. #12 BFM——原点返回 0 点标志数目 N

#12 BFM 用来设置返回机器原点所计数的 0 点标志数目。

当没有使用 0 点标志并且机器应该只有在 DOG 输入下立即停止时，将#12 BFM 设置为

0，要注意以避免机器从高速操作过程中立即停止时会受到损坏。

参数设置范围 0～32767。

10. #14、#13 BFM——原点位置 HP

#14、#13 BFM 用来设置机器返回的原点位置。

当原点返回操作结束后，此处位置的值写入当前位置（#27、#26 BFM）中。

对于马达系统，设置范围为 0～±999999；对于机器和复合系统，设置范围为 0～±999999。

11. #15 BFM——加速/减速时间 T_a

#15 BFM 用来设置从基速 V_{bia}（#6 BFM）到最大速度 V_{max}（#5、#4 BFM）所需的时间。

本参数的设置范围为 50～5000ms。

基速、最大速度和加/减速时间关系如图 14-12 所示。

图 14-12　基速、最大速度和加/减速时间关系

12. #18、#17 BFM——设置位置 P_I

#18、#17 BFM 用来设置目标位置或操作的移动距离。

当使用绝对位置时，旋转方向根据以当前位置（#27、#26 BFM）为基础的设置位置的绝对值来决定。当使用相对位置时，旋转方向由设置位置的标志决定。

对于马达系统，设置范围为 0～±999999PLS；对于机器和复合系统，设置范围为 0～±999999PLS。

13. #20、#19 BFM——运行速度 V_I

#20、#19 BFM 用来设置基速和最大速度之间的实际运行速度。

在变速操作和外部命令定位操作时，正向旋转或反向旋转是由该速度的正、负标志来决定的。

对于马达系统和复合系统，设置范围为 10～10000Hz；对于机器系统，设置范围为 1～153000Hz。

14. #22、#21 BFM——设置位置 P_{II}

#22、#21 BFM 用来设置双速定位操作的第二个速度的位置。

对于马达系统，设置范围为 0～±999999PLS；对于机器和复合系统，设置范围为 0～±999999PLS。

15. #24、#23 BFM——运行速度 V_{II}

#24、#23 BFM 用来设置基速和最大速度之间的第二个运行速度。

对于马达系统和复合系统，设置范围为 10～10000Hz；对于机器系统，设置范围为 1～153000Hz。

16. #27、#26 BFM——当前位置 CP

#27、#26 BFM 用来自动写入当前位置数据。如果#27、#26 BFM 的值被 PLC 读取用于监控时，应作为 32 位数据使用 32 位指令读取，如图 14-13 所示，当常开触点闭合时，FROM 指令执行，将第 0 个定位模块中的#27、#26 BFM 中的当前位置值读入 PLC 的 D1、D0 中。

对于马达系统，数值范围为−2147483648～+2147483647Hz；对于机器和复合系统，数值范围为−2147483648～+2147483647Hz。

```
──┤├──────[ DFROM    K0    K26    D0    K1  ]
              32 位指令
```

图 14-13　#27、#26 BFM 值的读取

17. #25 BFM——操作命令

#25 BFM 有 b15～b0 共 16 位，其 b12～b0 位（b15～b13 不使用）有功能定义，具体定义如下。

b12	b11	b10	b9	b8	b7	b6	b5	b4	b3	b2	b1	b0
变速操作启动	外部命令定位启动	双速定位启动	中断单速定位启动	单速定位启动	相对/绝对位置	原点返回启动	JOG−操作	JOG+操作	反向脉冲停止	正向脉冲停止	停止	错误复位

[b0]：当 b0=1 时，**错误复位**，即将#28 BFM 的 b7 位复位。

[b1]：当 b1=0→1 时，**停止操作**，该位与 PGU 的 STOP 输入作用是一样的，只是停止操作可以从 PLC 的顺控程序中执行，如果在外部命令定位模式下，PGU 的 STOP 输入给出之前该位由 0 变为 1，机器会减速并停止。

[b2]：当 b2=1 时，**正向脉冲停止**，即正向脉冲在正向限位位置处马上停止输出。

[b3]：当 b3=1 时，**反向脉冲停止**，即反向脉冲在反向限位位置处马上停止输出。

[b4]：当 b4=1 时，**JOG+操作**，当 b4 持续为 1 的时间少于 300ms 时，会产生一个正向脉冲，当 b4 持续为 1 的时间大于或等于 300ms 时，会产生连续的正向脉冲。

[b5]：当 b5=1 时，**JOG−操作**，当 b5 持续为 1 的时间少于 300ms 时，会产生一个反向脉冲，当 b5 持续为 1 的时间大于或等于 300ms 时，会产生连续的反向脉冲。

[b6]：当 b6=0→1 时，**原位（原点）返回操作开始**，机器开始返回原位，并在 DOG（近点标志）输入或 PG0（0 点标志）给出时，在机器原位停止。

[b7]：当 b7=0 时，**绝对位置**；当 b7=1 时，**相对位置**。相对或绝对位置由 b7 的状态确定，当操作 b8、b9 或 b10 执行时，该位有效。

[b8]：当 b8=0→1 时，**单速定位操作开始**，执行单速定位操作。

[b9]：当 b9=0→1 时，**中断单速定位操作开始**，执行中断单速定位操作。

[b10]：当 b10=0→1 时，**双速定位操作开始**，执行双速定位操作。

[b11]：当 b11=0→1 时，**外部命令定位操作开始**，执行外部命令定位操作，旋转方向由速度命令的标志决定。

[b12]：当 b12=1 时，**变速操作开始**，执行变速操作。

#25 BFM 参数的设置程序如图 14-14 所示，当常开触点 X000 闭合时，辅助继电器 M0 为 1，当常开触点 X007 闭合且 M8 继电器所在的第一个常开触点闭合时，M8 继电器为 1，运行时，触点 M8000 始终闭合，TO 指令执行，将 M15～M0 的状态值分别写入第 0 个定位

模块的#25 BFM 的 b15～b0 中。

X000 —○ M0 错误复位
X001 —○ M1 停止命令
X002（正常为闭合触点）—○ M2 前向脉冲停止
X003（正常为闭合触点）—○ M3 反向脉冲停止
X004 —○ M4 JOG+ 操作
X005 —○ M5 JOG− 操作
X006 —○ M6 原点返回开始
M8000 —○ M7 相对 / 绝对位置
X007 —○ M8 单速定位
—○ M9 中断单速定位
同一时刻只能有一个闭合
—○ M10 双速定位
—○ M11 外部命令定位
—○ M12 变速操作

M8000 RUN | TO | K0 | K25 | K4M0 | K1 |

（M15 ～ M0）→#25 BFM（b15 ～ b0）

图 14-14　#25 BFM 参数的设置程序

18. #28 BFM——状态信息

#28 BFM 用来显示 **PGU** 的状态信息，可使用 **FROM** 指令将状态信息写入 PLC。#28 BFM 有 b15～b0 共 16 位，其 b8～b0 位（b15～b9 不使用）有功能定义，具体定义如下。

b8	b7	b6	b5	b4	b3	b2	b1	b0
定位结束标志	错误标志	当前位置值溢出	PG0 输入 ON	PG0 输入 ON	STOP 输入 ON	原位返回结束	反向旋转/正向旋转	准备好

[b0]：当 b0=0 时，**BUSY**（忙）；当 b0=1 时，**READY**（准备）；在 **PGU** 产生脉冲时，该位为 0（BUSY）。

[b1]：当 b1=0 时，反向旋转；当 b1=1 时，正向旋转；当操作由正向脉冲开始时，该位

为 1。

[b2]： 当 **b2=0** 时，不执行原点返回；当 **b2=1** 时，原点返回结束；当原点返回结束时，b2 为 1，并在断电前一直为 1。

[b3]： 当 **b3=0** 时，**STOP** 输入为 **OFF**；当 **b3=1** 时，**STOP** 输入为 **ON**。

[b4]： 当 **b4=0** 时，**DOG** 输入为 **OFF**；当 **b4=1** 时，**DOG** 输入为 **ON**。

[b5]： 当 **b5=0** 时，**PG0** 输入为 **OFF**；当 **b5=1** 时，**PG0** 输入为 **ON**。

[b6]： 当 **b6=1** 时，当前位置值溢出，即保存在 **#27**、**#26 BFM** 中的 **32** 位当前位置值溢出，在返回原点结束或断电的时候，该位复位。

[b7]： 当 **b7=1** 时，错误标志；当 **PGU** 中发生一个错误时，**b7** 变为 1，并且错误的内容被保存到 **#29** 中，当 **#25 BFM** 的 **b0** 位变为 1 或断电时，该位复位。

[b8]： 当 **b8=0** 时，定位开始；当 **b8=1** 时，定位结束。当定位开始原点返回或错误复位（只在错误发生时）时，**b8** 被清除，并在定位结束后被设置，当返回原位结束时，**b8** 也被设置。

　　#28 BFM 状态信息读取程序如图 14-15 所示，PLC 程序运行时，M8000 触点闭合，执行 FROM 指令，将 **#28 BFM** 的 b11～b0 中的状态信息值分别读入 PLC 的 M31～M20，如果当前正在控制电机正向旋转，**#28 BFM** 的 b1=1，执行 FROM 指令后，该位值 1 被读到 M21 继电器，M21 常开触点闭合，Y011 线圈得电，指示电机当前的转向为正转。如果 PGU 运行时出现错误，**#28 BFM** 的 b7=1，该位置被 FROM 指令读入 M27 继电器后，M27 常开触点闭合，又执行 FROM 指令，将 PGU 的 **#29 BFM** 中的错误代码读入 D200 中。

图 14-15　#28 BFM 状态信息读取程序

19. #29 BFM——错误代码编号

当 **PGU** 出现错误时，**#28 BFM** 的 **b7** 位（错误标志位）会变为 **1**，同时错误代码会保存在**#29 BFM** 中。错误代码含义如下。

□□1：大小关系不正确。如 $V_{max} < V_{bia}$ 或 $V_{rt} < V_{cr}$，□□表示相关 BFM 的低字编号。

□□2：没有设置 V_{I}、P_{I} 或 V_{II}、P_{II}。□□表示相应的 BFM 编号，如 172 表示#18、#17 BFM 被设为 0。

□□3：设置范围不正确。□□表示相应的 BFM 编号，如 043 表示#5、#4 BFM 的设置值超出 10～100000PLS 范围。

14.4　定位模块的操作模式

根据起始命令类型不同，**FX₂ₙ-1PG** 型 PGU（定位模块）内部有 **7** 种操作模式，分别是 **JOG** 操作（点动操作）、原位返回操作、单速定位操作、中断单速定位操作、双速定位操作、外部命令定位操作和变频操作，这些操作模式所需的速度和位置值可以通过 PLC 写入 PGU 内存（#0～#25 BFM）。

14.4.1　JOG（点动）操作

1. JOG 操作运行图及说明

JOG 操作又称点动操作，即按下按钮时电机运转，松开按钮时电机停转。JOG 操作运行图如图 14-16 所示。当按下点动按钮输入 JOG 命令（该按钮让 PLC 程序将 PGU 的#25 BFM 的 b4 或 b5 位变为 1）时，电机以 V_{bia}（基速，由#6 BFM 设定）启动，然后加速到 V_{JOG}（点动速度，由#8 BFM 设定）运行，当松开点动按钮时，电机由 V_{JOG} 减速到 V_{bia} 并停止，电机的加/减速时间 T_{a}（由#15 BFM 设定）是指从 V_{bia} 线性变化到 V_{max}（最大速度，由#5、#4 BFM 设定）的时间。

图 14-16　JOG 操作运行图

2. JOG 操作实例

（1）操作要求

采用 FX₂ₙ-1PG 定位模块控制伺服驱动器，使之驱动电机运行，当按下正转（JOG+）按钮时，电机以 100r/min 的速度启动，然后加速到 800r/min，松开按钮，电机从 800 转/分减速到 100r/min 后停止，加/减速时间为 1s，按下反转（JOG–）按钮时，除电机转向与正转相反外，其他要求与正转相同。伺服驱动器的电子齿轮值已设置好，要求输入 3000 个脉冲让伺服电机旋转一周。

（2）控制线路图

JOG 操作的控制线路图如图 14-17 所示。

图 14-17　JOG 操作的控制线路图

（3）参数设置及控制程序

① 参数及设置值。

在图 14-17 所示的 JOG 操作的控制线路中，没有采用 PLC 直接发脉冲信号给伺服驱动器，而是采用 PLC 执行程序对定位模块 PGU 进行参数设置，让 PGU 按设置的参数值输出相应的脉冲信号给伺服驱动器。

PLC 需要对 PGU 设置的参数主要有如下几个。

a．基速 V_{bia}。电机的基速要求为 100r/min，即 $\frac{100}{60}$ r/s，而伺服驱动器每输入 3000 个会电机旋转一周，要让电机转速为 $\frac{100}{60}$ r/s，须让伺服驱动器一秒输入 $\frac{100}{60}$ ×3000=5000 脉冲，即 PGU 输出频率为 5000Hz 的脉冲信号给伺服驱动器才能让电机转速为 100r/min。基速在#6 BFM 中设置。

b．JOG 速度 V_{JOG}。要让电机转速为 800r/min，即 $\frac{800}{60}$ r/s，必须让伺服驱动器一秒输入 $\frac{800}{60}$ ×3000=40000 脉冲，即 PGU 输出频率为 40000Hz 的脉冲信号才能让电机转速为 800r/min。JOG 速度在#8、#7 BFM 中设置。

c．最大速度 V_{max}。该值在#5、#4 BFM 中设置，这里设为 100000Hz。

d．加减速时间 T_a。该值在#15 BFM 中设置，这里设为 1000，即 T_a=1s。

② 参数设置及控制程序。

用于设置和控制定位模块的 PLC 梯形图程序如图 14-18 所示，下面对照图 14-17 控制线路图来说明梯形图的工作原理。

图 14-18　用于设置和控制定位模块的梯形图程序

在 PLC 运行时，M8000 触点始终闭合，DTO、TO 指令从上往下依次执行，先执行 DTO 指令，将#8、#7 BFM 中的点动速度 V_{JOG} 值设为 40000Hz，然后执行 TO 指令，将#6 BFM 中的基速 V_{bia} 值设为 5000Hz，再执行一次 TO 指令，将#15 BFM 中的加/减速时间值 T_a 设为 1000ms（即 1s），最后又执行 DTO 指令，将#5、#4 BFM 中的最大速度（上限速度）V_{max} 设为 100000Hz。

a. JOG+（点动正转）控制。

当按下 PLC 外接的 JOG+（点动正转）按钮时，程序中的 X000 常开触点闭合，TO 指令执行，通过 PLC 与 PGU 间的连接电缆往 PGU 的#25 BFM 写入 H0010（十六进制数，写入时会转换成二进制数 0000 0000 0001 0000），这样就将#25 BFM 的 b4 位设为 1，启动 PGU 开始 JOG+操作，先从 FP 端输出 5000Hz 的脉冲至驱动器的 PP 端，驱动器驱动电机以 100r/min 基速正转启动，然后输出脉冲频率迅速变化到 40000Hz，电机转速随之上升到 800r/min，松开 JOG+按钮，输出脉冲频率由 40000Hz 下降到 5000Hz，然后停止输出脉冲，电机转速由 800r/min 下降至 100r/min 后停止。

b. JOG–（点动反转）控制。

当按下 PLC 外接的 JOG–（点动反转）按钮时，程序中的 X001 常开触点闭合，TO 指令执行，往 PGU 的#25 BFM 写入 H0020（十六进制数，写入时会转换成二进制数 0000 0000 0010 0000），这样就将#25 BFM 的 b5 位设为 1，启动 PGU 开始 JOG–操作，先从 RP 端输出 5000Hz 的脉冲至驱动器的 NP 端，驱动器驱动电机以 100r/min 基速反转启动，然后输出脉冲频率迅速变化到 40000Hz，电机转速随之上升到 800r/min，松开 JOG–按钮，输出脉冲频率由 40000Hz 下降到 5000Hz 再停止输出脉冲，电机转速则由 800r/min 下降至 100r/min 后停止。

14.4.2　原位返回操作

原位返回操作是指接收到原位返回命令（#25 BFM 的 b6 位由 0→1）后，电机带动机器返回原点，当返回原点结束后，#14、#13 BFM 中的原点位置值 HP 会被写入#27、#26 BFM

（当前位置 CP）中。

1. 原位返回操作的基本过程

机器原位返回操作如图 14-19 所示。当接收到原点返回命令后，PGU 通过驱动器使电机以原点返回速度 V_{RT} 带动工作台往原点方向运动，当工作台上的 DOG 撞块碰触 DOG 开关（见操作运行图的②点）时，DOG 开关闭合，电机转速降至爬行速度 V_{CR} 运行，当 DOG 撞块离开 DOG 开关（见操作运行图③点）时，DOG 开关断开，当 PGU 接收到设定数量的 0 标志脉冲（PG0 脉冲）后停止输出脉冲，电机停止，工作台停在设定的原点位置。

图 14-19　机器原位返回操作

原位返回操作的要点如下。

① 原点返回速度 V_{RT} 在#10、#9 BFM 中设置，爬行速度 V_{CR} 在#11 BFM 中设置。

② 0 标志脉冲由伺服电机编码器产生的 Z 相脉冲形成，伺服驱动器将该信号送到 PGU 的 PG0 端，电机每旋转一周产生一个 0 标志脉冲，如果电机旋转一周会使工作台移动 1mm，那么工作台每移动 1mm，PGU 就会输入一个 PG0 信号。0 标志脉冲数量由#12 BFM 设定。

③ 原点返回方向由#3 BFM 的 b9 位（旋转方向）和 b10 位（原点返回方向）设定。

④ 当#3 BFM 的 b12 位设为 0 时，DOG 由 OFF 变为 ON 时激活；设为 1 时，DOG 由 ON 变为 OFF 时激活，故 DOG 开关为常开触点时请将 b12 位设为 0。

⑤ 当#25 BFM 的 b6 位写入 1 时，PGU 开始执行原点返回命令。

2. DOG 开关的选择与接线

在进行原位返回操作时，需要给 PGU 的 DOG 端子接 DOG 开关，DOG 开关可以是常开触点，也可以是常闭触点，具体由#3 BFM 的 b12 位来决定，当 b12=0 时，DOG 开关闭合时表示输入近原点信号，DOG 开关断开时表示无信号输入；当 b12=1 时，DOG 开关断开时表示输入近原点信号。

DOG 开关的两种接线如图 14-20 所示，当#3 BFM 的 b12=0 时，DOG 端应接常开行程开关；当#3 BFM b12=1 时，DOG 端应接常闭行程开关。

3. 原位返回操作的两种具体方法

原位返回操作有两种具体的方法：过冲原位返回操作和行程不足原位返回操作。

（1）过冲原位返回操作

过冲原位返回操作是指当 DOG 撞块碰触 DOG 开关后电机马上减速，待 DOG 撞块离开 DOG 开关后开始对 PG0 脉冲计数，当 PG0 脉冲数达到#12 BFM 设定值时，电机停止。要进行过冲原位返回操作，必须将#3 BFM 的 b13 位设为 1。

过冲原位返回操作运行如图 14-21 所示。当 PGU 接收到原点返回指令后，让电机以 V_{RT}

高速带动工作台往原点方向运动，当工作台上的 DOG 撞块碰触 DOG 开关后，电机开始减速带动工作台继续往原点方向运动，当 DOG 撞块离开 DOG 开关后，PGU 开始计算 PG0 端输入的 PG0 脉冲个数，当计算的 PG0 脉冲数与 #12 BFM 中的设定值一致时，PGU 停止输出脉冲，电机停转，工作台所停处即为原点位置。

（a）#3 BFM b12=0 时　　　　　　　　　　　　　　（b）#3 BFM b12=1 时

图 14-20　DOG 开关的两种接线

图 14-21　过冲原位返回操作运行

在使用过冲原位返回操作时必须注意以下要点。

① 要进行过冲原位返回操作，必须将 #3 BFM 的 b13 位设为 1。

② 要考虑 DOG 撞块的长度 L 不能太短，确保 DOG 撞块在离开 DOG 开关时电机转速已减速到爬行速度 V_{CR}。

③ 在使用该操作时，通常将 #12 BFM 值设为 1，让 PGU 计数第一个 PG0 脉冲后就使电机停止。

④ 在操作停止时，PGU 的 CLR 端会输出偏离计数器清除信号去伺服驱动器，#14、#13 BFM 中的原点位置值被传送到 #27、#26 BFM 中作为当前位置值，同时原点返回结束标志（#28 BFM 的 b2 位）置 1。

⑤ 在 DOG 撞块经过 DOG 开关后，如果需要重新进行原点返回操作，可先用点动（JOG）

操作将 DOG 撞块移到 DOG 开关之前，再进行原点返回操作。

（2）行程不足原位返回操作

行程不足原位返回操作是指当 DOG 撞块碰触 DOG 开关后电机马上减速，同时 PGU 开始对 PG0 脉冲进行计数，当 PG0 脉冲计数值与#12 BFM 值一致并且电机转速已很低时，电机停转。要进行过冲原位返回操作，必须将#3 BFM 的 b13 位设为 0。

行程不足原位返回操作运行如图 14-22 所示。当 PGU 接收到原点返回指令后，让电机以 V_{RT} 高速带动工作台往原点方向运动，当工作台上的 DOG 撞块碰触 DOG 开关后，电机开始减速带动工作台继续往原点方向运动，同时 PGU 开始计算 PG0 端输入的 PG0 脉冲个数，当计算的 PG0 脉冲数与#12 BFM 中的设定值一致时，PGU 停止输出脉冲，电机停转，工作台所停处即为原点位置。

图 14-22　行程不足原位返回操作运行

行程不足原位返回操作与过冲原位返回操作的区别在于，前者是在 DOG 撞块碰触 DOG 开关后开始对 PG0 脉冲计数，而后者是在 DOG 撞块离开 DOG 开关后开始对 PG0 脉冲计数。

在使用行程不足原位返回操作时必须注意以下要点。

① 要进行行程不足原位返回操作，必须将#3 BFM 的 b13 位设为 0。

② 在设置#12 BFM 中的 PG0 脉冲数量时，要确保接收完这些数量的 PG0 脉冲时电机转速已减速到爬行速度，这样才能让电机在爬行速度停止，减少高速停止时惯性导致的原点位置精度差。

③ 为了减小 DOG 开关响应的延迟，建议将 V_{CR} 速度设置足够小（与 V_{RT} 速度相比），这样有助于提高停止时的精度。

④ 在操作停止时，CLR 端会输出偏离计数器清除信号，#14、#13 BFM 中的原点位置值被传送到#27、#26 BFM 中作为当前位置值。

14.4.3　单速定位操作

单速定位操作是指当 PGU 接收到单速定位操作命令（#25 BFM 的 b8 位由 0→1）时，电机从基速 V_{bia}（#6 BFM）启动并加速到 V_1 速度（#20、#19 BFM），运行设定的行程后，再减速并停止在 P_1 位置（#18、#17 BFM）。

单速定位操作运行如图 14-23 所示，单速定位操作主要设置#20、#19 BFM 中 V_1 速度值和#18、#17 BFM 中的 P_I 位置值，P_I 值越大，表明需移动的行程越长。

图 14-23　单速定位操作运行

14.4.4　中断单速定位操作

中断单速定位操作是指当 PGU 接收到中断单速定位操作命令（#25 BFM 的 b9 位由 0→1）时，电机从基速 V_{bia} 启动并加速到 V_I 速度（#20、#19 BFM）运行，在运行过程中，如果接收到中断命令（又称 INTERRUPT 命令，通常由 PGU 的 DOG 端子输入），马上开始计算行程并继续运行，当接近目标位置时，减速并停止在 P_I 位置（#18、#17 BFM）。

中断单速定位操作运行如图 14-24 所示。

图 14-24　中断单速定位操作运行

14.4.5　双速定位操作

双速定位操作是指当 PGU 接收到双速定位操作命令（#25 BFM 的 b10 位由 0→1）时，电机从基速 V_{bia} 启动并加速到 V_I 速度（#20、#19 BFM）运行，当行程达到 P_I 位置（#18、#17 BFM）时变速到 V_{II} 速度（#24、#23 BFM）运行，最后减速并停止在 P_{II} 位置（#202、#21 BFM）。

双速定位操作运行如图 14-25 所示。

图 14-25　双速定位操作运行

14.4.6　外部命令定位操作

外部命令定位操作是指当 **PGU** 接收到外部定位操作命令（**#25 BFM** 的 **b11** 位由 **0→1**）时，电机从基速 V_{bia} 启动并加速到 V_I 速度（**#20、#19 BFM**）运行，当接收到变速命令（通常由外部 **DOG** 开关输入）时变速到 V_{II} 速度（**#24、#23 BFM**）运行，当接收到停止命令（通常由外部 **STOP** 开关输入）时马上停止。

1. 操作运行图

外部命令定位操作运行如图 14-26 所示。在外部命令操作时，电机的旋转方向由 V_I 速度值（#20、#19 BFM）的正负确定，V_{II} 速度值正负被忽略，即与 V_I 速度值确定的方向保持一致。

图 14-26　外部命令定位操作运行

2. DOG、STOP 开关的选择与接线

在进行外部命令操作时，需要给 **PGU** 的 **DOG** 端子接 **DOG** 开关，给 **STOP** 端子接 **STOP** 开关。**DOG** 开关的选择由**#3 BFM** 的 **b12** 位来决定，当 b12=0 时，DOG 开关闭合时表示输入变速命令，当 b12=1 时，DOG 开关断开时表示输入变速命令；**STOP** 开关的选择由**#3 BFM** 的 **b14** 位来决定，当 b14=0 时，STOP 开关闭合时表示输入停止命令，当 b14=1 时，STOP 开关断开时表示输入停止命令。

DOG、STOP 开关的两种接线方式如图 14-27 所示。当#3 BFM 的 b12=0 时，DOG 端应接常开开关，b12=1 时，DOG 端应接常闭开关；当#3 BFM 的 b14=0 时，STOP 端应接常开开关，b14=1 时，STOP 端应接常闭开关。

（a）#3 BFM b12=0、b14=0 时　　　　　（b）#3 BFM b12=1、b14=1 时

图 14-27　DOG、STOP 开关的两种接线方式

14.4.7　变频操作

变频操作是指当 PGU 接收到变频操作命令（#25 BFM 的 b12 位由 0→1）时，电机从基速 V_{bia} 启动并加速到 V_I 速度（#20、#19 BFM）运行，如果更改 V_I 速度值，电机会变化到新 V_I 速度运行，#25 BFM 的 b12 位由 1→0 时，电机马上停止。变频操作运行如图 14-28 所示。

图 14-28　变频操作运行

在变频操作时必须注意以下要点。

① 电机的旋转方向由 V_I 速度值（#20、#19 BFM）的正负决定。

② 运行时更改 V_I 速度值可由 PLC 程序来完成。

③ 若在运行时需要改变电机的旋转方向，应先让#25 BFM 的 b12 位为 0，然后改变 V_I 速度值的正负符号（也可同时改变大小），再让#25 BFM 的 b12 位为 1。

14.5　定位模块的应用实例——单速定位往返运动控制

14.5.1　控制要求及说明

单速定位往返运动控制要求如下。

① 按下回原点按钮，电机运转，将工作台移到原点位置处停止，即进行机器回原点操作。

② 按下正向或反向按钮时，电机驱动工作台正向或反向移动，松开按钮，工作台停止移动，即进行 JOG（点动）操作。

③ 按下自动开始按钮，电机驱动工作台前进 10000mm 后停止，指示灯亮 2s 进行停止指示，然后电机驱动工作台返回 10000mm 停止，指示灯亮 2s 进行停止指示，以后重复该过程，即进行单速定位操作。

14.5.2　PLC 和 PGU 的 I/O 端子分配

PLC 和 PGU 的 I/O 端子分配见表 14-3。

表 14-3　　　　　　　　　　　　　　**PLC 和 PGU 的 I/O 端子分配**

PLC（FX_{2N}）		PGU（FX_{2N}-1PG）
输入	输出	
X000：错误复位		DOG：返点信号输入
X001：停止命令		STOP：减速停止输入
X002：前向脉冲停止		PG0：零位脉冲从伺服放大器输入
X003：反向脉冲停止	Y000：显示	FP：前向脉冲，输出到伺服放大器的 PP
X004：JOG+操作		
X005：JOG−操作		RP：反向脉冲，输出到伺服放大器的 NP
X006：原点返回开始		
X007：自动开始（单速定位操作）		CLR：清除滞留脉冲计数器的输出，输出到伺服放大器的 CR

14.5.3　控制系统接线图

单速定位往返运动控制系统的接线如图 14-29 所示。

图 14-29　单速定位往返运动控制系统的接线

14.5.4　PGU 的参数设置

在系统工作前，需要根据控制要求给 PGU 设置参数，#0～#31 BFM 参数设置见表 14-4，本系统采用 MR-J2S 型伺服驱动器，电子齿轮比设为 1。

表 14-4 **#0～#31 BFM 参数设置**

BFM	项目		设置值	备注	BFM	项目	设置值	备注
#0	脉冲速率		8192	PLS/REV	#16	—	—	
#2，#1	进给速率		1000	μm/REV	#18，#17	设置位置（I）	10000	mm
#3	参数		b1:1，b0:0	复合系统	#20，#19	运行速度（I）	50000	Hz
		系统单元			#22，#21	设置位置（II）	—	
		定位数据倍数	b5:1，b4:1	10^3	#24，#23	运行速度（II）	—	
		脉冲输出格式	0	前向脉冲	#25	操作命令	M0	
		旋转方向	0	当前值增大		错误复位		
		原位返回方向	0	当前值减少		STOP	M1	
		DOG 输入极性	0	DOG 输入 ON		前向脉冲停止	M2	
		计数开始点	1	DOG 输入关闭后		反向脉冲停止	M3	
		STOP 输入极性	0	因为接通而停止		JOG+	M4	
		STOP 输入模式	0	剩余距离驱动		JOG−	M5	
#5，#4	最大速度		50000			原点返回开始	M6	
#6	偏置速度		0			地址	b7=1 M7	相对的
#8，#7	JOG 速度		10000			单速定位开始	b8=M8 b12～b9 未用	
#10，#9	原点返回速度（高速）		10000		#27，#26	当前位置	D11，D10	mm
#11	原点返回速度（爬行速度）		1500		#28	状态	M31，M20	
#12	原点返回的 0 点信号数目		10		#29	错误代码	D20	
#14,#13	原点位置		0		#30	型号代码	D12	
#15	加速/减速时间		100	ms	#31	—	—	

14.5.5 设置及控制程序

用来设置和控制 PGU 的梯形图程序如图 14-30 所示。下面对照图 14-29 所示的控制线路图来说明图 14-30 梯形图的工作原理。

图 14-30 用来设置和控制 PGU 的梯形图程序

图 14-30 用来设置和控制 PGU 的梯形图程序（续）

1. 设置 PGU 参数

PLC 通电运行时[0]、[140]、[180]M8002 触点均接通一个扫描周期。[0]M8002 触点接通时，TO、DTO 指令从上往下执行，设置 PGU 的脉冲速率、进给速率、系统参数、最大速度、基速、JOG 速度、原点返回速度、爬行速度、原点返回操作时需接收的 PG0 信号的数量、原点位置、加/减速时间。[140]M8002 触点接通时，DTOP（脉冲型）指令执行，设置正向位置值 P_I。[180]M8002 触点接通时，DTO 指令执行，设置运行速度值 V_I。

2. 机器回原点操作

在系统运行前通常需要进行回原点操作，按下 PLC X6 端子外接的原点位置按钮时，梯形图程序中的[210]X006 常开触点闭合，继电器 M6 线圈得电，即 M6 继电器状态置 1。[217]M8000 触点在 PLC 运行时始终闭合，TO 指令执行，将继电器 M15～M0 的状态值写入#25 BFM 的 b15～b0 位，因为 M15～M0 中的 M6 为 1，故#25 BFM 的 b6=1，PGU 马上开始机器回原点操作，它通过 DOG 端外接的 DOG 开关来检测工作台撞块当前位置，根据工作台撞块位置的不同，PGU 会执行图 14-31 所示的三种回原点操作。

当工作台撞块位于 DOG 开关右侧时，如图 14-31（a）所示。在这种情况下，DOG 开关处于断开，PGU 回原点操作过程是：先从 RP 端输出反转脉冲到伺服驱动器，脉冲频率迅速上升到#10、#9 BFM 中设定的回原点速度值，电机驱动工作台快速往左移，当工作台撞块碰触 DOG 开关后，RP 端输出脉冲频率迅速下降至#11 BFM 中设定的爬行速度值，同时 PGU 开始对 PG0 端输入的 PG0 信号计数，当数量达到#12 BFM 中设定数量时，RP 端停止输出脉冲，电机停转，工作台停在设定的原点位置。

当工作台撞块位于 DOG 开关位置时，如图 14-31（b）所示。在这种情况下，DOG 开关处于闭合，PGU 回原点操作过程是：先从 FP 端输出正转脉冲到伺服驱动器，电机驱动工作台快速往右移，当工作台撞块离开 DOG 开关时，FP 端输出脉冲频率迅速下降至 0，然后马上 RP 端从输出反转脉冲，电机驱动工作台快速往左移动，当工作台撞块碰触 DOG 开关后，反转脉冲频率迅速下降到爬行速度，同时 PGU 开始对 PG0 端输入的 PG0 信号计数，当数量达到#12 BFM 中设定数量时，RP 端停止输出脉冲，电机停转，工作台停在设定的原点位置。

当工作台撞块位于 DOG 开关左侧时，如图 14-31（c）所示。在这种情况下，DOG 开关处于断开，PGU 回原点操作过程是：先从 RP 端输出反转脉冲到伺服驱动器，电机驱动工作台快速往左移，当工作台撞块碰触反向限位开关时，[204]X003 常闭触点断开，M0 继电器状态为 0，[217]TO 指令执行时，PLC 会将 M0 的状态值 0 送入#25 BFM 的 b6 位，使 PGU 停止从 RP 端输出反转脉冲，FP 端开始输出正转脉冲，电机驱动工作台快速往右移动，当工作台撞块离开 DOG 开关后，FP 端输出有正转脉冲迅速下降至 0，RP 端输出反转脉冲频率并迅速上升，工作台左移，工作台撞块又碰触 DOG 开关，RP 端输出反转脉冲频率迅速下降到爬行速度，同时 PGU 开始对 PG0 端输入的 PG0 信号计数，当数量达到#12 BFM 中设定的数量时，RP 端停止输出脉冲，电机停转，工作台停在设定的原点位置。

3. JOG 操作

按下 PLC X4 端子外接的 JOG+按钮，[206]X004 常开触点闭合，M4 继电器状态变为 1，[217]TO 指令执行时，PLC 会将 M4 的状态值 1 送入#25 BFM 的 b4 位，PGU 开始 JOG+操作，从 FP 端输出正转脉冲，电机正转，驱动工作台往右移动，松开 JOG+按钮，[206]X004 常开触点断开，M4 继电器状态变为 0，[217]TO 指令执行时，PLC 会将 M4 的状态值 0 送入#25 BFM 的 b4 位，PGU 停止 JOG+操作，FP 端无正转脉冲输出，电机停转，工作台停止移动。

（a）工作台撞块位于 DOG 开关右侧

（b）工作台撞块位于 DOG 开关位置

（c）工作台撞块位于 DOG 开关左侧

图 14-31 三种回原点操作

按下 JOG–按钮，[208]X005 常开触点闭合，M5 继电器状态变为 1，[217]TO 指令执行时，PLC 会将 M5 的状态值 1 送入 #25 BFM 的 b5 位，PGU 开始 JOG–操作，从 RP 端输出反转脉冲，电机反转，驱动工作台往左移动，松开 JOG–按钮，[208]X005 常开触点断开，M5 继电器状态变为 0，[217]TO 指令执行时，PLC 会将 M5 的状态值 0 送入 #25 BFM 的 b5 位，PGU 停止 JOG–操作，RP 端无反转脉冲输出，电机停转，工作台停止移动。

JOG 操作运行如图 14-32 所示。

4. 单速定位操作

按下 PLC X7 端子外接的开始按钮，[214] X007 常开触点闭合，M8 继电器得电，状态变为 1，[217]TO 指令执行时，PLC 会将 M8 的状态值 1 送入#25 BFM 的 b8 位，PGU 开始单速定位操作，电机从基速（#6 BFM=0）迅速加速到 V_1 速度（#20、#19 BFM=50000）运行，在运行过程中，#27、#26 BFM 中的当前值随行程变化而变化，当运行到设定的 P_1 位置时，#27、#26 BFM 值等于 10000，同

图 14-32　JOG 操作运行

时#28 BFM 的 b8 位（定位结束标志位）变为 1。[227]～[279]程序在运行时，DFROM 指令会随时将#27、#26 BFM 中的当前值读入 D11、D10 中，FROM 指令会随时将#28 BFM 中的各位状态值读入 M31～M20 中，其中#28 BFM 的 b8 位读入 M28，两条 DCMP 指令分别将 D11、D10 中的值（与#27、#26 BFM 值始终相同）与 10000 和 1 进行比较，当运行到设定的 P_1 位置时，D11、D10 值=10000，M31 继电器置 1，M28 继电器也置 1，[280]、[161]中 M28、M31 两个常开触点均闭合，[280] M28、M31 两个常开触点闭合，Y000 线圈得电，指示灯亮，指示停止状态，同时定时器 T0 开始 2s 计时，[161] M28、M31 两个常开触点闭合，DTOP 指令执行，将#18、#17 中的新 P_1 位置值设为–10000（–表示反方向）。

2s 后，T0 定时器动作，[215]T0 常开触点闭合，M8 继电器状态变为 1，PGU 的#25 BFM 的 b8 位也变为 1，PGU 又开始单速定位操作，以 V_1 速度往新的 P_1 位置移动，当到达新 P_1 位置时，#28 BFM 的 b8 位（定位结束标志位）变为 1，#27、#26 BFM 中的当前值变为 0，[227]～[279]程序运行后，M28、M34 继电器置 1，[280]、[141]中 M28、M34 两个常开触点均闭合，[280] M28、M34 两个常开触点闭合，Y000 线圈得电，指示灯亮，指示停止状态，同时定时器 T0 开始 2s 计时，[141] M28、M34 两个常开触点闭合，DTOP 指令执行，将#18、#17 中的 P_1 位置值设为 10000，2s 后，T0 定时器动作，[215]T0 常开触点闭合，M8 继电器状态变为 1，PGU 的#25 BFM 的 b8 位也变为 1，PGU 又开始单速定位操作，以后重复上述过程。

单速定位操作运行如图 14-33 所示。

图 14-33　单速定位操作运行